马兰花开

中国原子弹诞生记

聂文婷 著

图书在版编目（CIP）数据

马兰花开：中国原子弹诞生记 / 聂文婷著 .
北京：生活·读书·新知三联书店，2025. 1. -- (中
共党史文丛). -- ISBN 978-7-108-07946-6

Ⅰ . TJ91-092

中国国家版本馆 CIP 数据核字第 2024BF9571 号

责任编辑　唐明星
装帧设计　刘　洋
责任校对　张　睿
责任印制　宋　家
出版发行　**生活·讀書·新知** 三联书店
　　　　　（北京市东城区美术馆东街 22 号　100010 ）
网　　址　www.sdxjpc.com
经　　销　新华书店
印　　刷　河北松源印刷有限公司
版　　次　2025 年 1 月北京第 1 版
　　　　　2025 年 1 月北京第 1 次印刷
开　　本　635 毫米 × 965 毫米　1/16　印张 20
字　　数　226 千字
印　　数　0,001 - 6,000 册
定　　价　59.00 元
（印装查询：01064002715；邮购查询：01084010542）

目　录

前　言

　　邓小平同志曾经指出:"如果六十年代以来中国没有原子弹、氢弹,没有发射卫星,中国就不能叫有重要影响的大国,就没有现在这样的国际地位。这些东西反映一个民族的能力,也是一个民族、一个国家兴旺发达的标志。"[1]中国"两弹一星"的成功研制,维护了世界和平,保卫了中国国家安全,巩固了中国的大国地位,并且极大地提升了中华民族的精神气质。如今,当我们掷地有声地处理国际核问题时,当我们昂首自信地展示高精尖武器装备时,更应该扪心叩问:当年的铸核路何等艰辛?那是一条怎样的拓荒路?到底是怎样的力量促使第一代"拓荒者"如此一往无前、奋不顾身?因此,弘扬"两弹一星"精神,更需回归历史本源。有真实历史支撑的"两弹一星"精神才更加感动人、振奋人、影响人。唯有历史地、立体地认识"两弹一星"精神,才是对"两弹一星"精神真正的弘扬。

　　中华人民共和国成立后,美国对中国采取了政治上孤立、经济上封锁、军事上威胁等政策,尤其是在朝鲜战争期间,美国依仗其核优势,多次向中国发出核威胁。饱经战争创伤的中国需要和平,但历史的经验告诉我们,和平更需强大的国防来保

---

[1] 邓小平文选:第3卷[M].北京:人民出版社,1993:279.

卫。为了打破帝国主义的核威胁，保卫国家安全，维护世界和平，中国必须掌握国防尖端技术。为此，1952 年 5 月，在周恩来的主持下，朱德、彭德怀、聂荣臻、粟裕等在研究国防建设五年计划时，专门讨论了发展特种武器的问题，并征询有关科学家意见，从各方面进行准备，积极为尖端武器装备的研制创造条件。

50 年代中期，中国的国防工业、基础工业和科学技术渐次起步。在中国共产党的积极延揽下，尖端技术领域逐渐汇聚了一批优秀的、高水平的科学技术专家。原子能科学技术方面，中国已经成立了专业的核研究机构，并开展了一些理论研究和科学实验工作。火箭与喷气技术方面，开展了火箭技术的初步研究，已经具备生产喷气式飞机的条件。此时，中苏友好往来关系持续升温。苏联表示，愿意在科学技术方面给予中国援助。抓住利好形势，中共中央、毛泽东高瞻远瞩，不失时机地把发展尖端技术提上了议事日程。

1953 年，著名核物理学家钱三强向国家提出了发展原子能事业的建议。1954 年秋，赫鲁晓夫访华。在中苏两国政府会谈中，应中国之请，苏联答应帮助中国建造一座原子反应堆。同年下半年，铀矿普查工作展开。1955 年 1 月 14 日，周恩来邀请李四光、钱三强座谈，详细咨询了中国原子能科学研究和中国铀矿地质资源的勘探等情况。当晚，周恩来致信毛泽东，希望中共中央尽快择日开会讨论发展原子能事业的问题。随后，毛泽东便亲自主持召开中共中央书记处扩大会议，作出了中国要发展原子能事业的重大战略决策。

中国的核决策是一个伟大的开端，开启了中国研制"两弹一星"的峥嵘历程。就在中国核决策作出后不久，国务院、中央军委立即开始研究发展导弹技术的相关事宜。1955 年 10 月

8 日，钱学森在中国政府的严正交涉和周恩来的亲自过问下，冲破重重阻挠，从美国归来。彭德怀在会见钱学森时，与他讨论了研制近程导弹的问题。随后，由军事工程学院火箭武器教授任新民、周曼殊和金家骏三人率先向中央军委提出研制火箭武器和发展火箭技术的建议。中央军委高度重视这一建议，于 1955 年 12 月底，指派总参谋部装备计划部部长万毅与钱学森详细分析了研制导弹武器的有利条件，并商讨了需要解决的有关问题。1956 年 1 月 20 日，彭德怀主持召开中央军委会议，讨论万毅提出的《关于研究与制造火箭武器的报告》。会议决定，向中共中央提出研制导弹的报告。与此同时，赵尔陆向国务院提出了关于研制导弹的建议报告。2 月中旬，周恩来、陈毅特邀接见钱学森，委托他起草《建立我国国防航空工业的意见书》（当时，为保密起见，用"国防航空工业"代替"火箭导弹"一词）。2 月 22 日，周恩来将意见书草拟稿送毛泽东审阅，并说明："这是我要钱学森写的意见，准备在今晚谈原子能时一谈。"[1] 2 月 28 日，周恩来又将意见书批给中央军委秘书长、国防部副部长黄克诚和中央军委各委员。随后，中央军委多次召开会议，讨论了关于发展航空火箭技术与制造导弹的问题。3 月 14 日，周恩来主持召开会议，由钱学森向大会报告关于在我国发展导弹技术的规划设想。会议决定，由周恩来、聂荣臻和钱学森等筹备组建航空工业委员会（简称航委，对外不公开），作为导弹航空科学研究的领导机构。5 月 26 日，中央军委召开会议，正式作出发展中国导弹武器的决定。

---

[1] 奚启新. 钱学森传 [M]. 北京：人民出版社，2011：205.

发展导弹事业，仍需科研先行一步。这其中，亟须解决的依然是人才和技术问题。1956 年 6 月 2 日，受周恩来委托，聂荣臻邀集国务院、军队各有关部门负责人开会，商讨为筹组导弹研究院等机构抽调所需要的各类工程技术人员和政治、行政干部以及后备技术人才的培养、解决导弹研究机构急需用房等问题。1956 年 10 月 8 日，专门负责导弹研究、设计、试制任务的国防部第五研究院（简称国防部五院）成立，钱学森任院长。先期选调的任新民、屠守锷、梁守槃等 30 多名专家和当年分配的 100 多名应届毕业大学生，以及随后调入的黄纬禄、姚桐斌、蔡金涛等专家，是中国发展导弹技术的第一批骨干力量。

中国研制"两弹"决策作出之时，正值中共中央号召全国人民"向科学进军"之际。1956 年 12 月，国务院制定了《1956—1967 年科学技术发展远景规划纲要（修正草案）》，确定了 57 项重要的科技任务，并从中讨论确定了 12 个对整个国家生产技术基础有根本影响、重大且复杂的科技研究项目，前两项分别是原子能技术、喷气与火箭技术。具体来讲，这一时期，中国有关原子能的研究与应用，虽然主要集中在核科研和原子能工业建设方面，但实际上这些工作也为接下来原子弹的研制提供了技术准备并奠定了物质基础。在中国导弹事业的起步阶段，主要任务是仿制液体近程地地导弹，通过仿制"爬楼梯""大练兵"，进而逐步掌握自行设计研制导弹的本领。

众所周知，中国的"两弹"事业在起步之时，曾得到了苏联的帮助。然而，1959 年夏，苏联却单方面决定中断对华技术援助。1959 年 6 月 20 日，苏共中央致函中共中央，提出暂缓向中国提供原子弹教学模型和图纸资料。应对这一突如其来的变故，中共中央即刻作出决定：自己动手，从头摸起，准备用八年时间把原子弹研制出来。同年 10 月，中央军委在向中共中央的报告中提出，国防工业应以抓尖端技术为主，目前主要是导弹问题，同时也要注意核弹头问题。1960 年年初，在中央军委召开的扩大会议上，又进一步明确了发展国防尖端技术的方针是"两弹为主，导弹第一"，并要求军队装备建设的各项工作都要根据这个方针，突出重点，合理安排，集中人力、物力、财力，保证"两弹"研制的需要，以最大的努力在最短的时间内突破"两弹"技术。

可见，苏联的毁约停援，并没有使中国的"两弹"研制事业戛然而止，相反，却坚定了中共中央、中央军委要自力更生攻克"两弹"技术的决心和信心。经过各方面的努力，原子弹研制方面，铀–235 生产线很快进入生产准备阶段，原子弹的理论、结构和工艺设计都已陆续展开。导弹研制方面，1960 年 11 月和 12 月，中国仿制的近程地地导弹进行了三次发射试验，都获得成功。此后，为适应即将出现的党政军民、各行各业、有关部委、有关地区全面攻关会战"两弹"技术的局面，中共中央决定，成立一个专门的机构抓原子能工业的工作，于是，1962 年 11 月，中共中央 15 人专门委员会（简称中央专委）成立了。中央专委成立后，以力争 1964 年爆炸第一颗原子弹为主要目标，卓有成效地加快了原子弹研制的进程。

1964 年 10 月 16 日，中国第一颗原子弹试爆成功。此后，为了发展导弹核武器，解决运载工具已成为紧迫任务。也就是说，必须加快中近程地地导弹的研制。早在第一颗原子弹研制工作接近尾声时，中央军委就作出了核武器研究方向以导弹为主、空投弹为辅的决定。经过广大核科研人员的奋力拼搏，解决了原子弹小型化等重大难题。中国曾在 1962 年 3 月 21 日进行了首枚中近程地地导弹的发射试验，但未获得成功。总结经验教训，1964 年 6 月 29 日，改进设计后的中近程地地导弹在西北综合导弹试验基地发射成功。以后又连续进行多次试验，均获得成功。1966 年 9 月，中近程地地导弹成功完成定型试验。当年 10 月 27 日，中国第一枚装有核弹头的中近程地地导弹点火发射，核弹头在预定地点上空成功实现了核爆炸。此后，中国又相继实现了中程、中远程、洲际地地导弹和固体地地导弹飞行试验成功。因为有攻克原子弹、导弹的技术基础和组织经验，中国又以世界上最快的研制速度试制成功了氢弹。1967 年 6 月 17 日，罗布泊上空直冲云霄的、比原子弹爆炸更为壮观美丽的"蘑菇云"再次震惊世界。中国人民创造的奇迹，打破了核大国的核垄断、核讹诈，使中国进入了核技术先进国家的行列。

中共中央还十分重视航天技术的发展。1957 年，苏联人造地球卫星上天后，中国一些著名科学家便开始积极倡议开展人造卫星的研究工作。1958 年 5 月 17 日，毛泽东在中共八大第二次会议上发出了"我们也要搞人造卫星"的号召。5 月 29 日，聂荣臻召集航委成员，讨论了研制人造卫星的有关问题。随后决定，由中科院副院长张劲夫、国防部五院副院长王诤，组织有关专家制订人造卫星发展规划。中国科学院把研制人造卫星列为重点任务，并成立新技术办公室（后改为新技术局），主管中国科学院系统所承担的卫星及其他国防新技术的研究工作。从 20 世纪 50 年代末起，中国科学院就在张劲夫、竺可桢、裴丽生以及技术专家钱学森、赵九章的组织领导下，在人造地球卫星的理论探索、预先研究以及探空火箭研制方面做了大量的工作，为开展卫星工程研制创造了必要条件。但后来发生的"大跃进"和人民公社化运动影响了国民经济的发展，又遭遇了三年困难时期，在一定程度上影响了人造卫星的研制。

20世纪60年代中期，中国国民经济状况有所好转，中近程地地导弹也已发射成功，研制和发射人造卫星便被再次提上议事日程。1965年元旦前后，赵九章、钱学森先后提出了研制人造卫星的建议，国防科委为此专门组织科学家作了可行性论证并报告中央专委。1965年5月初，中央专委批准将卫星研制任务列入国家计划。同年8月，中央专委原则同意中国科学院提出的发展人造卫星的规划方案，包括第一颗人造卫星在1970年左右发射的安排。9月，中国科学院组建了卫星设计院。在技术负责人钱骥的主持下，开展了第一颗卫星的方案制订工作。1967年12月，国防科委副主任罗舜初主持审定了人造卫星的总体和各系统方案：中国的第一颗卫星应比苏联、美国的第一颗卫星的技术水平要高一些；三级运载火箭的前两级用正在研制的中远程地地导弹改制；第三级为固体火箭。1968年，负责卫星研制工作的空间技术研究院成立。为了确保卫星按计划于1970年左右发射成功，空间技术研究院的研制人员力争上游，艰难攻关，成功解决了一系列技术问题。1970年4月24日，"东方红一号"卫星发射成功，一曲嘹亮的《东方红》向世界庄严宣告：中国人民胜利地掌握了人造卫星的空间技术。

"两弹一星"的伟业，是新中国建设成就的重要象征，是中华民族的荣耀和骄傲，是人类文明史上勇攀科技高峰的空前壮举。伟大的事业，创造伟大的精神。在"两弹一星"事业的奋进过程中，广大研制工作者培育和发扬了"热爱祖国、无私奉献，自力更生、艰苦奋斗，大力协同、勇于登攀"的"两弹一星"精神。"两弹一星"精神，映射了中国人民热爱祖国、甘于奉献的无私情怀，提振了中国人民自强不息、傲然向上的雄心壮志，彰显了中华民族不畏艰险、敢于担当的坚韧品质。

习近平总书记指出："历史是最好的教科书。"站在新时代，弘扬"两弹一星"精神，首先要为"两弹一星"精神进行历史溯源。中国研制"两弹一星"的历史跨越近30个春秋，生成了诸多关键历史节点与无数珍贵历史细节，而这些历史关节与细节正是"两弹一星"精神的集中蕴发之处。因此，对"两弹一星"精神进行历史溯源，即是要还原这些珍贵的历史足印。本书将历史主体定位于"两弹一星"精神的最早生成点与集中生成点——中国第一颗原子弹研制历程。

20世纪50年代初期，中国的科学技术、经济和工业基础都比较薄弱，不符合原子能研究与应用所需的耗资巨大、技术高精、设备精良等要求，而中国却偏偏在这种情况下作出了发展原子能事业的重大战略决策。时至今日，仍有很多人对这一决策不那么理解。有时，历史的不可思议，或许这正体现了历史本身的伟大。中国的核决策，是20世纪50年代中期中国人民向科学技术进军过程中，最彰显中国共产党战略胆识和远见的决定之一。这一决策，体现了中国人民对祖国无限的忠诚与热爱，弘扬了中华民族不怕艰难、勇敢向前的无畏精神。以这种爱国情怀和坚韧品质为起点，"两弹一星"精神开始萌芽。

在中国第一颗原子弹的研制历程中，"两弹一星"精神得以集中生成。在那段艰难的历程当中，中国要勇敢面对超级大国的核威慑，要克服技术设备关，还要克服人力、财力、自然环境关。

其间，原子弹研制还一度受到了"大跃进"和人民公社化运动的影响，后来，又遭遇了苏联的毁约停援，经历了三年困难时期。然而，即便困难重重，中国第一颗原子弹研制的从业者们依然坚定信念，坚守初心，不畏艰险，不懈拼搏。在党中央的坚强领导下，在中央专委会的组织协调下，全国各方面的力量积极投入到社会主义大协作当中，最终实现了首次核试验成功。

1964 年 10 月 16 日，中国第一颗原子弹成功试爆。当天，美联社报道："在亚洲，核力量（不论多么粗糙）是一种国际地位的象征，是科学技术和军事力量的象征，它既是动人的，也是吓人的。"[1] 在这里，所谓"吓人"，即说明中国第一颗原子弹研制成功的战略制衡力；所谓"动人"，则是指中国第一颗原子弹研制成功，为全世界所震动、所感动。

看世界，关于中国第一颗原子弹试爆成功，有国家为之震撼，认为中国掌握原子弹技术在军事上具有民族性的开创意义，"一个非白人的国家第一次打开了军事技术中的一些最深奥的秘密。中国人已插足于一个过去只有西方民族才能进入的领域"。有国家为之衷心赞贺，认为核爆炸提高了中国的国际地位，"七亿人口变成了一个无可比拟的政治上的巨大力量"。有国家为之欢欣鼓舞："中国的核爆炸提高了亚洲国家的威信，因为中国作为一个亚洲国家，有了核武器。"冲击越剧烈，越能展现事业之伟大。曾几何时，中国研制第一颗原子弹不为人们理解，也不为世界看好，但从核决策到首次核试验成功，中华民族用行动创造了史无前例的"不对称"成就，极大地冲击了尖端科学技术圈圈

---

[1] 美通讯社承认中国在亚洲人民心目中形象更高大了 [N]. 参考消息，1964-10-17.

于强国的格局，也颠覆了另眼视界对中国能力的既往判断。

在中国，第一颗原子弹成功试爆当天，从浩瀚沙漠到荒野戈壁，从边陲小镇到首都北京，人们为之欢呼，为之激昂。在天安门广场上，一位老工人热泪盈眶地说："从此以后，中国不会再有南京大屠杀，不会再有火烧圆明园，我们为此无比高兴和自豪！"一句朴实的话语，鲜活地说明了中国是背负着怎样一种民族屈辱，又肩负着怎样一种民族使命感才研制出了第一颗原子弹。创业愈艰辛，愈能体现精神之强大。中国第一颗原子弹研制成功，不仅造就了尖端武器装备耀眼显赫的成就，更重要的是，振奋了中国人的精神气质，为中华民族跻身世界强国之林注入了激情澎湃的正能量。

当代人研究当代史，必须站在历史之中回望历史。追忆中国第一颗原子弹研制历程，可以历史性地展现"两弹一星"精神的内涵与本源，为"两弹一星"精神的弘扬提供基本的历史支撑。回顾中国第一颗原子弹的诞生历程，是对新中国向"科学进军"历史的追忆。时至今日，中国特色社会主义进入新时代，响应习近平总书记"向世界科技强国进军"的伟大号召，仍须再次回望新中国成立这段艰辛而光辉的创业史。唯有身临其境地感悟历史，才能更好地将历史所蕴生的精气神和正能量注入攀登世界科技高峰、建设世界科技创新强国的伟大事业中。

第一章　初识原子弹

　　1945年7月16日，人类历史上首次核试验成功，为人们打开了认识世界的又一扇窗户。透过这扇窗，人们发现了探索世界的新视角。当然，由于核试验结束伊始，美国极力封锁相关消息，此时的探索仅局限于少数人。随后不久，代号为"小男孩"和"胖子"的原子弹被用于实战。尽管投爆点是广岛和长崎，但整个世界都为原子弹所冲击。巨大的冲击波，让原子弹瞬间走进了中国人的视野。人们对原子弹的热议程度，漫过了政治家对时局的分析，迷惑了军事家对战争的判断。于是，国民政府开始利用手中的便利条件，筹划研制原子弹，但却因忙于反共内战而以不了了之收场。与此同时，经过冷静思考的中国共产党，客观审视了原子弹，剖析了原子弹的本质，认为"原子弹是美国反动派用来吓人的一只纸老虎，看样子可怕，实际上并不可怕"[1]。因此，中国要在战略上藐视原子弹。然而此后的朝鲜战争，让中国切身感受到了原子弹的战略威慑力，体会到了国防现代化建设对于核武器的迫切需求，也判断出原子弹虽"不会再被使用"，但却有"以慑止核"的制衡效应，因此，中国亦必须在战术上重视原子弹。

---

[1] 毛泽东选集：第4卷［M］. 北京：人民出版社，1991：1194—1195.

一、原子弹的巨大冲击波

（一）原子弹走进中国人的视野

1945 年 7 月 16 日，人类历史上首次核试验在美国新墨西哥州阿拉莫戈多附近的沙漠地区进行。这是一颗威力为 1.9 万吨梯恩梯当量的原子弹。它是以美国为首的世界各国科学精英共同努力的结果，有丹麦人波尔、意大利人费米、英国人查得威克、匈牙利人泰勒和西拉德、德国人贝蒂、苏联人基斯卡可夫斯基，还有华裔女科学家吴健雄，等等。事实上，早在 1938 年核裂变发现之时，德国就曾想利用核能制造原子武器，但是，随之而来的第二次世界大战打断了德国研制原子弹的进程。于是，美国便通过精心组织的国际大合作，抢先掌握了原子弹技术，第一批就制成了三颗原子弹，1945 年 7 月 16 日试爆的原子弹就是其中之一。

就这样，人类进入了一个崭新的时代——核时代。随后不久，8 月 6 日，代号为"小男孩"的原子弹被首次用于对日本广岛的军事行动。"小男孩"是一枚铀弹，内装有 60 千克的铀 -235，威力相当于 1.7 万吨梯恩梯当量。"小男孩"在广岛市中心 600 米空中爆炸，城市中心约 11.4 公里范围内的建筑物被毁。三天之后，8 月 9 日，日本海港城市长崎又被美国投放了代号为"胖子"的原子弹。和广岛相比，长崎的伤亡较小。按照美军原定的计划，"胖子"原本的投放目标是小仓，但由于飞机故障以及能见度太差等原因，飞行员临时改变航向至长崎。实际上，"胖子"的威力比"小男孩"要大，因长崎地处多山的狭窄海岸，再加上投爆当天城市上空阴云密布，原子弹投掷时偏离了原定目标地域而落在了盆地上，才使得城市大多数住宅免遭损害。尽管如此，

"胖子"也造成了六万多人伤亡。

在当时，原子弹是一个绝对全新的事物。从制定曼哈顿计划到首次核试验成功，美国全程保密，未向外界透露任何有关消息。在首次核试验结束后，为了平息阿拉莫戈多附近居民对突如其来的大爆炸而产生的骚动，美国于试验当天委托美联社发布了一个"不致把任何秘密泄漏给局外人"的公报，称："关于今天上午在阿拉默果尔多航空基地保留地所发生的一次大爆炸，已接到几次询问。有一所位于远处的、装有大量烈性炸药和烟火的军火仓库发生了爆炸。未发生任何伤亡，军火库以外的财产损失极为轻微。"[1]20 天之后，当原子弹以极大的破坏性公之于众时，人们不寒而栗，也不禁发出疑问：原子弹究竟是什么？是谁创造了它？它是如何研制出来的？拥有了它，是不是就等于拥有了控制世界的绝对"王牌"？

在中国，人们对原子弹的认识基本来源于报刊，并聚焦于其巨大的破坏力。原子弹投爆后，"各地报纸，都以极大篇幅记载此项消息"[2]。当时在延安《解放日报》国际部工作的杨永直回忆说："原子弹杀伤力量的详细描绘，每天有几万字的报道。"[3]以下重点以延安《解放日报》的相关报道为例。

原子弹投爆日本之后，延安《解放日报》转发了多条外国报纸有关原子弹威力和破坏力之巨大的消息。1945 年 8 月 9 日，《解放日报》以《战争技术上的革命，原子弹袭敌国广岛》为题转发

[1]［美］莱斯利·罗格夫斯. 现在可以说了——美国制造首批原子弹的故事［M］. 北京：原子能出版社，1978：251.

[2] 杨昌俊. 原子弹［N］. 中央日报，1945-8-20.

[3] 杨永直. 我在延安《解放日报》的日子［N］. 解放日报，2004-4-27.

了八篇美国新闻处、合众社、英国路透社等机构发布的有关原子弹爆炸情景和破坏力的文章，同时，以《传盟国将发出新公告促使日寇迅速投降否则即将以原子弹摧毁日本》为题转发了合众社三则消息。8月10日，《解放日报》在第三版以《美国广播电台呼吁日寇投降，重建和平的日本国家》为题，转载了美国新闻处、英国路透社的三则报道。报道称："我们现拥有人类从未发明之最具毁灭性之炸弹，我们最近发明之原子弹一颗之力量，即相当于二千架空中堡垒一次出动所投炸弹之威力，此等恐怖事实，你们需寄以深思。"[1]日本东京的广播也自称："'敌'机以原子弹袭击该地及所留之恐怖情形，殊难形容。"[2]

随着相关报道的翻涌而出，"素来不讲究科学的中国，这次也为原子弹的惊人功效所震眩。一月以来，街头巷尾，茶余饭后，不分老少，大家都在时常谈论着原子弹，连苏联进军东三省后进展如此神速的奇迹，也为原子弹所掩盖"[3]。很快，"我们的思想上产生了原子弹决定一切的观念"[4]。事实上，"原子弹决定一切"就是大多数中国老百姓给原子弹贴上的最原始标签。对这一现象，毛泽东分析指出："这些同志把原子弹看得神乎其神，是受了什么影响呢？是资产阶级的影响。这种影响是从哪里来的呢？是从资产阶级的学校教育中来的，是从资产阶级的报纸、通讯社来的。"[5]

---

[1] 美国广播电台呼吁日寇投降，重建和平的日本国家 [N]. 解放日报, 1945-8-10.

[2] 东南日报 [N]. 1945-8-12.

[3] 曾昭抡. 从原子弹说起 [N]. 正义报, 1945-9-9.

[4] 杨永直. 我在延安《解放日报》的日子 [N]. 解放日报, 2004-4-27.

[5] 毛泽东选集：第4卷 [M]. 北京：人民出版社, 1991：1134.

围绕美国投爆原子弹，国民党统治区的《中央日报》《东南日报》等进行了大量的报道。不仅刊载数量之大，而且全文转载。1945 年 8 月 8 日，《中央日报》摘引了杜鲁门关于原子弹威力的言论，称："人类理想中最有威力武器之新式原子炸弹，已对日使用。此项'具有宇宙间基本力量'之革新武器，具有大于二万吨 TNT 之威力，较英国十一吨'地震式'炸弹之爆炸力多二千倍。"[1]一位美国随军记者目睹了被炸后的广岛："该城之四英方里化为灰烬，中弹处两英里外之钢骨水泥建筑，均成瓦砾。三十英里外园圃中洋葱被烧焦枯。"[2]8 月 20 日，《中央日报》还转引了东京 8 月 19 日的相关广播："广岛市除某工厂烟囱一枚尚残存外，已一无所有，化为一片焦土。"[3]出于政治、军事等因素的考虑，美国报界必然会在原子弹破坏力上做文章，而国统区报刊不加分辨地摘引或转载，必然会加剧中国老百姓对原子弹的恐慌感。

除了原文转载外，国统区的报刊还刊登了一些本土原创文章，包括一些中国科学家的专题评论文章。1945 年 8 月 15 日，《中央日报》刊登了物理学家施士元题为《论原子爆炸》的文章，认为原子弹是"谜一样的武器"。他说："第一颗、第二颗原子弹都在日本爆发了。威力之大，死亡之多，举世震惊。英美国家在从事研究计划之前，绝对保守秘密。而于制造之际，亦讳莫如深。待既经应用之后，虽于其威力大小，动员工作之人数等有报

---

[1] 中央日报［N］. 1945-8-8.

[2] 东南日报［N］. 1945-9-6.

[3] 原子弹炸后广岛仅存一烟囱［N］. 中央日报，1945-8-20.

告。而对于炸弹本身则秘而不宣布，谜一样的武器，当然是划时代的发明。"[1]科学家尚如此认识，更何况普通民众。看到这样的描述，老百姓难免会产生对原子弹的极端想象。

此外，国统区的报刊还极力宣扬原子弹投爆对于加速结束第二次世界大战的作用。1945 年 8 月 8 日《中央日报》刊登了三篇与原子弹有关的文章，题目分别是：《科学与军事的大进步》《原子炸弹将缩短战争，劳伦斯博士之预料》和《某专家谈原子炸弹造成军事上的大革命》。文章认为，原子弹的投爆，将会使旷日持久的第二次世界大战迅速拉上帷幕。"正如坦克结束第一次世界大战一样，原子与铀的使用，将结束第二次世界大战。我们这一代以原子与铀的威力结束日本侵略主义者之后，必求和平的胜利与战争的胜利同来，必求这回的战争真正是'以战止战'，必求第二次世界大战成为人类史上最后的战争。"[2]如果将原子弹加诸日本，"不仅将在日本人民心理上造成严重之后果，亦且可促使日本早日无条件投降，否则日本将陷入整个毁灭之途"[3]。不可否认，在促使日本投降的因素当中，原子弹的使用不可忽略，但其实，即便没有使用原子弹，日本也终将战败，这本是一个定局。一方面，正如斯大林所说："我不认为原子弹像某些政治家所看的那样是一种严重的力量。原子弹能用来吓唬神经衰弱的人，但它绝不能决定战争的命运，因为对这一点来说，原子弹是完全不够的。"[4]战争是人和物的综合竞赛。武器作为战争中物的主要

---

［1］施士元. 论原子爆炸［N］. 中央日报，1945-8-15.

［2］科学与军事的大进步［N］. 中央日报，1945-8-8.

［3］某专家谈原子炸弹造成军事上的大革命［N］. 中央日报，1945-8-8.

［4］列宁斯大林军事文选［M］. 北京：中国人民解放军总参谋部出版部，1962：704.

体现，是决定战争胜负的重要因素，但绝非决定因素。决定战争胜负的是人民，而不是一两件新式武器。另一方面，从战争的正义性来看，日本发动的战争是非正义性的，遭到了全世界热爱和平人们的谴责。失去了正义的力量，日本的侵略战争注定会失败。因此，此后不久便有美国官员承认说："对广岛与长崎的原子弹轰炸加速了第二次世界大战的结束，但这种说法早已被驳倒了。"[1]

相对而言，关于原子弹为世界军事、科技进步作出的贡献，国统区报刊的评价是较为客观的。必须承认，原子弹作为大规模杀伤性武器的一种，的确有其特殊的威慑作用，从这一意义上讲，倚重原子弹威慑力以维持世界之永久和平的想法有其合理性。但当时的国际形势却是，有人妄图垄断原子弹，通过拥有世界霸主之地位以达到其掌控下的世界和平；有人欲意打破核垄断，通过拥有原子弹以达到力量平衡下的世界和平；还有人相信原子弹的威慑力，但却力主全面禁止和彻底销毁核武器以达到没有核威胁的世界和平。因此，如何使用这一新式武器的威慑力，如何在核时代保卫世界和平，引发了人们的深思。

（二）旧中国原子弹之梦的破灭

原子弹爆炸带来的巨大冲击力，让当时的国民政府萌生了研制原子弹的念头。历史地看，国民政府对原子弹研制的尝试，是中国的核科学技术研究的发端，是中国原子科学发展史上一段不可忽略的历史。客观来看，在原子弹研制方面，当时的国民政府的确拥有一些有利条件。

---

[1] 苏联《消息报》斥美国的原子吓诈政策　长崎人民追悼原子弹的牺牲者 [N].
人民日报，1952-8-13（2）.

　　第一，国民政府中有能够接触到原子弹机密的人——俞大维。这是国民政府决定暗中筹划原子弹研制工作的关键人物之一。俞大维，时任国民政府兵工署长兼军政部次长，主要主持兵工署枪炮制造和弹道的研究工作。因工作关系，俞大维和当时在中美联合参谋本部任中国战区美军司令的魏德迈相交甚好。魏德迈对俞大维非常信任，因此，原子弹在广岛、长崎投爆后不久的一天，魏德迈给俞大维看了一份秘密报告，即著名的《士迈士报告》。该报告的全名为：《原子能的军事用途：美国政府发展原子弹之官方报告》，[1]主要包括两方面的内容：一方面，作为美国官方解说原子弹研制历程的标准文本，大致介绍了洛斯阿拉莫斯国家实验室研制原子弹的经过；另一方面，为保守机密，为参与美国首次核试验的科学家在公开场合介绍原子弹设定了一套标准说法。魏德迈在给俞大维看《士迈士报告》时，还直截了当地问俞大维："你们要不要派人到美国学造原子弹？"[2]魏德迈其实是在暗示俞大维，他愿意在原子弹研制方面给予国民政府帮助。领会这一暗指信息后，蒋介石和国民政府便开始秘密筹划原子弹的研制工作，具体交由军政部长陈诚和俞大维共同负责。与此同时，蒋介石还命令军政部批十万元法币作为国民政府研制原子弹的启动经费，并指示兵工署腾出一间大礼堂作为研究人员的办公场所。

　　第二，国民政府联系到几位优秀的物理学家、化学家和数学家，并通过他们物色了一批可期培养为专业核研究人才的优秀学

---

[1]《士迈士报告》，是由时任美国普林斯顿大学物理系主任、美国战事工程曼哈顿区顾问的史麦斯教授撰写的美国政府关于发展原子能的报告。1946 年解密，同年 8 月中译本问世，书名为《军用原子能》，章康直译，中国科学图书仪器公司出版。

[2] 李元平. 俞大维传 [M]. 台北：台湾日报社，1992：67.

生。1945 年秋，陈诚和俞大维在重庆秘密召集化学家曾昭抡、数学家华罗庚以及物理学家吴大猷，向他们咨询研制原子弹的有关问题。根据吴大猷的建议，国民政府决定派遣物理、化学、数学方面的青年学生赴美研习，"此行的任务是为政府计划建立一个科学研究机构"，[1]这个科学研究机构实际上就是原子能研究机构。关于出国费用，据后来担任国防部[2]第六厅厅长的钱昌祚回忆说："陈总长曾命六厅资助吴大猷、曾昭抡、华罗庚赴美研究原子能及火箭，其所需外汇尚系兵工署垫拨。"[3]1945 年冬，有五位年轻人被选派美国研习：原子物理方面，吴大猷挑选了朱光亚和李政道；化学方面，曾昭抡推荐的是唐敖庆和王瑞骁；数学方面，华罗庚选了孙本旺。五人出发前，主要做了两方面的准备工作。"一方面立即开始给各人加速讲授近代物理，一方面将美国'士迈士'报告（是一份详述美国原子弹发展经过、在当时尚未正式公布的绝密文件，仅有一册，系美国交给我国军政部，由俞大维次长再交给我们）分作五份，由李、朱、孙、王、唐译成中文，最后由我校阅修改，然后送军政部。后来听说译稿未及出版，即被该部遗失了。"[4]

　　除了选拔青年学生赴美之外，国民政府还成立了相应的组织机构。为筹划铀的提炼工作，国民政府成立了专门主管武器研究开发的国防部第六厅。同时，清华大学工学院创始人、时任中央大学校长的顾毓琇向国民政府提出建议，成立一个专门负责

[1] 吴大猷. 回忆 [M]. 北京：中国友谊出版公司，1984：48.

[2] 即军政部，1946 年 5 月被裁撤，改设国防部。

[3] 钱昌祚. 浮生百记 [M]. 台北：传记文学出版社，1975：81.

[4] 吴大猷. 回忆 [M]. 北京：中国友谊出版公司，1984：41.

原子弹研制的委员会。依据这一建议，1946 年 6 月，国民政府成立了由俞大维等 11 人组成的原子能委员会。这是国民政府军政部改为国防部后，成立的首个国防科技研究单位。但据吴大猷回忆说，这个"类似原子能委员会的组织"，"我虽是委员之一，但从未参闻其事"。[1]可以看到，实际上，原子能研究委员会形同虚设，并没有发挥其应有的作用。

第三,一位美国核科学家的主动相助，助推了国民政府研制原子弹的计划。1946 年 8 月 6 日，时任中央大学校长顾毓琇在美国拜访了加利福尼亚大学辐射研究所所长劳伦斯。在会谈中，劳伦斯表示乐于帮助中国建造加速器，并提出加利福尼亚大学可赠送部分研究仪器给中国。这是此次拜访最大的成果。回国后，顾毓琇就此事向蒋介石做了汇报，希望国民政府"高瞻远瞩，赐准制造原子试验器"。蒋介石当即表示同意，并批拨了 50 万美元的原子弹研制经费。[2]蒋介石如此之大气，原因很简单，因为劳伦斯是加速器的发明者，同时还是铀-235 同位素分离的专家。

1939 年，劳伦斯因发明了回旋加速器以及由它所获得的成果，特别是在人工放射性研究方面有了巨大突破而获得诺贝尔物理学奖。在铀的利用方面，劳伦斯很早就认识到通过铀的裂变可以制造原子弹，并且积极向官方提出进行铀同位素分离研究的建议。1941 年 12 月 6 日，罗斯福批准了美国研制原子弹的计划。次年 8 月 11 日，美国正式制定出曼哈顿计划。曼哈顿计划有三

---

[1] 吴大猷. 回忆 [M]. 北京：中国友谊出版公司，1984：48.
[2]《朱光亚院士八十华诞文集》编辑委员会. 朱光亚院士八十华诞文集 [C]. 北京：原子能出版社，2004：10—12.

个秘密核基地：专门分离铀-235的橡树岭、专门生产钚的汉福特、专门设计和制造原子弹的洛斯阿拉莫斯。这其中，劳伦斯主要负责的就是橡树岭铀-235同位素的分离。铀-235同位素分离，是原子弹研制过程中一个十分重要的环节。天然铀含有铀-235和铀-238两种主要的同位素。铀-235为易裂变核素，是原子弹研制所需要的裂变燃料，而铀-238只有在受到强中子照射后才能转变为裂变燃料。在一定条件下，天然铀可以发生链式核裂变反应，但由于其中铀-235的丰度只有约0.7%，如果以天然铀为装料，会存在燃料多、体积大、成本高、技术复杂等问题。因此，在大多数情况下，动力和研究用反应堆要采用铀-235丰度较高的浓缩铀，供原子弹用的装料，则要求铀-235丰度高达90%以上。这一使铀-235富集的过程就是铀同位素分离。在曼哈顿计划中，劳伦斯先是将加速器改装为质谱仪，然后又通过质谱仪利用电磁分离的方法获得裂变材料铀-235，这就为美国研制第一颗原子弹提供了必需的核燃料。因此，获求劳伦斯在加速器建造方面的援助，能够极大地助益蒋介石和国民政府解决研制原子弹的燃料问题。这也是蒋介石如此重视劳伦斯的根本原因。

那么，蒋介石为什么会批拨50万美元作为国民政府研制原子弹的经费？这与胡适有关。1945年秋，胡适到伦敦出席联合国教科文组织的制宪会议。此时，恰逢钱三强在英国进行短期工作，于是，胡适便通过使馆约见了钱三强。一是为了见老朋友，在五四运动时期，胡适便与钱三强是好友。事实上，此次约见更重要的目的，是邀请钱三强到北京大学专门从事核科学的研究工作。胡适还借给钱三强800美元，作为钱三强、何泽慧夫妇回国的路费。与此同时，胡适开始罗致其他与核研究有关的国内外人才。1947年上半年，胡适提出了一个名为"一件关系国家大计的事"的计划。该计划以书面报告的形式交给了国民政府国防部长白崇禧和总参谋长兼海军总司令陈诚。胡适在报告中说："我今天要向你们两位谈一件关系国家大计的事，还请你们两位把这个意思转给主席，请他考虑这件事。简单说来，我要提议在北京大学集中全国研究原子能的第一流物理学者，专心研究最新的物理学理论与实验，并训练青年学者，以为国家将来国防工业之用。现在中国专治这种学问的人才，尚多在国外，其总数不过七八人，切不可使其分散各地，必须集中研究，始可收最大的成效。"

胡适还附列了一个名单，共九人，包括钱三强、何泽慧、胡宁等人，并申请了50万美元经费。在报告的最后，胡适还说："科学研究的第一条件是工作人才。第二条件才是设备。现在人才已可集中，故敢请国家给他们增强设备。此意倘能得两位先生的赞助，我可以断定，我们在四五年内一定可以有满意的成绩出来。"[1]看过胡适的信后，恰逢劳伦斯愿意在原子研究仪器设备上帮助国民政府，有研制原子弹意向的蒋介石便批准了胡适的申请，同意批拨50万美元用于原子弹研制。

1946年8、9月间，怀揣着"学习制造原子弹"之梦的五位青年学生在华罗庚的带领下抵达美国。但遗憾的是，蒋介石和国民政府低估了美国对原子弹技术的垄断程度。当学生们到达美国之后才得知，对于原子弹技术，美国的保密等级非常之高，不允许任何外国人进入其有关原子弹研制的科研机构和工厂。于是，

---

[1] 耿云志，欧阳哲生. 胡适书信集：中册（1934—1949）[M]. 北京：北京大学出版社，1996：1115—1117.

国民政府便让几位年轻人到各自适合的大学继续学习或开展研究工作。此后，吴大猷去了密歇根大学，华罗庚去了普林斯顿大学高等研究院，李政道考入芝加哥大学，朱光亚考入密歇根大学研究生院。

事实上，日本战败后，国民政府曾打算留用几位日籍所谓的"原子能专家"，但因遭到大批科学家的反对而缄口收场。1947 年 4 月 21 日，白崇禧建议国民政府设立中央原子物理研究所，同时为国立物理科学所增配相关研究设备，并申请批拨经费 140 余万美元，外加第一年补充设备费 100 万美元，共 240 余万美元。蒋介石亲笔批复白崇禧签呈："目前国库支应浩繁，外汇亦须节用，所请设立原子物理研究所一案，似应缓办。"尔后，蒋介石和国民政府忙于反共内战，再加上政治局势和财政问题混乱不堪，无暇筹划原子弹研制事宜，经蒋介石批准的 50 万美元的核研究经费最终也只是一纸空文。国民政府的原子弹研制之梦至此搁浅。

客观来看，蒋介石和国民政府对原子弹研制虽匆匆"上马"，但也确实投以人力财力以付诸实践。然而，蒋介石和国民政府混淆了美国政府和美国科学家对待核科学技术的态度。在美国科学家看来，科学无国界，而美国政府却想垄断原子弹技术，致使国民政府欲意依托美国专家培养核研究人才的计划最终破产。不仅如此，留用日籍研究人员的政府动议，也没有从国家实际情况出发作出周密考虑，日后分析，实际上也只是为日方人员提供了留居中国的借口。尽管如此，历史地看，国民政府对原子弹研制的尝试是中国核科学技术研究的一个发端，对日后中国原子能事业的创建和发展产生了积极影响。

一方面，提供了人才培养的思路。国民政府关于原子弹研制的筹备计划，前期的核心工作只有一个，即为人才的培养。研制原子弹，核科学研究必须先行，其中，人才的培养是关键。这一思路无疑是正确的，也值得借鉴。事实上，国民政府确实为新中国培养了发展原子能事业的专业人才。以朱光亚为例。国民政府考察小组在美国就地解散后，朱光亚到美国密歇根大学学习和研究核物理，于1950年春获得物理学博士学位后回国。1956年，朱光亚参与了北京大学物理研究室的筹建工作，为中国原子能事业的发展输送了第一批自行培养的核研究人员。1957年，朱光亚调任原子能研究所副主任，主要负责由苏联援建的研究性核反应堆的建设工作。1959年7月，朱光亚调任核武器研究所副所长，和邓稼先等科学家一起组织队伍进行了原子弹的理论研究攻关。中国首次核试验成功后，朱光亚还参与并组织领导了中国历次原子弹、氢弹试验，为核技术的突破及其武器化作出了重要贡献。

另一方面，为新中国原子能事业的创建和发展提供了参考。

第一，原子能事业的创建必须首先经过国家战略论证，方可付诸实践。原子能事业是一项关乎国家命运和地位的重要战略工程，只有既满足当前国家现实需求，又符合国家建设和发展长期需要，才能得以生存和发展。尽管蒋介石和国民政府已为研制原子弹付诸实践，却将更多的眼光集中于原子弹的战术威力上。因此，旧中国国民政府的原子弹之梦之所以没有实现，一个原因就在于，这一工程的确定缺乏战略全局论证和长远发展规划。

第二，尽管蒋介石和国民政府认识到了掌握原子弹技术的现实必要性，却忽略了掌握原子弹技术的复杂性和长期性。据吴大猷回忆，当年赴美之后，他们"即向以前的同学，现在任原子能研究委员会委员的 R. F. Bacher 博士探寻协助我国建立研究机构的可能性，先后将报告及建议寄回国内。……由于战况及一般情况日变，政府实在不能照顾到今后长期性的科技发展计划。……这样似乎原来军政部赋予我们的任务已无形告终"。[1]研制原子弹是一项复杂的大规模系统工程，涉及的领域非常之广，必须容纳各个门类机构的力量才能完成。在旧中国政权尚未统一、国家战乱的情况下，想要集中精力研制原子弹实属不现实。除此之外，原子弹的研制必然是长期的，这是由它的艰难性所导致的。所谓艰难性，一是难度大，二是耗资大。以美国首次核试验为例。为完成曼哈顿计划，美国共动员了 10 万多人，历时 3 年，耗资 20 多亿美元。因此，原子弹作为当时世界上最尖端的武器，掌握它的时间决不会因为有了某个领域的某位专家而大大缩短，当然，也不是 50 万美元就能够支撑得了的。

第三，原子能事业的创建并非一日之功，不仅需要当局政府和科学家们的大力支持，更需要做好充分的准备工作，包括核研究人才的吸收和培养、核研究所需物质材料及仪器设备的购买和研制等等。尽管当时国民政府成立了专门的组织机构，然而，对于研究机构却没有给以足够的重视。1946 年 10 月，萨本栋在《国立中央研究院第二届第三次年会总干事报告》中提道："此次战争，世界科学发明一日千里，尤以超短波无线电侦查器及原子能武器震惊寰宇。我国跻身于世界领导国家之林，应以急起直追。本院为国家最高学术之研究机关，尤属责无旁贷。经签呈蒋主席请设置近代物理研究所专司其事。奉代电'近代物理研究所可先

---

[1] 吴大猷. 回忆 [M]. 北京：中国友谊出版公司，1984：48.

筹划设计、暂时缓办'。"[1]当然，这一暂缓，却也为新中国原子能事业的创建提供了未雨绸缪的时间和空间。

第四，在国家经济和科学技术条件都较为落后的情况下，要想掌握核科学技术，除须自行开展研究外，还要尽量争取已掌握核科学技术国家的帮助。争取外援，是一条捷径，更是一种智慧。事实上，美国的第一颗原子弹也不单单由美国科学家自行研制而出，是全世界各国核科学精英共同努力的结果。由于原子弹的特殊性，在当时的国际环境下，争取国外科学家和专家的帮助，即使困难程度异常之高，但也不是完全没有可能。因此，时任新中国中科院副院长的竺可桢在与周总理的一次谈话中也谈到，以中国的经济、技术力量，搞原子能是非常困难的，最好的办法就是争取到苏联的帮助，主要请他们帮助我们克服技术设备的难关。这样一种思路，实际上预设了中国原子能事业起步时的战略方针，即独立自主为主，争取外援为辅。

总而言之，原子能事业的创建，必须未雨绸缪。

（三）中共领导人对原子弹的认识

自美国在日本广岛、长崎投爆原子弹后，中共领导人就保持了对原子弹的客观理性思考。抗日战争结束后不久，针对军队内部出现的恐美、恐原子弹情绪，陈毅指出："美国的原子弹只能吓唬神经衰弱的人，没有一种武器没有御防方法。"[2]1947年9月，周恩来在《全国大反攻，打倒蒋介石》的形势报告中告诫

---

[1]萨本栋. 国立中央研究院第二届第三次年会总干事报告//第二届第三次年会总干事及秘书报告［Z］. 中国第二历史档案馆，393（2）.

[2]陈毅军事文选［M］. 北京：解放军出版社，1996：389.

人们，不要一提美国就害怕。美国不可能用原子弹来对付农民战争，相信美国是可以打败的。毛泽东也曾多次在公开场合讲到原子弹。以维护世界和平为出发点，毛泽东睿智地审视了原子弹，揭露了原子弹的本质，体现了中国共产党反对使用核武器但不惧怕核武器的态度，为人们客观认识原子弹作出了正确引导。

毛泽东认为，原子弹不能解决战争。"力量对比不但是军力和经济力的对比，而且是人力和人心的对比。军力和经济力是要人去掌握的。"[1]美国在日本投爆原子弹后，延安《解放日报》曾大量转载国外报纸关于原子弹爆炸的消息，并多次撰文描写原子弹的破坏力。对此，当时中宣部解释称：介绍原子弹知识是对科学知识的普及。但是，毛泽东却认为，延安《解放日报》没有和美、英等国及国民党当局的宣传划清界限，报道中过分突出原子弹的威力，这样做其实是义务给美国作宣传，犯了"政治性的原则错误"。1945年8月13日，毛泽东在延安干部会议上做了题为《抗日战争胜利后的时局和我们的方针》的演讲。他说："美国和蒋介石的宣传机关，想拿两颗原子弹把红军的政治影响扫掉。但是扫不掉，没有那样容易。原子弹能不能解决战争？不能。原子弹不能使日本投降。只有原子弹而没有人民的斗争，原子弹是空的。假如原子弹能够解决战争，为什么还要请苏联出兵？为什么投了两颗原子弹日本还不投降，而苏联一出兵日本就投降了呢？"[2]针对那些夸大原子弹威力的同志，毛泽东指出："我们有些同志也相信原子弹了不起，这是很错误的。这些同志看问

---

[1]毛泽东选集：第2卷［M］. 北京：人民出版社，1991：469.

[2]毛泽东选集：第4卷［M］. 北京：人民出版社，1991：1133.

题，还不如一个英国贵族。英国有个勋爵，叫蒙巴顿。他说，认为原子弹能解决战争是最大的错误。我们这些同志比蒙巴顿还落后。"[1]

在毛泽东看来，原子弹是美国反动派用来吓人的一只纸老虎。第二次世界大战结束后，美国为巩固和扩大世界霸权，依仗手中的原子武器，进行反苏宣传和原子叫嚣。1946 年 8 月，毛泽东在与美国记者安娜·路易斯·斯特朗谈话时指出："原子弹是美国反动派用来吓人的一只纸老虎，看样子可怕，实际上并不可怕。"[2]1947 年 1 月，毛泽东与斯特朗谈话时，再次谈到原子弹，并对原子弹的命运作出了预测，他说："愚蠢的人仍在奢谈什么是原子弹，可它永远不会再使用的。在日本的大爆炸也毁灭了它本身。因为全世界人民群起而攻之。原子能会交在人民手中，可原子弹已经结束了它的历史使命。"[3]当然，这不是毛泽东第一次预测原子弹的命运，据周恩来回忆："原子弹刚出生以后，叫了两声就死了。'两声'是指炸日本广岛和长崎。毛主席这话充满了辩证法，指出了原子弹的命运。"[4]

毛泽东指出："世界上的事情，总是一物降一物，有一个东西进攻，也有一个东西降它。……我们相信，只要依靠人民，世界上就没有攻不破的'法宝'。"[5]因此，人不应该被原子弹的破

[1] 毛泽东选集：第 4 卷 [M]. 北京：人民出版社，1991：1133—1134.

[2] 毛泽东选集：第 4 卷 [M]. 北京：人民出版社，1991：1194—1195.

[3] 殷雄. 世纪回眸：世界原子弹风云录 [M]. 北京：新华出版社，1999：258.

[4] 周恩来军事文选：第 3 卷 [M]. 北京：人民出版社，1997：471.

[5] 建国以来毛泽东军事文稿：中卷 [M]. 北京：军事科学出版社，中央文献出版社，2010：266.

坏力折服，人民的力量实际比原子弹更强大，而和平世界的人们也不允许任何一个国家再次贸然使用原子弹。"现在的人比过去的人有很大的变化，他们要求解放和独立的觉悟已经大大提高，这在无论哪个国家都是如此，包括美国在内。"[1] "凡是一个东西，人民反对的就难以在世界上存在。……原子弹使用后大家都反对，就难以再用。"[2] 在这里，仅从军事角度分析，美国投爆原子弹给广岛、长崎普通民众带来的灾难已经将原子弹推向战术"死角"。这时候，"美帝国主义在政治上是孤立的；军事上弱点很多；美帝国主义虽有资源优势（主要是钢铁），但钢产量的比例并不能决定武器生产的比例；原子弹的吹嘘只不过是恐吓各国人民的"[3]。在苏联掌握原子弹技术之前，原子弹为美国一方独有，即便这样，原子弹也只能是超级大国制造紧张气氛的"空响炮"。在此之后，当原子弹技术不再被垄断，当和平成为世界的主题，原子弹存在的理由就只剩战略威慑力了。

而事实上，原子弹的战略威慑力也是有限度的。1954 年 10 月 23 日，毛泽东在同印度总理尼赫鲁会谈时指出，战争工具的发展大体可以分为三个阶段：弓箭、大炮、原子弹。从弓箭到原子弹，尽管武器装备的发展已经发生了质的飞跃，但就战争结果而言，无非是增加了死伤的人数而已。毛泽东说："在武器方面，美国以为它有原子弹和大炮，以为它的海、空军强大，因此它依靠这些东西。我想武器虽然有变化，但是除了杀伤的人数增多以

[1] 建国以来毛泽东军事文稿：中卷 [M]. 北京：军事科学出版社，中央文献出版社，2010：246.
[2] 周恩来军事文选：第 3 卷 [M]. 北京：人民出版社，1997：471.
[3] 王城. 关于抗美援朝保家卫国的读物 [N]. 人民日报，1951-1-28（6）.

外，没有根本的不同。古代使用的是冷兵器，例如刀、枪等。后来使用热兵器，例如步枪、机关枪、大炮等。现在又加上原子弹。但是基本的差别就是，冷兵器杀伤的人较少，热兵器杀伤的人多一些，原子弹杀伤的人更多。除了死伤的人数以外，没有什么差别。"[1]曾有人质疑毛泽东的这一观点，认为这是孤注一掷，"企图以牺牲千百万同胞的性命为代价维护自己已经过时的思想"[2]。其实不然。毛泽东的这一认识，客观道出了原子弹的本质：原子弹作为武器发展史上的一个阶段性产物，虽然有很大的杀伤力，但归根结底讲，也只是武器。《大辞海》对于武器的定义是："武器，亦称'兵器'。一般指直接用于杀伤有生力量和破坏军事设施的装备。如长矛、大刀、枪械、火炮、导弹、核武器等。"[3]也就是说，任何可以造成伤害和破坏的事物，都可以称之为武器。从物理角度讲，武器可以是一根木棍，也可以是一枚原子弹。面对一根木棍，人们可以不惧怕它，那么，面对同样是武器的原子弹，人们也有能力不被它吓倒。当然，相对于常规武器，原子弹之所以得到了更多的关注，是因为它是大规模杀伤性武器，它具有相对更大的杀伤范围、杀伤威力和杀伤作用。普通炸弹的杀伤半径一般只有几十米到几百米，而原子弹的杀伤半径可达数千米；原子弹的威力相当于数万吨梯恩梯炸药爆炸所释放出的能量；普通炸弹是靠炸药爆炸所产生的气浪和弹壳碎片造成杀伤作

［1］建国以来毛泽东军事文稿：中卷［M］. 北京：军事科学出版社，中央文献出版社，2010：244。

［2］［英］劳伦斯·弗里德曼. 核战略的演变［M］. 北京：中国社会科学出版社，1990：323.

［3］大辞海语词卷4［M］. 上海：上海辞书出版社，2011：3730.

用，而原子弹杀伤作用除气浪的冲击波外，还有光辐射、贯穿辐射（早期核辐射）、放射性污染、电磁脉冲等多种破坏杀伤作用。以上比较，仅就武器的战术使用而言。事实上，原子弹的巨大杀伤力和破坏力反而制约了对这一武器的再次使用，因此，从事实角度预测，在实战中展现原子弹威力的可能性已微乎其微，那么，也就不存在"牺牲千百万同胞的性命"了。

总之，毛泽东对原子弹本质的认识和定位，揭穿了超级大国妄图凭借原子弹建立世界霸权的阴谋。这是中共领导人多次在公开场合谈及原子弹的主要目的：拨开原子弹的"神秘面纱"，引导人们客观理性认识原子弹。建立在这一理性认识的基础上，党中央也逐渐认识到：必须理性认识原子弹的威慑力。为什么原子弹没有威慑住中国人民志愿军出兵朝鲜？因为美国只强调了原子弹的战术进攻性；为什么原子弹没有威慑住苏联研制原子弹的计划？因为苏联不仅仅看到了原子弹的战术进攻性。因此，原子弹的威慑力，不仅指原子弹的战略防御性，还包括原子弹的战术进攻性，切不可将二者割裂开来，片面强调某一方面的作用。这就是为什么中国要在战略上藐视原子弹，战术上重视原子弹。

当然，在战略上藐视原子弹，并不等于无视原子弹的威力和破坏力。对此，毛泽东曾直言不讳地说："丢原子弹谁也害怕，日本人怕，中国人也怕，所以最好还是不打，尽一切力量争取不打。"[1]"我们现在工业、农业、文化、军事还都不行，帝国主义估量你只有那么一点东西，就来欺负我们。他们说：'你有几颗

---

[1] 建国以来毛泽东军事文稿：中卷［M］．北京：军事科学出版社，中央文献出版社，2010：285．

原子弹？'"[1]因此，正如杜鲁门所言："当你对付野兽时，你必须首先把它视作野兽。"[2]承认原子武器所具有的巨大威力和破坏力，是中国有效应对原子弹与核战争的前提。那么，究竟应该如何遏制核战争？

著名历史学家汤因比曾说："消灭战争一定是可能的。即使就一切人来说，不可能根除战争以外的暴力行为，而消灭战争也一定是可能的。丢掉5000年的习惯，的确很困难。尽管如此，我想核武器的发明也给我们带来了成功地消灭战争的可能性。"[3]原子弹的出世，给世界形势、战争态势包括战争的承受能力带来了巨大的变化，世界已经处在了一个不能用纯粹的战争来解决问题的崭新环境下。尽管战争已经随着武器的发展而表现出越来越可怕的毁灭力，但这种毁灭力又随着世界和平的发展而呈现出越来越渺茫的展现力。第二次世界大战结束后，世界范围内争取持久和平的呼声日益高涨。对中国而言，"我们现在需要几十年的和平，至少几十年的和平，以便开发国内的生产，改善人民的生活。我们不愿打仗。假如能创造这样一个环境，那就很好"[4]。所以，通过使用核武器"以战止战"的方式是行不通的，只能是依靠核力量制衡实现"以慑止战"。

在这里，我们不是咬文嚼字，"以慑止战"与"以战止战"

[1] 建国以来毛泽东军事文稿：中卷[M]. 北京：军事科学出版社，中央文献出版社，2010：239.

[2] Papers of Harry S. Truman Official File, August 11, 1945, Harry S. Truman Library.

[3] [英]阿·汤因比，[日]池田大作. 展望二十一世纪——汤因比与池田大作对话录[M]. 北京：国际文化出版公司，1985：250.

[4] 毛泽东文集：第6卷[M]. 北京：人民出版社，1999：365.

有着根本性质的不同。对此，周恩来有一段精辟的论述。他说："原子弹你有我也会有，科学技术发达的国家都能造。苏联人民外交委员、联共中央委员会委员莫洛托夫说：原子弹早就不是秘密了。这就是说苏联也会造。如果世界上许多国家都有了原子弹，它就没有什么用处了。原来毒气武器在世界上是帝国主义国家独有的，后来苏联也有了，所以在第二次世界大战中各方都没有用。法西斯国家这样残酷也不敢用，为什么呢？就是因为大家都有了，我一用你死几千人，你一用我死几千人，不是等于互相抵消了吗？所以，就订了一个条约，大家都不用，法西斯国家也遵守这个条约。毒气是这样，原子弹也是这样。"[1]显然，"以慑止战"是一种战略谋划，而"以战止战"已成为难以付诸实践的想象。在人类还没有找到一个既能最大限度地杀伤对手又能保证自我毫发无损的武器之前，唯有通过军事力量的制衡，才能保卫国家安全、维护世界和平。就好比天平的两端，力量对等之时，即便双方都悬在空中，也不至于有哪一方会高高在上。因此，为对付威慑中国的核力量，中国必须拥有自己的核力量。

二、朝鲜战争与中国国防现代化目标的确立

（一）朝鲜战争期间美国的核威慑

中华人民共和国成立后，美国对中国采取了政治上孤立、经济上封锁、军事上威胁等政策，尤其是在朝鲜战争期间，美国依

---

[1] 周恩来军事文选：第3卷 [M]. 北京：人民出版社，1997：471.

仗其核优势，曾多次向中国发出核威胁。然而，美国的核威慑非但没有取得预期效果，反而彻底暴露了原子弹"纸老虎"的本质。

朝鲜战争爆发当日，杜鲁门便下达命令，一旦苏联参战就对其在远东的空军基地（包括在中国大陆的机场）发动核攻击。但美国政府各部门在是否为远东司令部提供原子弹、何时以及如何使用原子弹等问题上存有诸多争议。所以，尽管联合国军司令麦克阿瑟一再提议使用原子弹，美国在朝鲜战争初期并没有进行实质性的核部署。1950 年 7 月底，当朝鲜战局对美国愈加不利之时，杜鲁门才批准了参谋长联席会议的决定：由战略空军司令部为远东空军增加两个可以携带原子弹的 B-29 轰炸机中队，以加强对朝鲜的常规轰炸能力。事实上，7 月 19 日，美国中央情报局关于朝鲜战争初期中苏动向的评估报告就已作出中国可能参战的判断。因此，参谋长联席会议的决定，除作战需要外，还意在威慑中国，阻止中国在朝鲜采取军事行动。但是，9 月 15 日，美军在仁川登陆后，继续大规模向北进犯，朝鲜战场一度出现了"一边倒"的局势。关键时刻，中国领导人并没有被美国的核威慑吓倒，应朝鲜党和政府请求，毅然作出了出兵援朝的决定。

中国人民志愿军入朝参战后不久，美国陆军情报部门就提出要对人民志愿军使用原子弹的建议："一旦中国共产党发动全面攻势，对其部队和物资集结地使用原子弹，也许是使联合国军守住防线或尽早向中国东北边境推进的决定性因素。"[1] 11 月 28 日，

---

[1] Possible Employment of Atomic Bombs in Korea, 20 November 1950, CCS383. 21 Korea, RG218, National Archives.

陆军情报部门再次指出，必须向中国发出警告，如果中国不立即从朝鲜撤兵，美国将对中国采取必要的海空行动，包括使用原子弹。1950 年 11 月 30 日，杜鲁门公开声称，美国将采取任何必要的措施去应对当前的军事形势，包括使用原子弹。事实上，美国一直积极考虑在朝鲜战场使用原子弹，是否使用要由麦克阿瑟根据战场形势来决定。[1]杜鲁门的这一战争恫吓，立刻引起了美国本土人民的反对。美国共产党全国委员会于 12 月 1 日发表声明，号召美国人民立即行动，制止杜鲁门的战争野心。声明指出："要制止美帝国主义者的手，现在就是时候了，片刻也不能放过。美国人今晚谁也不能够安睡，除非他参加全世界的呼号，齐声要求和平。"据纽约《工人日报》报道，在日益扩大的抗议运动中，成千成万要求和平的电报不断地涌向白宫，呼吁联合国促进和平解决朝鲜问题。

事实上，此时，在苏联已经掌握原子弹技术的情况下，美国的欧洲盟友也开始担心自己国家的安全：如果美国真的在朝鲜冒冒失失地使用原子弹，那么，苏联会不会对"铁幕"另一侧的欧洲国家也"回敬"原子弹呢？可见，杜鲁门的原子弹恫吓也引起了欧洲统治阶级的恐慌。

在法国，法国共产党中央委员会于 12 月 1 日发表宣言，指出："全人类正在激动情绪下发出他们抗议、愤慨和激怒的呼声"，来回答杜鲁门的"令人憎恶的声明"。法国共产党号召"所有法兰西的男女不分政治意见和宗教信仰，一致起来反对，并团结他们的力量来制止这种罪行"。据《真理报》驻巴黎记者朱可夫形

---

[1] FRUS, 1950, vol. 7: 1261-1262.

容，在法共号召下，法国人民的抗议运动如同暴风雨一般席卷全国各地。

在意大利，据电通社报道，11月30日，当工人们一听到杜鲁门的声明时，就马上在工厂里集会，通过决议，提出抗议。全国各大工业中心的工人，在意大利共产党号召下举行了短时间的全国性抗议罢工。12月1日，罗马有成千上万的人民在议会和外交部门口举行示威。意大利各地方保卫和平委员会举行了许多群众大会，与会群众一致要求制止美国的侵略政策，并表示为保卫和平而坚决斗争的意志。

在英国，英国共产党中央总书记波立特于12月1日代表英共执行委员会致函工党执行委员会，要求停止侵略朝鲜的战争，撤退在朝鲜的英军及其他一切外国军队，并宣布英国决不参与对中国的侵略。据伦敦《工人日报》报道，杜鲁门声明引起了伦敦各工厂劳动人民的暴风雨般的抗议。来自全国各地的抗议函电，如雪片一般向首相克莱门特·艾德礼发来。工人、医生、青年团体等各界人士的代表团，络绎不绝地来到首相官邸门前，要求艾德礼出面反对杜鲁门的战争恫吓。

在联邦德国，据德意志通讯社消息，德国共产党中央委员会已于12月5日发表告人民书，抗议杜鲁门战争歇斯底里的新叫嚣，并号召全体德国人民不分党派一致参加为和平而斗争的阵线。德共中央委员会指出："对于死亡和毁灭的威胁，德国人民的回答是：在各企业和工会中集会坚决抗议联邦德国重新军事化，反对使用原子武器，在所有城市中组织争取和平的示威游行，一切为和平！一切为德国统一！"

其他许多国家的进步人民也奋起反对杜鲁门的声明。丹麦共产党主席拉荪于 12 月 1 日向总理伊里克逊提出了丹共的意见书，要求"政府命令丹麦驻联合国代表团反对一切能使战争扩大的行动，并支持谋求和平解决朝鲜战事的努力，要求政府表示反对使用原子弹，并主张举行包括中华人民共和国在内的五大国会议"。荷兰的主要报纸都反对美国侵略朝鲜和中国。荷兰共产党机关报《真理报》12 月 1 日宣称：荷兰不应再与华盛顿冒险家站在一起，并要求立即停止援助美国侵略者。瑞典共产党机关报《新时代报》12 月 1 日称：瑞典人民必须保证不叫别人滥用他们的名义去支持美国金融巨头对中国进行侵略战争的计划，从而为世界大战开拓道路。墨西哥共产党总书记思西那说：中国人民志愿部队的参战，也就是保卫了遭受美国侵略威胁的中华人民共和国的主权。墨西哥劳工联合总会书记涅托，墨西哥矿工、金属工人及各业工人联盟总书记加西亚和若干墨西哥闻名的艺术家，也都一致斥责美国威胁扩大侵略战争的叫嚣。澳大利亚悉尼人民于 12 月 1 日不顾警察的横暴镇压，在美国总领事馆门前举行了反对美国战争恫吓的示威。[1]

然而，面对抗议，杜鲁门仍一意孤行，于 1950 年 12 月初下令将核弹头部件空运至美国在远东的一艘航空母舰上。1951 年 4 月 5 日，杜鲁门又批准了参谋长联席会议主席布雷德利提出的向关岛和冲绳部署核武器的建议。4 月 9 日，9 架携带核弹头的 B-50 轰炸机飞往关岛的安德森空军基地。一旦华盛顿发出指令，这些轰炸机即可在 16 小时内准确地向预定目标投掷原子弹。

---

[1] 全世界人民抗议杜鲁门声明 引起战争贩子阵营巨大恐慌 [N]. 人民日报，1950-12-7（4）.

1951 年 6 月 10 日，中国人民志愿军取得了入朝参战后第五次战役的胜利，美国被迫接受朝鲜停战谈判。但是，美国武装力量对中国的侵略行动却越来越频繁，"引起了战争扩大的危险：继轰炸中国的许多城市、在中国领土上使用生物武器，并再三扬言要使用原子弹之后，最近竟然又轰炸鸭绿江上以电力供给中国东北工业的发电厂，这是一种蓄谋的挑衅行动，为的是要缔结停战协议更趋困难"[1]。可以看到，美国仍寄希望于原子弹。在美国看来，在促使中朝同意谈判方面，核武器仍然是强有力的工具，要继续凭借原子弹向中国和朝鲜施加压力。在谈判期间，美国陆军部还派人到朝鲜实地考察了使用战术核武器的可能性。美方认为，平壤附近集结了大约 25 万中朝军队，为实施战术核攻击提供了可能。[2]但考虑到时机尚不成熟，美国决定先在朝鲜实施模拟战术核攻击，一来美国战略空军可以积累向地面部队提供核支援的经验，二来还能达到向中国施压的目的。1952 年 7 月，在朝鲜和日本进行"视察"的美国陆军参谋长柯林斯和海军作战部长费泰勒公开说，美国"要全力轰炸北朝鲜""要使用原子弹"。[3]随后，9、10 月间，美军在朝鲜实施了代号为"哈德逊港行动"的秘密军事演习。为研究核武器在战场上的实战效能，此次演习严格按照核攻击的方式进行。到 1952 年年底，美军已经储备了大量的核弹头，并开始大规模生产用来打击军事目标的战术核武器。此外，一个 F-84 战斗机中队在日本完成了机组人员

---

[1] 世界和平理事会柏林特别会议的决议 [N]. 人民日报，1952-7-29（4）.

[2] Memo by Army Operation Division, 5 July 1951, Korea 091, Box38A, RG319, National Archives.

[3] 坚决制止美国扩大战争的挑衅行动 [N]. 人民日报，1952-7-22（1）.

投掷战术核武器的训练，部署在朝鲜半岛的美国海军也装备了小型原子弹。

1953 年 1 月，艾森豪威尔执政后，为了兑现他竞选总统时的承诺，当务之急就是尽快结束朝鲜战争。如何体面地结束战争？艾森豪威尔仍寄希望于核武器。艾森豪威尔"一上台就放空炮吓人，提出五条办法"，其中之一就是"原子弹恐吓"。[1] 2 月 11 日和 3 月 31 日，艾森豪威尔两次在国家安全委员会会议上表示赞成使用核武器，认为尽管没有合适的战略目标，如果核武器能够取得重大胜利，实现朝鲜半岛腰部划线的目的，代价还是值得的。[2] 4 月 2 日，美国国家安全委员会第 147 号文件分析指出，原子弹在朝鲜战场的使用，"在军事上将大大增强'联合国军'的作战能力，并弥补因在朝鲜扩大使用常规军事力量而对其他地区带来的不利影响；其次，它将大大削弱中国军队目前的战斗力，并有助于增强美国核力量在全球战争与有限战争中对苏联的威慑作用；再次，它比使用常规武器能够更有效、更迅速、更廉价地消除对美国在朝鲜的军事地位的威胁"[3]。4 月 8 日，美国又预测，如果美国军队动用原子武器，"那么共产党将视这些武器的使用为西方决心胜利结束朝鲜战争的信号。我们不能够判断是否这种认识会自动地使共产党作出必要的让步，从而缔结停战协定。我们相信，共产党的反应将在很大程度上由其所受伤害的程度

［1］周恩来军事文选：第 4 卷 ［M］. 北京：人民出版社，1997：321.

［2］FRUS, 1952-1954：vol. 15：825-826.

［3］Analysis of possible courses of Action in Korea, 2 April 1953, RG273, National Archives，参见赵学功. 核武器与美国对朝鲜战争的政策 ［J］. 历史研究，2006（1）.

来决定"。[1]

经反复讨论，5 月 19 日，美国拟订了代号为"奥普兰 8-25"的作战行动计划。次日，美国国家安全委员会会议批准了此项计划。也是在当月，美国国务卿杜勒斯还曾设想通过印度总理尼赫鲁给中国带话："如果不能安排停战，美国将不再承担不使用核武器的责任。"但是，尼赫鲁拒绝传递任何有关核威胁的信息。随后，美国又通过板门店谈判，把"诉诸核战争"的信息散布开来，扬言如果谈判没有进展，战争可能升级，美国有可能使用核武器攻击中国本土，甚至包括北京。[2]然而，随着 6 月 8 日双方关于战俘遣返问题协议的签订，美国最终不得不放弃使用原子弹。7 月 27 日，朝鲜停战协定在板门店签订，朝鲜战争结束。

至此，我们可以看到，朝鲜战争期间，美国对中国的核策略经历了一个从单纯战略威慑到战略威慑与战术部署并存的过程。而事实表明，美国军队在朝鲜战场用尽了空前未有的残酷手段，包括所有各种大规模杀伤性的武器，如细菌武器、毒气弹、凝固汽油弹，却唯独没有使用原子弹。正如美国前总统胡佛 1950 年 12 月 20 日于纽约发表广播演说所讲的那样：当我们对当今世界实际军事力量作出衡量，就必定可以得出某些基本结论，这其中，在军事方面，我们必须认识到"原子弹远不像一度想象的那样是绝对优越的武器"。[3]美国接二连三的原子叫嚣，包括所谓

[1] 沈志华，杨奎松. 美国对华情报解密档案（1948—1976）：柒 [M]. 上海：东方出版中心，2009：218.

[2] 葛能全. 钱三强年谱长编 [M]. 北京：科学出版社，2013：249.

[3] 美国反动头子胡佛演说全文 [N]. 人民日报，1950-12-29（4）.

的"考虑原子弹的使用",[1]"要用原子弹轰炸我国",[2]甚至是实实在在的核部署,非但没有吓倒中国,反而将原子武器的使用限度暴露得淋漓尽致。

美国终究未在朝鲜战场上使用原子弹,既是由于原子弹本身的使用限度,还鉴于苏联已打破了美日对原子弹的垄断,这为新中国确立核政策带来又一启示。可以从1946年年底钱三强和约里奥-居里先生的一段对话说开去。1946年年底,在约里奥-居里先生领导下,各国进步科学工作者组织了世界科学工作者联盟,提出了禁用原子武器,对产生原子能的原料加以国际管制,使它用于为人类福利工作的决议。这个主张立刻得到了苏联和人民民主国家的支持,但是,美国却以更大量地制造原子弹来答复这个正义主张。在世界科学工作者联盟开会期间,钱三强曾问约里奥-居里先生:"怎样才能使美国放弃独霸世界的野心?"约里奥-居里先生明确回答:"首先要唤起全世界对美国野心的注意;但重要的是苏联能早日制造出类似的武器,只有这样,美国才会被迫地与其他国家平等地谈问题。"[3]所以,尽管美国在朝鲜战争期间的核威胁尚未奏效,然而,"对于美国战争贩子们所鼓吹而且醉心的原子战略",正如当年美国的一位海军军官海斯勒在他的《战后余生》一书中所评价的:"战争威胁,加上大量屠杀的卑鄙的牛皮,已经成为今天外交政策的基本工具。"[4]中共领

[1] 斩断帝国主义侵略的"长矛"[N]. 人民日报,1950-12-2(1).

[2] 剥落"蒙面强盗"的面具[N]. 人民日报,1950-12-3(5).

[3] 钱三强. 科学工作者应为加强国防建设而努力——拥护斯大林关于原子武器问题的谈话[N]. 人民日报,1951-10-19(4).

[4] 剥落"蒙面强盗"的面具[N]. 人民日报,1950-12-3(5).

导人在这场被原子弹威胁充斥着的战争中，认识到了原子弹对于国家安全和国家地位的重要意义，更体会到了核武器的战略制衡作用。为维护国家安全，巩固国家地位，中国必须发展原子能事业，研制出自己的原子弹。

（二）中国国防现代化建设的迫切要求

中国人民志愿军入朝参战时，武器装备陈旧落后，只有一些解放战争时期使用过的轻武器和少量火炮，基本没有可供作战用的飞机、坦克等重型武器。为改变这一状况，1951 年 1 月 4 日，中央人民政府人民革命军事委员会成立了专门负责兵器工业建设的兵工委员会，周恩来为主任，聂荣臻和李富春为副主任。截至 1953 年初，中国先后新建并扩建了多家兵工厂，其中规模较大的有几十个，与此同时，武器装备生产也进入到大批仿制、研制苏式武器装备阶段。抗美援朝战争后期，人民志愿军已装备了大量苏式武器，空军、炮兵、装甲兵的数量和质量也有了很大程度的提高。1954 年，兵工企业仿制成功 122 毫米榴弹炮、76.2 毫米野炮和苏式雅克 –18 型初级教练机，改变了中国不能自行制造大口径火炮、不能生产飞机的历史。"经过朝鲜战争的锻炼，我们的军事装备逐渐走向现代化，部队的军事素养也得到新的提高。"[1]

1953 年 1 月 1 日，毛泽东在转发中央人民政府人民革命军事委员会办公厅主任萧向荣 1952 年 12 月 31 日的综合报告上批语："建设我军为世界上第二支最优良的现代化的军队，以利于

---

[1] 周恩来选集：下卷［M］. 北京：人民出版社，1984：273.

在将来有把握地战胜帝国主义军队的侵略。"[1]1953 年 8 月 26 日，毛泽东在给军事工程学院的训词中，明确提出建设现代化国防的问题。此时，中国国民经济发展第一个五年计划已经进入执行阶段，良好的国内环境为人民解放军的现代化和正规化建设提供了利好时机。但是，1953 年 8 月 28 日，中共中央又发出《关于增加生产、增加收入、厉行节约、缩紧开支，平衡国家预算的紧急通知》，要求全国压缩支出 12.5 万亿元，其中军费要减少 3 万亿元，具体要求"军事系统（包括公安部队）应在整顿组织、精简机构和冗员、加强技术训练、提高部队质量的基础上，大力缩减军事开支"。这种情况，就是"又要建设一支优良的现代化军队，又要使国家机构费用（包括军费）不超过总支出的 30%，这是一个尖锐的矛盾，一个很大的难题"。[2]

为此，彭德怀连续召集了三次扩大的军委例会，决定对军队进行精简整编以减少军费。在 9 月 4 日召开的第三次扩大的军委例会上，彭德怀讲话指出，现阶段人民解放军所处的国际国内环境，不是绝对的和平，但也不是战争在即。对军事工作要有合理的安排，既要注意加强部队的现实战斗力，但也不能忽视军队的基础建设。国防力量包括国家常备军、国防科技工业能力、国家动员能力，所以，军队建设必须有利于国防工业的加强和国家动员潜力的蓄积。针对当时军队中普遍认为的军队现代化主要表现在技术军种、兵种建设上的观点，彭德怀指出，尽管国际战争已

[1] 建国以来毛泽东军事文稿：中卷 [M]. 北京：军事科学出版社，中央文献出版社，2010：106.

[2] 中央军委第 41 次例会工作人员的记录，1953 年 9 月 4 日，参见《彭德怀传》编写组. 彭德怀传 [M]. 北京：当代中国出版社，2006：297.

经进入原子武器时代，技术军种、兵种的建设比以往任何时候都迫切，但"国家的经济发展水平，科学技术发展水平，是国家防御力量的物质基础。没有现代化的工业，没有现代化的交通、通讯等设施，就不会有现代化国防，也不会有真正的现代化军队。即使有一支用现代武器装备起来的军队，也不可能在现代战争中充分发挥作用"。[1]

为统一思想，彭德怀建议于 1953 年 11 月下旬召开一次军事会议。经中共中央和毛泽东批准，1953 年 12 月 7 日，全国军事系统党的高级干部会议在北京召开。会议明确指出，人民解放军要"用五年到十年左右的时间，逐步达到武器装备现代化，编制体制合理化，军事制度和军事训练正规化"。[2]这次会议是新中国国防史和人民解放军建军史上一次划时代的会议，标志着新中国国防现代化目标的基本确立，是人民解放军由革命战争年代向和平建设时期转变的里程碑。

此后，人民解放军现代化、正规化建设全面展开。一边改善常规武器装备，一边酝酿尖端武器发展之路。在当时的国际环境下，发展尖端武器装备，原子武器的研制成为首要考虑的事。1954 年下半年，受苏联邀请，人民解放军曾两次派代表去苏联参观苏军有关原子弹的演习，加深了人民解放军对原子弹的认识，也使得人民解放军研制原子武器的心情更为迫切。一次是在 10 月 7 日至 20 日，张宗逊副总参谋长率代表团赴苏联远东巴拉巴什地区观摩苏军在原子武器条件下的抗登陆演习。此次演习有 6

---

[1]《彭德怀传》编写组. 彭德怀传 [M]. 北京：当代中国出版社，2006：299.
[2]《彭德怀传》编写组. 彭德怀传 [M]. 北京：当代中国出版社，2006：299.

万多官兵参加，并使用了 6 枚演习原子弹。

　　在此之前，还有一支规模更高的代表团赴苏参观了原子弹实爆演习。1954 年 9 月 9 日，彭德怀、刘伯承、粟裕、陈赓、许光达、刘亚楼、邓华等率军事代表团赴苏联参观原子弹实爆军事攻防对抗实兵演习。这次演习有 4.5 万余苏联官兵参加，并用飞机投下了原子弹。在赴苏参观演习之前，8 月 20 日，受彭德怀的邀请，钱三强向赴苏参观军事代表团介绍了原子弹、氢弹的原理和构造等情况。会上，彭德怀问钱三强："中国要搞原子弹，怎么搞？最关键的技术、设备是什么？"钱三强回答说："生产原子弹原料，反应堆比气体扩散法省力，但应先建一个实验性原子反应堆准备条件。"钱三强还特别强调："当前最重要的是要研制实验性反应堆和回旋加速器，培养人才，聚集力量，为建设原子核工业和研制核武器作准备。"[1]

　　这次见面会让彭德怀一行明确了此行的任务不仅仅是参观苏联的原子弹爆炸演习，更重要的是要向苏联发出核援助的信号。因此，在苏联期间，彭德怀便同陈赓一起向苏联试探了援助研制反应堆和回旋加速器的可能性。在 9 月 17 日进行的演习总结会上，苏联部长会议主席布尔加宁把苏联飞行员投爆原子弹的金钥匙的复制品送给了彭德怀。会后陈赓说："光给一把钥匙，不给原子弹有啥用？"彭德怀说："你是军事工程学院院长，咱们还是自己干吧！"10 月，赫鲁晓夫、布尔加宁、米高扬等苏联领导人前来北京参加中华人民共和国成立五周年庆典。其间，彭德怀向负责中苏合作谈判的李富春说："要把建造反应堆和加速器问

---

[1] 葛能全. 钱三强年谱长编 [M]. 北京：科学出版社，2013：246.

题，提请苏联帮助。宁可削减别的项目，这个堆和器一定要争取尽早建起来。"[1]1955 年 2 月 18 日，彭德怀在关于 1954 年军事工作的书面报告中首次向中共中央提出了"要逐步研究和争取生产核子武器"的建议。[2]5 月，彭德怀参加华沙条约国会议顺访苏联时，又向赫鲁晓夫、朱可夫等提请，希望苏联能够帮助中国建造反应堆和回旋加速器。

1955 年 6 月底，北大西洋公约组织在联邦德国、荷兰、比利时和法国东部举行代号为"空白纸"的空军演习。此次演习，美、英等国空军出动飞机 3000 多架，历时 8 天，是第二次世界大战后最大规模的空军演习，目的在于试验"闪击式原子战"的可能性和效果。据中国驻德意志民主共和国大使馆研究室编写的专题资料介绍，美英在分析演习结果时，尤其夸大了原子弹威力并强调了主动进攻的优越性，某些高级军官甚至还公开表示，如果使用原子弹，未来的世界大战可在几天内决定胜负。10 月 13 日，彭德怀把演习情况向毛泽东做了书面汇报。10 月 19 日，毛泽东批示："此件可以一阅。"[3]显然，美英国家所宣称的"主动进攻的优越性"，只不过是想制造美国随时有可能再次投放原子弹的紧张气氛。对此，毛泽东仍然坚持战略上藐视敌人，战术上重视敌人的原则，"不知道美国哪一天来放原子弹，究竟放不放？原子弹并不比刀、枪厉害，你们相信不相信？……我们要准备着。我们无原子弹，不想打。苏联有，也不想打。但如果帝国主义丢

［1］葛能全. 钱三强年谱长编［M］. 北京：科学出版社，2013：247.

［2］王焰. 彭德怀年谱［M］. 北京：人民出版社，1998：590.

［3］建国以来毛泽东军事文稿：中卷［M］. 北京：军事科学出版社，中央文献出版社，2010：288.

下原子弹，我们准备打"。[1]

总之，抗美援朝战争期间，人民解放军武器装备虽在机械化方面取得了一些进步，但由于战争尚未停火，国家也还处在国民经济恢复时期，人民解放军只进行了初步的现代化建设。抗美援朝战争结束后，为改变人民解放军武器装备落后于世界先进水平的现状，人民解放军现代化建设全面展开。从这一意义上讲，抗美援朝战争开启了人民解放军现代化建设进程，中国研制尖端武器的规划也顺势而出。掌握国防尖端技术，研制尖端武器，是中国发展国防科技工业的重要组成部分，更是人民解放军实现现代化建设的必然要求。

---

[1] 建国以来毛泽东军事文稿：中卷［M］. 北京：军事科学出版社，中央文献出版社，2010：293—294.

第二章　作出核决策

中国原子能事业的创建，是中国社会主义建设划时代的里程碑之一。中国是在怎样一种情况下作出核决策的？那时候，中国科技水平不高，经济力量和工业基础也比较薄弱。但是，在原子能领域，人们已对原子能、原子弹有了初步认识；在中国共产党的积极延揽下，一批优秀的核研究人才相继汇聚，相关理论研究和实验逐步展开；在地质普查中，地质工作者在广西发现了有工业价值的铀矿资源；在美苏关于原子能和平利用的博弈中，中国争取到了苏联在原子能和平利用方面的援助。在这一背景下，中共中央高瞻远瞩，审时度势，果断作出了发展原子能事业的重大战略决策。从此，"我们进入了这样一个时期，就是我们现在所从事的、所思考的、所钻研的，是钻社会主义工业化，钻社会主义改造，钻现代化的国防，并且开始要钻原子能这样的历史的新时期"。[1]

一、为发展原子能事业未雨绸缪

（一）原子能研究机构的组建

发展原子能事业，核科学技术研究必须先行。在原子弹诞生

---

[1] 毛泽东文集：第6卷［M］. 北京：人民出版社，1999：395.

前 50 年期间，即从 1896 年法国物理学家亨利·贝克勒尔发现天然放射性现象，到 1945 年世界首次核试验成功，无论在战争史上还是在科技史上，都是一段既让人目眩又值得深思的历史。这一时期，相对科技对战争的影响而言，战争对科技的影响更胜一筹。这种影响力，与此前或此后的任何一个时期相比，都是沉重的，却也是尤为显耀的。

　　之所以说那是一个沉重的年代，是因为这是一个被战争主宰了的时期——两次世界大战相继爆发，惨烈程度一次胜过一次。但仅就科学的发展而言，不得不承认的是，战争的确催生了科学的进步。在任何一个年代，科学家们都无比坚定地认为，科技的进步对各方各面都有着利好的影响力。但是，战争年代，纯粹的科学信念只能存在于科学家们的想象当中，科学自然而然地被战争绑架，而科学本身又无法斩断战争对自己的驾控。作为曼哈顿计划的参与者，美国原子物理学家琼·辛顿曾这样阐述他为什么要参与原子弹的研制，他说："早在我刚有记忆的时候，我就有一种极强烈的愿望，要想知道世界到底是怎样组成的，于是我决心要做一个科学家。但是对科学研究的越深，我却越是沉入那种'为科学而科学'的观点里去。这种观点乃是对于现代科学的毒害。而我就是由于有了这个错误的观念，把科学同社会隔离，把科学同人类、同人的生活隔离，我才会在大战期间参加了制造原子弹的工作。当时我跟我的许多同事一样，都认为我们科学家的工作只不过是要找出自然界的真理。至于此外的事情，如怎样去应用我们科学家所发现的知识，那对我们是次要的事了。在我们从事纯科学的研究中，我们是没有时间去关心那些琐碎事情的。科学的实际应用问题应该是政治家和工程师们的事。说来真感到可耻，广岛和长崎被炸的惨祸，才把我从象牙之塔的酣梦中震醒过来；才使我从根本上认识到，世界上是根本没有什么'纯'科学这个东西的。"如果科学被战争的制造者所掌握，那么，科学进步的影响就变成负面的了。因此，辛顿忏悔道："作为一个曾经亲手接触过丢在长崎的那颗炸弹的人，我深深地感到有罪，感到羞耻，因为我自己参与了这个对全人类，尤其是对日本人民所犯下的罪行。"[1]

之所以说这是一个显耀的年代，是因为这是一个被科技主推的时期——科学技术，尤其是核科学技术使得人类认识到了物质的微观结构及其运动规律。被誉为"原子弹之父"的罗伯特·奥本海默曾用充满激情的笔触描述 20 世纪三四十年代："这是英雄的时代——在实验室里细心而耐心地工作的时代，决定性的实验和大胆的行动的时代，走过许多弯路和进行过许多未经证实的推测的时代……这是一个创造的时代。"[2]在这一黄金时期，伴随着战火纷飞，核科学技术率先在西欧、北美一些经济发达的国家兴起。1896 年法国科学家亨利·贝克勒尔发现了自然界一些重的元素，如铀、钍等，会经常不断放射出穿透力很强的射线。20 世纪初，科学家们继续研究这一现象。1930 年以后中子的发现，使得原子核成为被轰击的对象。此后，约里奥－居里夫妇发现了人工放射现象，为研究原子核提供了有力的方法。在这些研究的基础上，1939 年科学家证明得出：铀原子核受中子冲击以后可以产生

[1] 美国代表、原子物理学家琼·辛顿向日本代表团发表的声明 [N]. 人民日报, 1952-10-14（2）.
[2]［德］罗伯特·容克. 比一千个太阳还亮 [M]. 北京：原子能出版社，1991: 5.

分裂现象，同时释放出巨大能量，而这一能量是同样多的物质平常发出的几十万倍到百万倍。科学家们由此想到，如果把这些物质内部蕴藏的巨大能量不断地释放出来，那么，就可以取得巨大的动力来源，这样正在使用的煤和石油便也有了补偿物或代替品。这一方面是因为煤和石油的储藏量有限，另一方面，煤和石油其实是很多种合成品的珍贵原料，例如，利用煤的产品煤焦油可以合成阿司匹林、糖精、玫瑰香精和阴丹士林等，石油可以用来合成人造橡胶，因此，不应该把煤和石油当作单纯的燃料来使用，这无疑是巨大的浪费。发现原子核中蕴藏着巨大能量，并将这一巨大能量释放出来，是 20 世纪人类在科学技术领域取得的最伟大成就之一，而与此有关的其他物理科学，或为原子能科学的前奏，或与其相伴而生，也取得了创造性的成果，这就又相辅相成地助推了原子能科学的发展。

正当尖端科学技术在西欧和北美一次又一次发出炫目之光时，旧中国的科技事业却发展缓慢，只有很少一些人从事科技工作。再加上国民党政治腐败，轻视科技，又迫使一部分科学工作者流亡海外。可想而知，在这样的科技工作环境下，核科学这样的新兴学科研究，"在 1949 年以前基本上是靠分散的、个人的努力"。[1]当时，中国只有两所核研究机构。

一个是 1946 年由中央大学校长吴有训主持建立的中央大学原子核研究室，仅有吴有训、赵忠尧（在美国）等 5 名科研人员。1947 年，中央大学原子核研究室与成立于 1928 年的中央研究院

---

[1] 钱三强，马大猷. 中国科学院物理学和核科学四十年［J］. 中国科学院院刊，1989（4）.

物理研究所合作，在九华山建立了原子能研究实验基地。中央研究院在制订 1948 年工作计划时，把原子核物理、金属物理学和电子学作为重点研究领域。计划指出，由于原子能研究对于物理学本身及国防或民用均极为重要，因此，原子核物理研究被列为重中之重的任务。

另一个是 1948 年 9 月在北平研究院镭学研究所基础上成立的原子学研究所，所长为钱三强，另有何泽慧、彭桓武两名研究员，一名助理员，一名事务员。北平研究院镭学研究所是中国最早设立的有关原子物理的研究机构。1945 年 10 月 17 日，国民政府在其公布的《北平研究院组织条例》中将镭学研究所改名为原子学研究所。但是，由于购买核研究设备需要大量资金，北平研究院实际上并没有对镭学研究所进行改组，仍依照原先的机构设置继续进行镭学研究。直到 1948 年 9 月，原子学研究所才正式改组成立，除继续原镭学研究所"二氧化铀之晶体结构"研究课题外，还对各种氧化铀的晶体结构系统进行了探讨。但原子学研究所基建破旧，设施简陋，经费拮据，连基本的研究设备都不齐全。身处战乱年代，又是这样的物质和经济条件，纵然有一些优秀的核研究人才，他们能够自发地做一些力所能及的工作，但原子学研究所根本无法有计划、有组织地开展核研究工作。事实上，早在 1947 年，钱三强就提出建议：在北平建立一个联合原子核研究中心，由清华大学、北平大学、北平研究院共同合作研究原子核物理。但此后，这个计划也因经费贫乏、研究基础薄弱等因素而无法实施，后来，又遭到了美国大使馆以"查询"为名义的干涉，这个仅在纸上的联合研究计划以失败告终。

中华人民共和国成立后，为改变旧中国科技事业机构残缺、力量薄弱、水平落后的状况，《共同纲领》规定：要"努力发展自然科学，以服务于工业农业和国防的建设。奖励科学的发现和发明，普及科学知识"。[1]与《共同纲领》同时公布的《中华人民共和国中央人民政府组织法》第十八条规定：成立科学院，由政务院文化教育委员会指导工作。[2]1949年10月19日，中央人民政府委员会第三次会议任命郭沫若为中国科学院院长。11月1日，作为国家最高学术领导机构和综合研究中心的中国科学院正式成立，以建立科学机构和体系、组织和团结科学家开展研究工作为主要任务。1950年8月18日，中华全国自然科学工作者代表会议召开。会议决定，成立中华全国自然科学专门学会联合会和中华全国科学技术普及协会，李四光当选为全国科联主席，梁希当选为全国科普协会主席。从此，中国的科技事业有了一个崭新的发展环境。相应地，核科学技术的研究与应用也得到了重视。从研究机构的建立、领导干部的配备、科技骨干的抽调、科研人员的培养，到科研经费划拨、仪器设备购买和基础设施配备，中共中央、中央人民政府都给予了大力的支持。

1949年11月5日，中国科学院接管了旧北平研究院原子学研究所。次年4月6日，中国科学院又接管了旧中央研究院物理所的一部分。1950年1月15日，时任中国科学院副院长竺可桢主持召开小型座谈会，出席者有钱三强、叶企孙、吴有训、周培源、严继慈、彭桓武、饶毓泰、丁瓒、陶孟和。会议对近代物理研究所和应用物理研究所的拟设工作进行了通报。一个月后，竺

---

[1] 中国人民政治协商会议共同纲领 [N]. 人民日报，1949-9-30（2）.

[2] 中华人民共和国中央人民政府组织法 [N]. 人民日报，1949-9-30（1）.

可桢、钱三强联名向郭沫若呈报了中国科学院首批自然科学研究机构调整设置方案，包括各研究所所长、副所长拟任人员名单。

1950 年 5 月 19 日，以原北平研究院原子学研究所和结晶学研究室为主体，专门从事核科学研究工作的中国科学院近代物理研究所（以下简称"近代物理所"）成立，所址暂定原北平研究院原子学研究所所在地——东皇城根甲 42 号。政务院任命吴有训为所长，钱三强为副所长。12 月，吴有训调任中国科学院副院长，钱三强接任所长，王淦昌、彭桓武任副所长。这是新中国第一所正规的核科学研究机构，工作范围包括原子核物理、宇宙线及低温物理。近代物理所成立时，约里奥 – 居里夫妇从法国发来贺电。弗雷德里克·约里奥 – 居里先生的贺电是："为科学服务，科学为人民服务——祝贺中国科学院近代物理研究所的成就。"伊莱娜·约里奥 – 居里夫人的电文是："致中国科学院近代物理研究所，它将发展新中国的放射性科学。"[1] 10 月 17 日，钱三强与吴有训共同主持召开近代物理所第一次所务会议。会上，吴有训介绍了前不久访问东欧获知的各国发展原子能的情况。吴有训还提出，为使实验物理在中国生根，科研人员要多参加仪器设备的研发工作。这一要求，正体现了建所初期"一切从零开始""自己动手，丰衣足食"的决心和信心。

近代物理所成立后，一改过去中国核物理研究人才分散的局面，本着集体研究的原则，很快就将全国仅有的不到 20 名的核科研和技术人员迅速集中起来。与此同时，核科学研究的物质条件也逐渐开始好转。1951 年 6 月 15 日，北京市人民政府审

---

[1] 葛能全. 钱三强年谱长编［M］. 北京：科学出版社，2013：163.

核批准中国科学院在西郊保福寺以北中关村用地 17 亩，为近代物理所新建一座专门的科研大楼。该工程于当年 10 月正式开工建设，1953 年竣工。1951 年年底，为支持原子核科学研究工作，国家又拨款建成了新的物理楼供近代物理所和中国科学院应用物理所合用。当时，国家正处在恢复和发展国民经济的关键时期，却能够为核科学研究投入相当的财力、物力，充分说明中国共产党和中央人民政府对原子能事业的重视程度之高。

作为新中国核研究的领军队伍，近代物理所不仅进行了大量的研究工作，还为日后正规的、系统的核科学研究做了积极准备。1952 年 10 月，近代物理所钱三强、王淦昌、彭桓武等共同制订了 1953 年至 1957 年发展核科学研究的第一个五年计划，"目标是在核科学技术上打下基础，为进一步开展核物理实验和建造反应堆创造条件。发展方向是以原子核物理研究为中心，充分发展放射化学，为核能的应用准备条件；使宇宙线研究获得发展；通过科研实践培养人才，为发展核科学技术准备力量"。[1]

为实现这一目标，核科研人员齐心协力，废寝忘食地工作。由于此前的核研究条件过于薄弱，而超级大国又对中国实行全面封锁、禁运，近代物理所刚成立时连开展研究最起码需要的仪器设备都很缺乏。为解决这一问题，近代物理所的科技人员和工人决定亲自研制一些必不可少的实验仪器设备。较早一批被用于实验的仪器设备，有些是利用旧电子元件器材组装而成的，有些是现有旧设备改装而成的，还有一些是科技人员自行研制的。此后

---

[1] 葛能全. 钱三强年谱长编［M］. 北京：科学出版社，2013：197.

几年间，科技人员和工人共同努力，密切配合，自己动手研制出了各种探测器、核电子仪器等一批实验仪器设备，并开始建造质子静电加速器，为深入开展核科学研究创造了条件。1953 年 10 月 6 日，经中国科学院第 31 次院务常务会议决定，中国科学院近代物理研究所更名为中国科学院物理研究所，所长仍为钱三强，王淦昌、彭桓武任副所长。

中国科学院近代物理研究所的成立，标志着中国的核科学研究有了正规的、权威的组织机构。然而，早期的研究所科研力量明显薄弱，从专业配套的角度讲，科研结构不成体系，研究层次也散落无形。1954 年 3 月，中共中央在对中国科学院党组报告的批示中指出："科学院是全国科学研究的中心，除了应以主要力量组织本院的科学研究工作外，还必须密切联系全国科学工作者，协助各方面的科学研究工作。"[1] 根据这一指示，为规范和扩充中国的核研究队伍，核科学研究人才的延揽与培养工作拉开帷幕。

（二）核科学研究人才的延揽

为中国的原子能事业储备专业人才，是中国共产党未雨绸缪、酝酿原子能事业的又一重要步骤。这一工作的展开，是在新中国科学技术逐渐起步的背景下进行的。截至 1954 年年底，中国科学院物理研究所共有工作人员 170 人。其中，专门从事核科学研究工作的有 90 人，专业人才比例超过一半。新中国第一批核研究人员的延揽和培养，主要从三个方面展开。

---

[1] 中共中央文献研究室编. 建国以来重要文献选编：第 5 册 [M]. 北京：中央文献出版社，1993：166.

首先，号召并协助留学国外的科学研究人才返回祖国工作。这是核研究人才延揽与培养工作的重心，也是后续人才培养工作的前奏。1949 年后，在新中国的感召下，在党和国家的积极协助下，国内外优秀的核科学研究人才逐渐汇集，成为中国核科学研究领域的顶梁柱。

时间可以回溯到 20 世纪 30 年代前后，为实现科学救国的理想，一批有识青年奔赴西欧、北美求学。有一部分人选择了与核科学有关的专业，如吴有训、钱三强、何泽慧、王淦昌、彭桓武等。他们接受了世界著名物理学家和核科学家的直接指导和严格训练，学成之后，又义无反顾地回到祖国，成为中国第一批专业的核研究人才。

吴有训，1920 年毕业于南京高等师范学校，1921 年赴美国芝加哥大学学习，随物理学家康普顿从事物理学研究，在康普顿散射理论研究方面成就显著。1926 年秋回国，先后在江西大学、国立中央大学、清华大学任教。1945 年任中央大学校长。

王淦昌，1929 年毕业于清华大学物理系，1930 年赴德国柏林大学留学，师从核物理学家莉泽·迈特纳。1934 年回国，先后在山东大学、浙江大学任教。1941 年提出了验证中微子存在的实验方案并被实验所证实。

彭桓武，1935 年毕业于清华大学物理系，1938 年赴英国爱丁堡大学学习，师从物理学家马克思·玻恩，从事固体物理、量子场论等理论研究。1941 年 8 月后，曾两度在 1933 年诺贝尔物理学奖获得者薛定谔任所长的爱尔兰都柏林高等研究院理论物理研究所从事研究工作。1947 年回国。

钱三强，1936 年毕业于清华大学物理系，1937 年赴法国留学，进入巴黎大学镭学研究所居里实验室，师从 1935 年诺贝尔物理学奖获得者约里奥 - 居里夫妇。1946 年，钱三强与何泽慧共同发现了铀的三分裂和四分裂，在世界上引起了巨大轰动。1948 年夏，钱三强夫妇回国。

这些科学家，是中国核科学研究的开拓者和奠基人。中华人民共和国成立前后，他们在国内科研条件和安全环境都不稳定的情况下，从事核科学研究工作。他们不仅在各自的学科领域取得了重要的研究成果，而且还培养出一批优秀的青年核研究人才，保证了中国核科学研究后继有人，不断向前发展。

中华人民共和国成立初期，中央人民政府在领导恢复国民经济的同时，特别强调了要加强文化教育工作。体现在科学研究方面，除了要建立正规的科学研究机构外，还要结合国家经济建设团结科学家、研究人员开展研究工作。此时，随着核科学技术的发展，中国第一批核研究人员的科研任务日益繁重，急需扩充核科学研究队伍，尤其需要将在西方国家工作、学习的科学家和留学生延揽回国。

1951 年 2 月 22 日，周恩来审批了争取留学生回国工作组的报告并以中共中央的名义转发。面对祖国的召唤，渴望为国家建设奉献所学的爱国科学家和留学生，毅然放弃了国外较为完善的核研究条件和优厚的物质生活待遇，在中国共产党和中央人民政府的支持与帮助下回到了祖国。1949 年年底至 1955 年 11 月底是留学生归国的高峰期，共有 1536 名留学生从美、日、英、法等国家回到中国，[1] 包括一批专业的核研究人才。1950 年到

[1] 李滔. 中华留学教育史录 [M]. 北京：高等教育出版社，2000：59—60.

1955年期间，从国外归来并先后到中国科学院工作的还有核物理学家赵忠尧、杨澄中、戴传曾，放射化学家杨承宗，理论物理学家邓稼先、朱洪元、金星南，实验物理学家肖健，理论化学家郭挺章，加速器物理学家谢家麟等。他们带着当时世界前沿的核研究理论、实验方法和一些宝贵的实验器材，甚至实验样品回到了祖国。由于研究领域极其特殊，他们的归国之路并不顺利，但即便困难再多，在他们心中第一位的永远是祖国，必须归国报效祖国。

著名核物理学家赵忠尧就是这众多科学家中的一位。赵忠尧，1920年考入南京高等师范学校，1925年任清华大学物理实验室助教，1927年赴美国加州理工学院深造，师从于诺贝尔物理学奖获得者密立根教授。在密立根实验室，1930年，28岁的赵忠尧在人类历史上第一次观测到了正电子。这个发现足以使赵忠尧获得诺贝尔奖。但1936年的诺贝尔物理学奖却颁发给了比赵忠尧晚了两年才发现正电子径迹的美国人安德逊。但是赵忠尧似乎对诺贝尔奖并不是很在意，因为他远渡重洋不是为了学位，更不是为了拿诺奖，而是为自己的国家和民族学到最前沿的科学和技术。1931年，赵忠尧离开美国赴英国剑桥大学学习，师从著名物理学家卢瑟福。同年，学成后的赵忠尧回国，在清华大学物理系执教，在中国首开核物理课程，并创办了中国第一个核物理实验室。

1946年6月30日，美国在比基尼岛上空和水中进行原子弹爆炸试验。应美国政府邀请，中国派赵忠尧观摩此次试验，借此了解美国在核物理方面的新进展，学习核爆炸的核心技术，设法购买核物理研究设备。当时，一台加速器至少要40万美元，而清华大学物理系的萨本栋只筹集到了 12.5 万美元给赵忠尧。于是，赵忠尧省吃俭用，一边学习加速器设计制造知识，一边搜集和购买相关技术资料以及国内难以买到的实验器材和零部件。1948 年年底，赵忠尧完成了静电加速器零部件的订购任务。中华人民共和国成立后，利用 1949 年至 1950 年初中美之间短暂的通航时期，赵忠尧设法将一些重要的研究资料和实验器材托运回国。

1950 年 8 月 29 日，赵忠尧及其学生罗时钧、沈善炯从洛杉矶乘"威尔逊总统"号轮船离美返国，遭到严厉搜查，他们所有的书籍特别是有关物理学的书籍全部被扣收。9 月 12 日，航船经日本横滨时，美国驻日麦克阿瑟总部又下令横滨情报部派员检查他们的行李，把认为重要的物品全部没收，其他行李因在船底难以取出，美国驻军总部便决定在该船由香港折返横滨时再行检查。随后，美方人员强迫赵忠尧等登岸，先把他们拘押在美军情报部，深夜 12 时移至东京中野美军监狱，翌晨又转移到巢鸭监狱（这是拘留日本战犯的地方）中的"中国犯人室"（这个"中国犯人室"囚禁了三百多中国侨民）。[1] 赵忠尧等被扣押监狱的消息一经传到中国后，中国科学院当即就此事致电中国外交部。两周之后，当"威尔逊"号返经横滨时，美国驻军检查了赵忠尧等人的行李，因找不到逮捕的借口，即将他们移至国民党驻日代表团软禁。

得知美国的无理拘押，中国的科学家们纷纷提出严正抗议。9 月 24 日，中华全国自然科学专门学会联合会主席李四光致电联

---

[1] 原子物理学家　赵忠尧教授返广州对美帝无理迫害表示万分愤慨 [N]. 人民日报，1950-12-1（3）.

合国大会主席安迪让和世界科学工作协会书记克劳瑟，同时直接致电美国总统杜鲁门："我们对于美国政府这种摧残学者、蹂躏人权、蛮不讲理的行动，表示无比的愤怒。我们向美国政府提出严重抗议，要求立刻恢复他们的自由。我们将联合全世界进步的科学家来制裁战争贩子的这种暴行。我留美的教授和同学，必因此更能认清美帝的狰狞面目，坚决从速回国，和我们全中国的科学工作者一起，为解放了的祖国和人民而服务，为保卫世界持久和平而奋斗。"[1]9月25日，中国保卫世界和平大会委员会主席郭沫若致电保卫世界和平大会主席约里奥－居里先生，呼吁号召全世界的科学家谴责美国的暴行。9月30日，钱三强等首都科学家、教授共189人联名抗议美国当局无理扣押中国科学家，发起了声援赵忠尧的活动，[2]与此同时，中国地方科学工作者也联合致电联合国和美国政府，"要求美国政府立即予以释放，并保证以后不能再有此种类似行为发生"。[3]

在强烈抗议下，美国最终放行了赵忠尧。11月28日，结束了47天囚禁生活的赵忠尧终于回到了祖国。1951年1月23日，中华全国自然科学专门学会联合会、中华全国科学技术普及协会联合会举行了欢迎赵忠尧的宴会，郭沫若、李四光、竺可桢、钱三强、吴有训、曾昭抡等40多人出席。席间，赵忠尧在讲话中

---

[1] 葛能全. 钱三强年谱长编 [M]. 北京：科学出版社，2013：174.

[2] 美政府无理扣押钱学森赵忠尧两位教授 首都科学家和教授联名抗议 [J]. 科学通报，1950（6）.

[3] 武汉市科学工作者抗议美政府无理扣留我国科学家钱学森赵忠尧，广州成都等地科学工作者抗议美帝无理拘捕我国科学家，天津科技团体抗议美政府扣留我科学家 [J]. 科学通报，1950（7）.

透露了美国研制原子弹的投资，他说："美国科学经费用于原子物理的 9/10 在造原子弹。"[1] 1955 年，赵忠尧利用从美国带回来的核研究器材和零部件主持建成了中国第一台质子静电加速器，为中国原子能事业的发展作出了重要贡献。

　　放射学家杨承宗也于同期回国。1947 年，杨承宗赴法国巴黎大学镭学研究所师从伊莱娜·约里奥－居里夫人从事放射化学研究。1951 年，杨承宗获得巴黎大学博士学位后，便积极准备回国参加建设。临行前，约里奥－居里先生同杨承宗就原子能、回旋加速器等问题进行了交谈，特别叮嘱杨承宗："你回去告诉毛泽东，要保卫世界和平，要反对原子弹。你们要反对原子弹，就必须自己先要有原子弹。原子弹的原理又不是美国人发明的。你们有自己的科学家。"为支持中国开展核科学研究，约里奥－居里夫人还将亲自制作的并且是居里实验室独有的 10 克碳酸钡镭标准源送给杨承宗。在此之前，1949 年 3 月，钱三强代表中国参加在法国巴黎举行的世界保卫和平大会，政务院在当时外汇十分困难的情况下，仍批准拨出一笔外汇让钱三强设法从国外订购原子核科学研究急需的器材和书籍。后因大会改在华沙举行，钱三强便托人把这笔外汇的一部分带给约里奥－居里夫妇。恰逢此时杨承宗回国，支持中国开展核研究的约里奥－居里夫妇就购买了一些相关书籍和核研究器材让他带回中国。这其中，有一台测量辐射用的 100 进位的计数器，是一台世界领先水平的珍稀设备，由法国原子能委员会自行设计、自行制造。1951 年秋，杨承宗到近代物理所工作，任放射化学研究室和放射性同位素应用研究室两

---

[1] 葛能全. 钱三强年谱长编 [M]. 北京：科学出版社，2013：177.

个研究室的主任。约里奥－居里先生嘱托杨承宗的话，后经钱三强转达给了毛泽东。据钱三强回忆："毛泽东多次讲话都提到约里奥所讲的那样的观点。"这说明，"约里奥的话对促使毛泽东下决心搞自己的原子弹肯定是有作用的"。[1]

其次，统筹全国科技人才，作有计划的分配和补充。1950 年到 1952 年，近代物理所先后从国内各方面调来一批已经有一定核研究建树的核科研工作者，包括在清华大学工作的理论物理学家彭桓武，在浙江大学工作的实验物理学家王淦昌，等等。1949 年 12 月初，钱三强在清华北院七号住所与彭桓武商讨了科学院物理研究机构的接收和调整工作。在这次见面中，钱三强还提到了他和彭桓武在法国巴黎时的约定：为了中国的核物理事业，要"一起好好干"。所以，当钱三强邀请彭桓武一起筹建近代物理研究所时，彭桓武欣然允诺。[2]次年 2 月，彭桓武正式由清华大学调至中国科学院，与钱三强一起着手筹建近代物理研究所。他们不仅积极培养人才，还多次带领人员外出寻购器材，自己设计、制造仪器。在向彭桓武发出邀请的同时，1949 年 12 月中旬，钱三强还致信浙江大学物理系教授王淦昌，诚邀他到拟建的近代物理所工作。1950 年 1 月初，王淦昌收到了邀请信，毫不犹豫地就离开杭州到了上海，又自费购买了硬座火车票赶到北京与钱三强见面，真诚表示愿意到近代物理所工作。除以上二位外，这一时期从国内各方面来近代物理所工作的科学家还有金建中、王树芬、肖振喜、陆祖荫、黄祖洽等等。

---

[1] 人民日报（海外版），1990-11-5.

[2] 葛能全. 钱三强年谱长编 [M]. 北京：科学出版社，2013：152.

最后，与各大学及其他相关的人才训练机构联系，相互协调，全面筹划专业人才的训练与培养。在 1950 年 3 月 23 日通过的《中国科学院 1950 年工作计划纲要（草案）》中，明确指出 1950 年物理研究工作分为两大类：物理科学最近发展中最前哨问题的研究、物理科学应用于实际问题的研究。这其中，关于第一类研究工作，"如原子能、宇宙射线等，本院正在开始筹划购买电子破裂机，建立研究条件。在这个筹备时期中，我们的工作重心将是训练青年的研究工作人员，研究原子核的构造，及原子能的理论"。[1]为了培养青年的研究工作人员，从 1951 年起，国家规定每年分配 10 名大学毕业生给近代物理所。同时，老一辈科学家在大学选调毕业生时，也不放过任何一个有原子研究潜力的年轻人，一些青年助教和研究生也被选调到了近代物理所。

此外，根据《中国科学院 1950 年工作计划纲要（草案）》，为筹备原子能问题的研究，除了要训练青年研究工作人员，还要"用比较简单的设备，作放射化学的工作，分析中国的铀矿、钍矿的成分并检定镭的含量"。[2]因此，为创建原子能事业，中国还必须未雨绸缪地做好铀矿资源的勘探与研究工作。

（三）铀矿资源的发现和初探

铀是实现核裂变反应的主要物质。铀资源的存在与否，是决定中国能否自力更生发展原子能事业的一个重要前提。在创建原子能事业方面，之所以要强调基本物质资源的自给自足，是因为铀资源的特殊敏感性和极端重要性。如果单靠引进，必然会是一

---

[1] 葛能全. 钱三强年谱长编［M］. 北京：科学出版社，2013：157.
[2] 葛能全. 钱三强年谱长编［M］. 北京：科学出版社，2013：157.

笔买方需付出更大代价的交易，而且买方也难免会在此后的物资保障方面受制于人。事实上，当时发生的一件事，也使得中国更加笃定：要想独立自主地发展原子能事业，必须在本土找到有价值的铀矿资源。1954 年，伊朗曾派人到中国推销铀产品，周恩来立即派钱三强等人对送来的化验样品进行了分析。这是中国核科技工作者首次接受有关铀产品的实际任务。由于铀产品的特殊性，周恩来特别强调了这项任务的保密性。于是，钱三强亲自组织有关人员同时采用物理方法和化学方法对伊朗的铀产品进行测定。"王淦昌用云室、何泽慧用核乳胶观测铀 -235 及其子体的 α 径迹；杨承宗带领朱润生用放射化学方法测量铀 -235 和铀 -238 的子体，从而确定母体中铀 -235 与铀 -238 的比例。10 天后，两种测量方法的结果表明，伊朗推销产品中铀 -235 含量低于天然铀。"[1]最终，中国拒绝了伊朗的铀产品。

从最早发现铀元素，到找到有价值的铀矿资源，中国经历了 20 多年的时间。在这里，既然是探寻中国发现铀元素的历史，那么，我们不妨先来回顾一下铀元素是如何走进科学家们的视野的。铀元素最先为德国矿物化学分析学家克拉普罗特于 1789 年发现。当时适为天王星发现不久，因此，就使用 Uranus（天王星）为此新元素命名 Uranium，中国即以这一英文名的第一个字母"U"的发音译作"铀"。但是，克拉普罗特发现的并不是纯铀，而是铀的氧化物 U_3O_8。1841 年，德国化学家贝里戈分离出了铀的单体。1896 年，法国物理学家贝克勒尔发现铀能不断自发地并且不受外界影响地发射许多穿透力很强而肉眼却看不见的射线或质

---

[1] 葛能全. 钱三强年谱长编［M］. 北京：科学出版社，2013：246.

点。1939 年，德国物理学家哈恩和他的助手斯特拉斯曼发现用慢中子冲击铀原子核时可以获得原子核能，标志着人类掌握了取得原子核内能量的方法。人们预测，原子核能的掌握必将会对一个国家的国民经济和国防力量产生深刻影响，于是，第二次世界大战结束后，铀矿勘探活动便如雨后春笋般在世界各国展开。尤其是在资本主义国家，1944—1945 年广泛开展了铀矿普查。在美国，不仅私人公司和财阀们热衷于勘探铀矿，连美国原子能委员会都在进行铀矿普查，这种普查规模在美国历史上还是第一次。1949年，美国出版了 40 万份普查铀矿的小册子，宣传找铀常识。

中国最早发现铀元素是在 20 世纪 30 年代。当时，世界上许多国家都在奖励发现铀矿。例如，在美国，铀矿发现者奖励 3.5 万美元。然而，旧中国的铀矿地质事业却一直没有得到重视，只有个别地质人员对此进行了初步的探索。1934 年，地质工作者张定钊用光谱分析法鉴定出赣南钨、锡、铋、钼等矿中含有铀元素，并发现了铀的踪迹。1938 年，地质工作者张更生在广西富贺钟地区的冲击砂内采得独居石、钍石等矿物。1943 年 5 月，前中央研究院地质研究所南延宗与前资源委员会桂林锡业管理处的田遇奇、李铭德、刘铭绅等，在广西钟山红花区黄羌坪调研并带回一种极其鲜艳的黄色粉末状矿物。"当时疑系钒钾铀矿，其旁有红色者疑系钒铅矿，当即用小刀刮取少许，继而他又看到有黑色者也和黄色者附生一处，极似沥青铀矿，但以野外无法确定，于是他也刮取少许一同携返桂林。"[1] 南延宗遂与地质学家吴磊伯一道，对这种矿物进行了微量分析。当在显微镜下看见很多

---

[1] 殷维翰. 怀念南延宗先生 [J]. 地球，1992（1）.

完美的四面体结晶时，他们肯定这种矿物中确有铀元素存在。接着，他们又做了照相感光实验，同样收到了预期的效应。当年8月，南延宗和吴磊伯重返矿区复查，并就铀矿的发现发表了两篇论文。文章指出，黄羌坪矿区大体以锡钨为主，略夹钼砒矿，此外即为铀矿物，并多分布于断层及裂缝间。这种铀矿物最初应当散布于伟晶花岗岩内，后由通过断层的流水滤出，遂成一种次生矿物。[1]著名地质学家王炳章曾与南延宗、吴磊伯反复商讨了这一矿物的名称及其生成理论，但其为含铀矿物是没有争议的。这是中国首次发现铀矿产地和铀矿物。1946年4月至9月，国民政府中央经济部资源委员会矿产测勘处张兆瑾、霍学海与中央地质调查所徐克勤共同组成南岭稀有金属调查队，对广西钟山红花区的铀矿进行复查，再次确认该地有铀钍矿。一年以后，广西省政府建设厅接到国民政府国防部叶逢耕有关此事的信函后，派人前去检查，并拟出了进一步探勘铀钍矿的工作计划。同时，1947年10月，北平研究院物理研究所和镭学研究所也向国民政府呈送了《研究铀元素和原子弹之报告》，包括以下内容：铀发现史略；原子弹；铀为原子弹之必需原料；铀之供应；我国已发现之铀矿地区；我国现在研究原子学情况之调查；拟议采集铀矿、禁卫铀区及奖助研究原子学之办法。[2]广西省建设厅曾在1948年1月组成了一支铀钍矿勘探队，并具体查明铀矿石有铀钼矿、铀石、铀

[1] Y.T.Nan &L.P.Wu. "Note on Some Uranium from Eastern Kuans", Bull.Geol.Soc. China.Vol.23，1943；南延宗，吴磊伯. 广西富（川）贺（县）钟（山）区铀矿之发现［J］. 地质论评，1944（1），（2）.

[2] 物理镭学研究所等抄送铀素与原子弹研究之报告//南京：中国第二历史档案馆，全宗号394，卷宗号318.

铅矿、铀灰矿、铀灰石五种，但由于时局动荡，经费拮据，此次勘探半途而废。北平研究院物理研究所和镭学研究所共同呈送的那份报告，也因没有得到国民政府足够的重视而不了了之。

中华人民共和国成立后，随着国民经济的逐步恢复，地质勘查工作的重要性日益凸显。"要有地质勘察的组织，必须大体上知道金、银、铜、铁、锡在什么地方，现在这方面的准备材料还很少。解放前全国地质系毕业的只有二百多人，可是现在需要很多。"[1]于是，1949年，正在英国从事地质考察和学术研究的李四光，不顾国民党的威逼利诱与阻挠，踏上了辗转归国之途。为确保他安全归国，1949年11月15日，周恩来给时任新华通讯社布拉格分社社长吴文焘和驻苏联大使王稼祥发去电报，请他们设法联系到李四光，并向捷克当局交涉，确保李四光顺利入境。1950年5月，李四光顺利抵达北京。在接下来的资源普查和铀矿地质勘查工作中，李四光作出了重要贡献。1950年8月25日，政务院第47次政务会议批准成立地质工作计划指导委员会，任命李四光为主任委员。1952年8月7日，在全国地质工作计划指导委员会和矿产地质勘探局的基础上，中央人民政府地质部成立，李四光为首任部长。

1954年，为在资源矿产方面满足国家当前和长远的建设需求，以寻找矿产后备地为主要任务，地质部决定开展资源勘查工作。与以往只局限于几种主要矿种的勘查相比，这次普查特别强调：要扩大矿产种类的勘探范围。因为"如果我们不能找到国家需要的新的矿种，我们的冶金工业就只能停留在初级的水平上，

---

[1]陈云文选：第2卷[M].北京：人民出版社，1995：137.

只能冶炼一般的金属材料，我国机械工业和国防工业所需要的很多特殊材料就不能从国内得到供应，我们国家经济的独立也就不能得到保证"。[1]在这次勘查中，成立了中国铀矿地质工作的专门管理机构：地质部全国矿产普查委员会第二办公室（简称普委二办）。这是一个临时的工作机构，隶属于国务院第三办公室，有两位负责人，一位是从中南军区调来的后勤部副部长刘鸿业，一位是毕业于西南联大地质系的北京大学副教授高之杕，另有工作人员 20 人左右。依据分工，普委二办分技术组和行政组。技术组的主要任务是查找地质资料并指导野外找矿，行政组的主要任务是审调干部和大专学生，向上级有关部门申请资金和物资，并为野外找矿队提供后勤服务。根据 1953 年 5 月 15 日中苏两国政府签署的《苏联政府援助中国政府发展中国国民经济的协定》中提出的向中国"增派 50 名地质专家和顾问，帮助组织地质工作，进行探勘，并帮助进行地质人员的训练"的项目，苏联铀矿地质专家菲·拉祖特金来华担任地质部顾问。在他的指导下，普委二办对已经发现的两个铀矿产地进行了复查。7 月，根据日本人富田达在辽宁海城发现铀的记述，拉祖特金和高之杕率领专门的技术小组，携带着由近代物理所组装的中国第一台放射性探测仪——木盒盖格计数器，到辽宁海城对大房身伟晶岩露天长石采场进行放射性调查，发现了放射性异常，并采集了标本。但经估算，这一采场区的铀只有 800 公斤，无工业开采价值。10 月，根据早先南延宗、吴磊伯的线索，拉祖特金又在高之杕、地质部普查办技术员曾卓荣的陪同下，进一步勘探了广西富钟县黄羌坪的

---

[1] 李四光. 为祖国寻找更多的矿产 [N]. 人民日报，1954-6-14（1）.

铀矿苗头，采集到了有价值的铀矿石标本。随后，刘杰把这一情况报告了毛泽东和周恩来。在详细询问了勘探情况后，毛泽东认为，"我们的矿石还有很多没被发现嘛！我们很有希望，要找！一定会发现大量铀矿"。

在中国共产党为原子能事业的创建未雨绸缪之时，中国铀矿资源的大好前景着实鼓舞人心，坚定了中国要发展原子能事业的决心，"我们有丰富的矿物资源，我们国家也要发展原子能"。[1]

二、作出发展原子能事业的决策

（一）美苏关于原子能利用的博弈

第二次世界大战结束后，世界范围内关于反对核战争、维护世界和平的呼声高涨，世界和平运动强烈要求无条件禁止核武器和大规模杀伤性武器的使用和试验。在这一背景之下，美国不断提出各种形式的国际条约以阻止其他国家研制原子弹。对此，正在研制原子弹的苏联自然会竭力揭露美国的阴谋，一场以原子能利用为核心的博弈在美国和苏联之间展开。

1945 年 6 月至 1949 年 8 月，为美苏关于原子能利用博弈的第一阶段，是一场美国企图保持核垄断，而苏联极力打破核垄断的斗争。在 1945 年年底召开的莫斯科外长会议上，美国、英国提出建立联合国原子能委员会的建议。对此，苏联表示同意，但前提是这一委员会的工作必须接受联合国安理会指导。1946 年 1 月 24 日，联合国大会第一次会议通过了关于和平利用原子能以

---

[1] 李觉等. 当代中国的核工业 [M]. 北京：中国社会科学出版社，1987：12.

及全面消除大规模杀伤性武器的决议，并宣布成立联合国原子能委员会，主要职责是呼吁原子能和平利用及彻底消除核武器。苏联指出，美国应该公开原子能秘密，由联合国共同管制原子能，这样才能从根本上结束国际原子能竞争。苏联还认为，要想制止原子武器被用于战争，必须销毁现存原子弹。然而，在美国看来，原子弹具有"如此巨大的毁灭性，不能不成为我们外交政策中的一个因素"，因此，美国政府仅答应公开研制原子弹的基本原理，但不公布具体研制细节。6月14日，在联合国原子能委员会第一次会议上，美国代表伯纳德·巴鲁克提出了"原子能管制计划"，要求先建立有效管制，再处置现存核武器。巴鲁克在计划中提议，设立"国际原子发展总署"，"该处实际上由美国及英国之原子能专家组成（可能时不分国籍），有一切权力管制及保有各国之原子能研究制造以及有关原料之勘察开采等。该计划并规定不能在管理机构内及其活动中，采用五强否决权"。[1]显然，"美国此项计划，目的在于造成美国在原子弹方面的垄断地位，并使其他国家不可能进行原子能之研究及制造"。[2]因此，"巴鲁克计划"便是日后美苏争执的主要焦点。

6月19日，在原子能管制委员会第二次会议上，苏联代表柯罗米科以苏联政府的名义，对"巴鲁克计划"提出异议，并提出一项名为《禁止制造和使用各种以大规模毁灭为目的的原子武器的国际公约草案》，指出：缔约各国要郑重宣布并一致决心禁

---

[1] 外长会议加速制订和约意境英美军在和约签订后三月内撤离苏联主张摧毁现存原子弹 [N]. 人民日报，1946-6-24（1）.

[2] 外长会议加速制订和约意境英美军在和约签订后三月内撤离苏联主张摧毁现存原子弹 [N]. 人民日报，1946-6-24（1）.

止制造和使用以原子能为基础的任何武器。可以看到，美苏方案是截然对立的：美国强调原子能管制，禁止其他国家发展原子武器，从而实现核垄断；而苏联则强调核裁军，主张销毁一切核武器，进而根除核垄断。

"巴鲁克计划"还遭到了其他欧美国家的反对。6月下旬，英国联合国组织同志会举行了第一届全会，反对美国所提国际管制原子能计划，并对美国不愿公开原子秘密表示遗憾。该会主席薛西尔子爵在大会上发表演说称："处今日之世，各国若不能与苏联成立国际协定，而在苏联之外成立此协定，实乃最大不幸之事。我希望并相信此种不幸之事，不致发生，我不自认完全了解苏联，但苏联实有许多理由期望和平。"[1]

当然，苏联的提案自然不能为美国上层所接受。7月10日，杜鲁门写信给巴鲁克，明确强调："在任何情况下，我们都不应当扔掉我们的枪杆，除非我们能够肯定世界上其他国家都不能武装起来反对我们。"[2]此时，美国的垄断意识已经不仅仅是针对苏联，其他所有国家都可能是美国的"假想敌"。于是，美国更是加大了原子能管制的"砝码"。1946年7月，美国国会通过了"原子能发展与管制法"（即麦克马洪法）。8月2日，该法案由杜鲁门签署生效。法案不仅有全权管制一切国家之原子弹的制造与保藏，而且认为利用原子能为工业生产之用亦为违法。

美国一边加大原子能管制的"砝码"，一边却在加紧进行核军备。对此，苏联继续在联合国原子能委员会上提出异议，多次

---

[1] 英国联合国组织同志会反对美管制原子能计划 [N]. 人民日报，1946-8-7（1）.
[2] 杜鲁门回忆录：下卷 [M]. 北京：东方出版社，2007：14.

重申"美国应毁坏一切现存原子弹，而不要等待国际关于管制办法之决定"，"苏联认为美国所建议之国际视察制度以决定是否有任何国家企图利用原子弹进行战争一点，将是'侵犯国家之独立'"。[1]

显然，"巴鲁克计划"有很大的漏洞。对此，7月23日，美国商务部长华莱士致函杜鲁门，认为"巴鲁克计划""等于'正告'苏联……我们如坚持己见，则结果必陷于僵局，而使苏联加倍努力制造原子弹，并决定扩大其安全区"。华莱士认为，军事思想派所主张的"在苏联拥有原子弹前，先下手为强，向苏联进攻，这种计划非但不道德，而且也愚蠢"，因为，"世界已不能仰赖优势武力而从事维持和平"。"拥有大量原子弹，并非取得决定性优势之谓，如他国亦拥有原子弹，亦同样能摧毁我们的主要城市及重工业。"因此，华莱士主张"毁灭原子武器，并设立解除原子武装之有效机构"。[2]

更准确地说，这一阶段有关原子能利用的美苏博弈，焦点在于是否应该销毁现有核武器的争执。美国如果不销毁现有核武器，并且能够通过"巴鲁克计划"制约其他国家发展原子能的话，那么，就等于是获得了原子能问题的绝对垄断权。而苏联所执观点则意指，如果要确保今后世界没有核危险，那么，就必须先保证世界无核，方能和平。尽管遭到了多方反对，但最终联合国原子能委员会还是通过了"巴鲁克计划"。这意味着，在美国执意

---

[1] 英共书记波立特斥美国原子弹试验苏重申美应破坏现存原子弹 [N]. 人民日报，1946-8-6（1）.

[2] 华氏致杜鲁门来函摘要 [N]. 人民日报，1946-9-24（1）.

不销毁现有核武器的情况下，要想打破美国的核垄断，苏联必须掌握核技术，这样才能对等地站在"天平"的另一端。

以 1949 年 8 月苏联首次核试验成功为标志，美苏关于原子能利用的博弈进入第二阶段。在 1950 年 12 月 12 日的联合国大会全体会议上，美国、英国、法国、澳大利亚、加拿大、厄瓜多尔、荷兰与土耳其代表团提出关于国际管制原子能问题的联合提案。"提案的实效部分建议成立由安理会会员国和加拿大联合组成的十二个会员国委员会，并指定这个委员会审查联合国原子能委员会与常规军备委员会的工作间的配合问题，以及把它们合并为新的委员会即所谓裁减军备委员会是否合宜的问题。"对此，时任苏联外交部长维辛斯基尖锐地指出："美国计划的真正目的，归根结底是要把全部权力集中在美国垄断资本家的手里，让他们控制原子能和全世界原子能资源的利用以及原子武器的生产。"[1] 维辛斯基提出，为着所有爱好和平人民基本的重大利益着想，在坚持无条件禁止原子武器的原则下，应该在安全理事会机构内成立一个国际管制委员会来监督这一原则的执行。该委员会的权力是苏联在 1947 年 6 月 11 日就提出的，即定期检查得到原子原料、生产原子物资和原子能的企业。"原子能应该完全为和平用途服务。它应该用于促进许多国家的福利，应该用于加强它们的动力经济与经济力量，这种力量构成进一步加强与发展一切为保证千百万人民物质安全的手段的基础。"[2]

---

[1] 苏联在联大全体会议上提出提案立即草拟禁止原子武器协定维辛斯基斥美帝阻挠禁止原子武器 [N]. 人民日报，1950-12-16（4）.

[2] 维辛斯基在联大十二月十二日全体会议上关于国际管制原子能问题的演说（续完）[N]. 人民日报，1950-12-24（4）.

朝鲜战争后，美国继续呼吁其利益前提下的原子能和平利用。1953 年 12 月 8 日，艾森豪威尔在联合国发表题为《和平利用原子能》的演讲，明确表态：美国支持原子能和平利用。但是，艾森豪威尔却提出建议：非核国家要在不发展核武器的前提下和平开发核能，应该建立一个国际原子能机构，以负责储备和保护"有关国家提供的可裂变物质及其他材料"，并负责设计出这种可裂变材料用来"服务于人类和平事业"的方法。[1]"该建议的特别目的将是为世界上电力缺乏的地区提供足够的电能。"[2]出于抑制苏联核武器发展和防止苏联将核武器技术转移到其他社会主义国家两方面的考虑，艾森豪威尔要求苏联必须参与这一机构。而苏联虽然同意与美国就此建议通过外交渠道进行谈判，但也在 12 月 21 日的声明中指出，艾森豪威尔的建议"完全没有触及原子能问题中最根本的问题——禁止原子武器问题，它既不能有助于制止原子武器的生产，也丝毫没有限制使用原子武器的可能性"。[3]因此，苏联提出，必须首先缔结放弃使用氢弹和其他大规模毁灭性武器的协定，然后再讨论建立负责原子能事务的国际机构的问题。1954 年 1 月 30 日至 2 月 2 日，苏联政府向美、英、法三国政府递交了一项关于无条件地不使用原子武器、氢武器和任何其他大规模毁灭性武器的宣言草案。这一草案着重强调了原子能和平利用的重要性，指出人类"必须努力用各种方法促使把

---

[1] Addressed Delivered by the President of the United States before the General Assembly of the United Nations in the New York City, Dec. 8，1953.

[2] Stephen Philip Cohen, The Prospects for Arms Control, Oxford： Westview Press, 1991, p.14.

[3] 李延宁. 和平利用原子能和禁止原子武器 [N]. 人民日报，1954-12-23（4）.

原子能方面的科学发现只用于和平目的，用于增进各国人民的福利和改善他们的生活条件"。4月27日，苏联政府在给美国的备忘录中说："苏联政府一贯诚心要加强国际和平，在目前的情况下特别是要促使原子战争威胁得以消除，因此，苏联政府表示准备随时参加相应的谈判。"但是，后来美国却说："苏联政府拒绝了关于举行谈判以讨论关于原子能用于和平用途的措施的建议。"[1] 苏联认为，全部的原子原料都应该用于和平目的，而美国却又想把原子能用于和平用途的措施变为把原子能用于继续从事原子军备竞赛的工具。在双方各执一词、持有截然相反战略目的的情况下，美苏处于僵持状态。

在 1954 年联合国大会第九届会议上，美国、英国、法国、加拿大等七国就建立国际原子能机构和召开原子能和平利用的国际技术会议提出一个提案，被称为"七国提案"。相比艾森豪威尔的演说，"七国提案"更"后退了一步"。艾森豪威尔在此前的演说中还曾谈到要减少"世界原子储藏的潜在毁灭力"，国际原子能机构要"对世界上缺乏电力的地区提供充足的电力"，而"七国提案"对这些却只字不提，甚至还缩小了在原子能和平应用方面进行国际合作的规模。这表明，美国竭力规避禁止原子武器的问题，实际上是借原子能和平利用之机阻止其他国家掌握原子弹技术。

1954 年 9 月 30 日，维辛斯基再次在联合国大会全体会议上发表演说。首先，针对"七国提案"，他指出，苏联热烈欢迎并

[1] 缔结关于裁减军备、禁止原子武器、氢武器和其他大规模毁灭性武器问题的国际公约（条约）——维辛斯基九月三十日在联大全体会议上的演说[N]. 人民日报，1954-10-5（3）.

大力支持原子能和平利用方面的国际合作，但"七国提案"有两个明显的缺点，一是把原子能和平利用和军事利用看作互不相关的两个方面，二是使国际原子能机构与联合国的关系和联合国各专门机构与联合国的关系一样。为修正以上不足，苏联认为，应当增加促进原子能为人类和平服务和提高人类生活水平的条款，同时，国际原子能机构必须建立在任何一国决不能在其中有能够把自己的意志强加于他国的原则之上。美国排斥某些国家参加即将要召开的国际科学会议，但苏联认为一切国家都有权利参会。其次，维辛斯基提出："有必要达成一项国际协定，以保证防止把原子能用于军事目的，并使得有可能把原子能完全用于和平目的。在这方面达成协议的可能性，绝不能认为都已殆尽了。至于苏联所提各国应放弃使用原子武器和氢武器的建议，其必要性不仅绝未消失，而且是更加迫切了。"[1]他的提议提醒人们，不能因为把一小部分原子物资用于和平用途，就忘记大部分原子物资仍被用来制造武器的危险。"把原子能用于和平用途不但不排斥储存原子武器的可能性，而且，在某种情况下，甚至还能促进这种储存，因此苏联政府才坚持主张采取无条件禁止原子武器和氢武器的措施，或者采取导向这个目标的第一个重要步骤，无条件放弃这种武器的使用的措施。"[2]最后，维辛斯基向大会提出"关于缔结一项裁减军备、禁止原子武器、氢武器及其他大规模毁灭性武器的国际公约（条约）"的提案。1954 年 11 月 5 日至 17 日，

---

[1] 关于裁减军备禁止大规模毁灭性武器问题　苏联代表团建议缔结国际公约并要求联大主席把苏联提案列入联大议程 [N]. 人民日报，1954-10-4（1）.
[2] 就原子能和平用途方面的国际合作问题　维辛斯基在联大政委会上发言 [N]. 人民日报，1954-11-16（4）.

联合国大会政治委员会对"在发展原子能的和平用途方面的国际合作"的问题进行了一般性辩论。美苏两大阵营辩论的焦灼点仍然是：在和平应用原子能方面进行国际合作的原则问题、相关国际机构赖以建立的基础及其与联合国之间的关系、和平利用原子能和禁止把原子能用于军事用途问题之间的关系问题。美国坚持认为，应该将原子能用途的两个方面当作不同的领域，建议同时进行禁止原子武器问题的谈判与原子能用于和平用途问题的谈判。对此，苏联、波兰、捷克斯洛伐克、印度都表示反对，一致认为只有"在堵住了制造原子武器的一切途径之后，在这些武器被宣布为非法之后，在原子能和平应用方面的进展将会是无比巨大的"。[1]

（二）开启中国原子能和平利用之窗

美苏关于原子能和平利用的博弈，给新中国原子能事业的创建提供了契机。苏联要想赢得这场博弈的胜利，就必须考虑将原子能和平利用的国际合作付诸实践，而要使得这份国际合作既有分量又不失原则，苏联必须慎重选择合作对象。经过多方面的考量，苏联选择了在社会主义阵营中具有举足轻重地位的中国。

在谋求达成禁止研制原子武器的国际协议的同时，苏联还致力实现将原子能用于和平目的，并在这方面走在了美国的前面。早在 1949 年 7 月，苏联就利用原子弹作爆炸物，轰炸了阻碍西伯利亚的两条大河流，即鄂毕河和叶尼塞河转向南流的岩石，从而使得这两条河流可以灌溉中亚细亚的沙漠地带。"这一个用于

---

[1] 联大政委会结束原子能和平用途的国际合作的一般性辩论　维辛斯基再次阐明苏联的态度和主张 [N]. 人民日报, 1954-11-21（4）.

和平事业的原子弹的爆炸，吓坏了杜鲁门和华尔街的老板们；同时，全世界爱好和平的人们却得到了极大的鼓舞。"[1]截至1953年年底，苏联已经将原子核物理学的重要副产品——放射性同位素，广泛地使用在各种学科的研究中。例如，在巴甫洛夫生理学研究所中借助于放射性磷的使用，阐明了在休止条件下和兴奋状态下获得新陈代谢的情况。不仅如此，在原子能和平利用方面，苏联超越美国的最突出表现就是，于1954年6月27日建成了世界上第一个原子能发电站并成功实现发电。

这一消息在中国科学界引起了强烈反响。中国科学院副院长李四光认为，这是苏维埃科学划时代的卓越成就，是科学为和平建设事业服务的具体表现；赵忠尧赞叹苏联一贯主张把原子能用于和平事业，过去利用原子爆炸改造自然，这次以惊人的速度建立原子能电力站，充分说明社会主义制度下科学和工业发展的速度和贡献是无限量的；北京大学教务长周培源说，原子能用于发电的历史意义，不亚于蒸汽机和感应发电机的发明，它是人类征服自然、改造自然历史上光辉的一页，为国民经济服务的原子能将为人类带来美好的远景；清华大学教务长钱伟长认为，苏联科学家和工程师成功地解放了物质世界深处所蕴藏的原子能，原子能发电站对工业建设的各个方面都将产生深刻的影响，必将极大地提高人类的生产力；近代物理所副所长彭桓武说，原子能用于和平建设要比用于破坏困难得多，苏联科学家能够掌握这种技术，建立世界上第一个原子能发电站，这一巨大成就充分说明了

---

[1] 钱三强. 科学工作者应为加强国防建设而努力——拥护斯大林关于原子武器问题的谈话 [N]. 人民日报，1951-10-19（4）.

苏联社会主义制度的优越性；中国科学院东北分院院长严济慈则向全世界正直的科学家，特别是物理学家发出号召，应该定下决心为和平建设而不是为战争目的从事原子能研究；北京大学物理系教授虞福春指出，苏联科学这一伟大的成就，使我们清楚地认识到科学一旦掌握到劳动人民的手里，它的发展将无限量，中国的科学工作者，一定会学习苏联的榜样，为祖国的社会主义建设和保卫世界和平而奋斗。[1]

然而，中国公开支持苏联在原子能和平利用方面作出的成绩，并没有赢得苏联对中国的绝对信任。在原子能的利用方面，即便是原子能的和平利用，苏联仍没有分享与合作之意。尽管此前苏联极力地打破了美国的核垄断，但是，当这一天真正到来之时，苏联却也是想牢牢保守原子弹研制的秘密。的确，获取核国家的资格远比掌握核技术本身更有分量。因此，保守原子秘密，是苏联掌握原子弹技术以来的一个重要原则，尤其是在中苏关系刚刚打开互动之门时，苏联更是谨慎行事，生怕中国趁机攫取原子机密。此时的中国，已经非常重视核科学技术研究，只是万事俱备却欠东风，所谓的"东风"即关键技术和设备的援助。向谁请求援助？美国还是苏联？中华人民共和国成立后，在美国持续对中国进行核威慑和经济封锁的背景之下，中国只能向苏联试探：是否愿意与中国分享核技术？前文讲到，中国的第一次试探是在1949年底毛泽东出访苏联期间，此后，又做了哪些尝试？而这些尝试的突破口又在哪里？

---

[1] 苏联原子能工业电力站的建成给中国科学界以巨大的鼓舞[N]. 人民日报，1954-7-7（1）.

　　1953 年 2 月 24 日，中国科学院代表团赴苏访问。代表团由理、工、农、医和哲学社会科学各学科知名专家共 26 人组成，另有工作人员 7 人，翻译 9 人，全团共有 42 人。钱三强、张稼夫、武衡分别担任代表团团长、支部书记和秘书长。然而，中国科学院代表团到苏联后却没有受到意想之中的"接待"。由于钱三强是核物理方面的专家，苏联在原子能科学研究方面只向中国代表团介绍了一般性质的工作。

　　恰巧就在中国代表团抵达苏联当日，斯大林逝世。周恩来率代表团到苏联参加斯大林的吊唁活动。其间，钱三强在张闻天、李富春的安排下，就代表团访问苏联的情况向周恩来做了汇报。钱三强特别向周恩来反映了苏方安排中国科学院代表团参观科研机构的情况，针对没有安排原子能方面的研究所一事，希望苏方能够增加有关参观机构。于是，周恩来在与苏联新领导人的会谈中提出了这一要求。苏联方面遂作出特殊批准，增加了五个物理学领域保密级别的研究所供中国代表团参观。"代表团团长钱三强教授是一位核物理专家，关于安排他参观物理学领域一些保密研究所的特殊计划得到了上级部门的批准。他参观的研究所有：1. 苏联科学院 П.Н. 列别捷夫物理所；2. 宇宙射线研究平流层观测站；3. 苏联科学院列宁格勒物理技术所；4. 苏联科学院 С.И. 瓦维洛夫物理问题研究所；5. 莫斯科国立大学第二物理研究所。"[1] 但实际上，钱三强最终接触到的几个科研人员完全不

---

[1]　苏联科学院外事办公室关于中国专家代表团访问苏联的总结报告和中国科学院代表团离苏时的声明 // 俄罗斯科学档案馆. 原序号 67，代码 644. 参见吴艳等编译. 中苏两国科学院科学合作资料选辑 [G]. 济南：山东教育出版社，2008：191.

了解核技术。当钱三强提出能否提供一台中型回旋加速器和一座实验性反应堆时，苏联物理研究所所长斯柯贝尔琴院士回答说："回旋加速器的技术已较成熟，通过外交途径，苏联可以提供；实验性反应堆现在还不能提供，将来提供的可能性是有的。"[1]回国后，钱三强系统汇报了访苏情况。关于争取苏联援助发展中国原子能科学的问题，钱三强认为："如果不能从苏联引进，就必须组织自行研制回旋加速器和实验性反应堆，就要动员地质、冶金、化工、机械制造等工业部门和科研设计力量共同协作来完成。"[2]

　　1954年下半年，美国利用原子武器扩充势力范围的企图愈加明显。从美国原子能委员会的半年报告中可以看出，"原子武器的储存在美国政策中占着头等重要的地位"。"例如，总量正在迅速增加的国家原子武器储存量，反映了发展这种武器的更多种类和多样型式的倾向。'这类武器'的发展扩大了现有的可分裂物质的军事用途范围。在发展原子武器的同时，热核子武器的配合的研究工作从一九五〇年起也发展了。根据这个报告看来，已作出了一个国家政治决定以便利用各种可能务使美国保持它的优势。根据这个决定，总统已训令委员会在一九五四年继续生产原子武器。"美国还在财政预算中突出了其军国主义政策。根据维辛斯基1954年9月30日联合国大会上的演说，美国的年度预算一目了然："如果把美国在本会计年度的军事开支和在社会保险、公共卫生、教育和房屋建设方面的预算开支比较一下，就可以看出：在这些方面的预算开支只占全部开支的百分之四点二，而全

---

[1] 不尽的思念 [M]. 北京：中央文献出版社，1987：298.

[2] 葛能全. 钱三强年谱长编 [M]. 北京：科学出版社，2013：216.

部开支的百分之六十六是拨充直接军事用途的。"[1]

在扩充原子军备的同时,"美国侵略集团又加紧压迫'西欧联盟'参加国批准重新武装西德的巴黎协定",[2]目的是继续维持国际紧张局势并使之进一步恶化。"巴黎协定"的目的是以所谓的"欧洲防务集团"的形式,建立一个排他的西欧六国(法国、联邦德国、意大利、比利时、荷兰、卢森堡)军事集团,主要任务是"建立一支所谓'欧洲军',并由以前希特勒的将领们统率的重新军国主义化的西德的武装力量作为这支军队的主要突击力量"。1954 年 8 月 30 日,法国国民议会以绝大多数投票否定了这一条约,六国军事集团计划以破产告终。尽管如此,这也警醒了欧洲其他国家,"复活德国军国主义和吸收重新军国主义化的西德加入军事集团,会无比地增加欧洲新战争的威胁,因而也就增加新世界大战的威胁。……由于原子弹、氢弹和其他类型的大规模毁灭性武器的出现,就更加应当着重指明这一点"。9 月 10 日,苏联外交部发表声明称:"为了保证全欧安全,决不能在欧洲拼凑起排他的军事集团,而必须建立起一切欧洲国家不问社会制度如何都可以参加的集体安全体系。苏联提出的'保障欧洲集体安全的全欧条约'草案,以及建议举行全欧会议来讨论有关建议,都是符合这些目的的。"[3]

---

[1]缔结关于裁减军备、禁止原子武器、氢武器和其他大规模毁灭性武器问题的国际公约(条约)——维辛斯基九月三十日在联大全体会议上的演说[N].人民日报,1954-10-5(3).

[2]钱三强.原子能必须为人类造福[N].人民日报,1955-1-22(4).

[3]就法国国民议会拒绝"欧洲防务集团"条约 苏联外交部发表声明[N].人民日报,1954-9-15(1).

1954 年 8 月 13 日，美国国家安全委员会颁布了 NSC5431/1 号文件。这是艾森豪威尔发表《和平利用原子能》演讲之后，美国制定的第一份有关和平利用原子能的正式文件。该文件明确指出：美国将通过签订双边协议的方式在原子能领域与其他国家展开合作，例如，在选定国家中发起一个援助建设小型核反应堆的项目，但美国不会为建设此类反应堆提供资金援助。在苏联政府 1954 年 9 月 22 日给美国的备忘录中，"苏联政府提醒美国政府注意在研究和平使用原子能方面的国际合作问题时不能忽视的一些重要原则"。[1]9 月 24 日，联合国大会第九届会议讨论通过：将美国代表团提出来的"在发展原子能和平用途方面的国际合作"这一议案列入大会议程。11 月 5 日，联合国大会政治委员会开始讨论"在发展原子能的和平用途方面的国际合作"问题。随后，围绕这一议题，美苏两国在国际社会展开了又一轮的博弈。

美国代表洛奇在会上做了长篇发言，叙述了美国关于建立所谓国际原子能机构的建议，谈到了把原子能用于经济各部门、保健以及其他各方面的可能性，却只字不提禁止试验和销毁核武器的问题，更是模糊了原子能和平利用国际合作的主题。在此后的几次会议上，苏联代表反复强调了苏联在原子能和平利用国际合作问题上的态度，认为："发展原子能并把它用来促进工业不发达的国家的国民经济的广泛的计划，具有重大的意义。"[2]苏联代表还指出："任何关于在发展原子能和平用途方面进行国际合

---

[1] 苏美关于原子能问题的谈判——"真理报"九月二十六日社论 [N]. 人民日报，1954-10-4（4）.

[2] 联大政委会结束原子能和平用途的国际合作的一般性辩论　维辛斯基再次阐明苏联的态度和主张 [N]. 人民日报，1954-11-21（4）.

作的协议不应该使某一个国家或某一些国家处于一种能够把自己的意志强加于其他国家的特权地位。"[1]

　　时至此刻，美苏关于原子能和平利用的博弈已经持续了将近一年。这一博弈，虽然主要在美苏两国之间展开，但实际上早已是一个国际问题。尽管苏联在销毁和禁止核武器问题上言之有理、掷地有声，与此同时召开的世界和平理事会会议也通过了《关于和平力量为裁减军备和禁止大规模毁灭性武器而进行斗争的决议》，但是，实际上，苏联仍无奈于美国先建立国际管制再销毁核武器的执拗。无论如何，在原子能的利用问题上，苏联看似主动，实则被动。于是，为了转被动为主动，苏联决定，在原子能和平利用的国际合作方面也走在美国前面。于是乎，苏联首先就想到了早已在原子能研究方面作出积极表态的中国。如果苏联在这个时候向中国提供一些原子能科学研究和技术方面的帮助，既可以在原子能和平利用的博弈中获得中国的支持，还可以在原子能和平利用的国际合作中掌握主动权。

　　苏联的战略需求，为中国争取苏联核援助打开了一扇门。1954 年 10 月赫鲁晓夫访华。其间，毛泽东直接向赫鲁晓夫表达了中国对原子能、核武器问题的认识。言外之意，是想告诉苏联，中国仍有研制原子弹的意愿，希望苏联能给予中国帮助。但此时，赫鲁晓夫正在积极推动与西方进行裁军和禁止核武器的谈判，再加上其提出的可以根据需要提供核保护但不分享核技术的原则，赫鲁晓夫以研制原子弹太费钱为由，拒绝帮助中国研制原

[1] 就原子能和平用途方面的国际合作问题　维辛斯基在联大政委会上发言 [N]. 人民日报，1954-11-16（4）.

子弹。然而，苏联并没有完全回绝中国的核援助之请，仍然答应帮助中国建立一个小型的实验性核反应堆。

　　1954 年 12 月 4 日，联合国大会第九届会议一致通过了一项关于在促进原子能用于和平目的方面进行国际合作的决议。以此为契机，苏联决定公开与中国分享核技术。1955 年 1 月 14 日，塔斯社授权发表声明称："苏联政府由于认识到把原子能用于和平目的的极大重要性，并且为了促进这方面的国际合作，准备传播苏联积累起来的有关的科学技术经验。"[1]这表明，苏联已公开在国际社会承诺分享有关原子能和平利用的经验。苏联答应为中国提供核援助，推动中国在原子能的利用方面迈开了重要的一步。尽管在促使这项援助实现的因素中，苏联自身的战略需求占有很大成分，但苏联领导人也清楚地知道，不管有没有苏联帮助，中国已坚定了研制核武器的决心。"因此赫鲁晓夫并不能在中国自己拥有核武器，或者中国依靠苏联的核威慑之间作出选择，而只能在中国在没有苏联援助的情况下发展核武器，或者在中国在苏联的援助下研制核武器之间作出选择。"[2]因此，选择后者，不仅可以获取中国对其在国际社会呼吁原子能和平利用的支持，还可以随时了解中国发展原子能事业的进程，并可能在一定程度上控制和影响这一进程。不管苏联的初衷是什么，中国还是不失时机地在美苏关于原子能和平利用的博弈中争取到了苏联的核援助。一方面，顺应了国际社会日益高涨的有关原子能和平利

---

[1] 讨论和平利用原子能国际会议今年内召开苏联将提出原子能电力站报告即将建议联合国咨询委员会把相应项目列入国际会议议程 [N]. 人民日报,1955-1-16 (1).

[2] 戴超武. 中国核武器的发展与中苏关系的破裂 (1954—1962): 连载一 [J]. 当代中国史研究, 2001 (5).

用的呼声；另一方面，还为中国原子能事业的发展争取了有利的外部条件。

（三）作出卓有远见的战略决策

到1954年底，人们已经能够客观认识原子能，铀矿的初勘也有了可喜的前景，核科学研究渐入正轨。这年冬天，中共中央宣传部科学处派何祚庥、龚育之、罗劲柏到中国科学院物理研究所做调查研究，钱三强便向调查组反映了关于发展核科学研究、加紧培养人才、在短时间内建立中国核工业、研制原子弹的建议。随后，中宣部科学处根据此次调研并结合科学家们的意见，向中央写了大力发展原子能科学技术的书面材料。中共中央非常重视这份材料。恰逢此时，中国争取到了苏联在原子能和平利用方面的援助。这表明，不论是从主观认识，还是客观条件，抑或是外部因素来看，中国发展原子能事业的时机已基本成熟，于是，这项关乎中国国家地位和国家安全的重要工作就正式被提到了议事日程上来。

1955年1月14日，就在苏联发表声明当天，周恩来在薄一波、刘杰的陪同下，约请李四光、钱三强在中南海西花厅见面。周恩来先是谈了中国面临的核威胁。他说，从朝鲜战争开始，美国就不断推行核讹诈政策，就在刚刚过去的1954年，从4月越南奠边府告急，到9月中国人民解放军开始炮击金门，直到11月中国宣布对13名被俘美国飞行员以间谍罪判刑，美国的核威胁接连不断。[1]接着，周恩来向李四光、钱三强详细咨询了中国原子能科学的研究人员、设备以及铀矿资源勘探等情况。周恩来

---

[1] 葛能全. 钱三强年谱长编 [M]. 北京：科学出版社，2013：249.

一边听一边做记录，还不时提问、插话，详细询问了反应堆、原子弹、氢弹的原理和基本构造，以及发展这项事业的必要条件，特别讲了如何加快培养人才，要采取得力措施等。会上，周恩来还向他们透露了一个重要信息："中央将要讨论发展原子能问题，请做好汇报准备，到时还请带上铀矿石和简单的探测仪器来进行探矿模拟表演。"[1]

14日当晚，周恩来便致信毛泽东，希望中共中央尽快择日开会讨论发展原子能事业的问题。随后，毛泽东亲自主持召开中共中央书记处扩大会议。在中南海丰泽园，与会人员共同专门听取了由李四光、刘杰、钱三强所作的有关中国铀矿资源勘探、核科学技术发展以及国外原子弹研制情况的汇报。当他们回答毛泽东询问的有关发展原子能事业的问题时，"周恩来插话补充情况，强调一定要大力加强人才的培养，提醒汇报人对重点问题要讲得尽可能详细一些、通俗一些"。[2]

听完汇报后，毛泽东总结指出："我们国家，现在已经知道有铀矿，进一步勘探一定会找出更多的铀矿来。解放以来，我们也训练了一些人，科学研究也有了一定的基础，创造了一定的条件。过去几年其他事情很多，还来不及抓这件事。这件事总是要抓的。现在到时候了，该抓了。只要排上日程，认真抓一下，一定可以搞起来。"[3]当谈到苏联对中国的核援助时，毛泽东

[1] 中共中央文献研究室编. 周恩来年谱（1949—1976）：上卷［M］. 北京：中央文献出版社，2007：440—441.

[2] 中共中央文献研究室编. 周恩来年谱（1949—1976）：上卷［M］. 北京：中央文献出版社，2007：441.

[3] 李觉等. 当代中国的核工业［M］. 北京：中国社会科学出版社，1987：14.

说:"现在苏联对我们援助,我们一定要搞好! 我们自己干,也一定能干好! 我们只要有人,又有资源,什么奇迹都可以创造出来! "[1]这次会议作出了中国要发展原子能事业的重大决策,标志着中国原子能事业的正式起航。

1月17日,塔斯社发表声明,指出:"苏联政府已经向中华人民共和国、波兰人民共和国、捷克斯洛伐克共和国、罗马尼亚人民共和国和德意志民主共和国建议提供广泛的帮助,包括设计,供给设备及建设具有达五千千瓦热能的实验性原子堆,和原子微粒加速器。"[2]"还注意将供给这些国家必要数量的原子堆和科学研究用的可分裂物质。并已取得谅解,上述国家将供给苏联以必需的原料。这些国家的科学家和工程师们可以有机会来了解苏联在和平利用原子能方面所进行的科学研究和了解实验性原子堆的工作情况。"[3]

这一声明立刻引起了相关国家的积极回应。波兰《人民论坛报》发表社论称:由于苏联的帮助,我们也能在把无限的原子能资源用于和平目的的道路上开始我们的第一步。它的使得人类生活更愉快、更富裕和更美丽的无限的可能性,给我们以鼓舞。《新德意志报》19日发表社论说:不仅科学家而且德意志民主共和国的全体人民都怀着感谢的心情欢迎苏联政府关于帮助其他国家和平利用原子能的决定。罗马尼亚人民共和国科学院名誉院长巴洪院士在《自由罗马尼亚报》上写道:我们以我们和苏联人民之间

---

[1] 不尽的思念 [M]. 北京:中央文献出版社,1987:299.

[2] 新华社更正 [N]. 人民日报,1955-1-21 (4).

[3] 苏联部长会议发表声明　在促进原子能和平用途的研究方面给予我国和其他国家以科学、技术和工业帮助 [N]. 人民日报,1955-1-18 (1).

的友谊而自豪。我们不顾一小撮帝国主义者的恶毒阴谋，尽我们的一份力量来实现人类的利用原子能来促进人类幸福的理想。[1]

在中国，《人民日报》于1月19日发表社论《在原子能问题上的两条路线》，高度评价了苏联在原子能用于和平目的国际合作方面作出的贡献。社论指出，苏联政府给予中国和其他人民民主国家的帮助，将为可能不断扩大的国际合作提供范例。掌握自己命运的中国人民和科学家们将会倍加努力，在苏联的帮助和合作下，为反对原子战争、促进和平利用原子能的国际合作而奋斗。[2]这一社论，是中国作出核决策后的第一份宣言书，正式公开了中国的核决策，在国际国内社会营造了中国即将进行原子能和平利用的舆论氛围。

除了官方表态外，中国的科学家们也纷纷在《人民日报》上发表文章，表达了对苏联核援助的赞誉，并作出在原子能和平利用上要有所作为的积极表态。例如，1月27日的《人民日报》刊登了时任中国物理学会理事会理事长周培源的题为《世界亿万爱好和平人民的真诚愿望》的文章，指出："苏联对我国在核子物理学和原子能的和平用途方面的无私帮助，将有力地推动我国物理学和有关科学与技术的发展，加速应用原子能的实现。我们幅员辽阔的祖国对原子能的和平利用是有迫切需要的。原子能的被利用可解决缺乏原动力地区的能源问题。装配了原子能发动机的汽车可缩短康藏和青藏公路上的运输时间；用原子能作原动力的飞机可自北京起飞到达莫斯科在中途无须停留。原子能可用来

[1] 各国舆论欢迎苏联关于原子能问题的建议 [N]. 人民日报, 1955-1-23 (4).
[2] 在原子能问题上的两条路线 [N]. 人民日报, 1955-1-19 (1).

开山、辟路、化沙漠为良田，在荒凉地区建立现代的都市。原子能将对许多门科学和工程学提出新的科学研究问题，从而扩大各门科学的范围，推动科学和技术发展到更高的水平。总之，原子能的和平利用将加速祖国生产力的发展，给我们带来无限美好的未来。"[1]

　　中国在《人民日报》等新闻媒介上作出的有关原子能和平利用的公开表态，实际上为中国原子能事业的起步做了宣传。这项工作有着重要的舆论导向作用，然而，这也只是初步的宣传，仍有很多人在听到原子能的字眼后瞬间色变。一是受影响于此前新闻媒体对原子弹威力的过分报道，再者，此前中国确实较少公开宣传原子能的利用问题，从而导致人们会无意中混淆原子能和原子弹两个不同的概念，进而也就忽略了原子能在利用方面两个截然相反的目的。宣传与保密并非绝对矛盾，尤其在原子能的利用问题上，公开宣传战略策略反而可以更好地保守研制细节之谜。通过宣传，人们可以更深刻地认识到发展原子能事业的重要性和特殊性，也就可以自然而然地担负起对这项事业的责任和义务。于是，在接下来战略任务的规划与具体工作的安排中，中国首先要进行的就是对原子能利用问题的公开宣传。

　　1月28日，中国科学院、中华全国自然科学专门学会联合会和中华全国科学技术普及协会联合举行了专题座谈会。出席座谈会的有中国著名原子核物理学家和化学家、数学家、医学家、农业学家、林业学家和其他方面的科学家。中国科学院院长顾问、苏联科学院通讯院士科夫达出席座谈会。科学家们一致认

―――――――――――

[1] 世界亿万爱好和平人民的真诚愿望 [N]. 人民日报，1955-1-27（4）.

为，苏联政府在原子能用于和平目的的国际合作方面所作出的努力，给全世界爱好和平的人们，特别是关心原子能和平利用的人们极大的鼓舞。座谈会由中国科学院副院长、中华全国自然科学专门学会联合会主席李四光主持并致辞。他说，苏联政府 1 月 17 日的声明，是史无前例的，是苏联科学事业上的伟大胜利，也是全世界和平力量的伟大胜利。它促使全世界人民清楚地看到了在运用原子的能量方面的两条不同的发展道路：一条是苏联的使它为人类的和平、幸福生活而服务的道路，另一条就是美帝国主义者把它作为杀人武器并企图垄断它作为讹诈政策工具的道路。现在，苏联政府发表这一声明，正给予美国的原子投机者以沉重打击。赵忠尧在会上发言说："由于苏联在原子能和平使用方面给予我国的无私帮助，今后一定会使我国的原子物理科学获得很大发展，我国科学的各个方面包括医学、农业、畜牧、运输、建筑工程等也都将会因此而充分地运用原子能量。这样，我们一方面感到很高兴，另一方面又感到自己担子特别重大。我们必须好好学习，要大力培养干部，使他们迅速掌握新的科学技术。"会上，钱三强充满信心地说："我相信，有了苏联的帮助，中国的原子能研究工作，将在已有的基础上大大提高。同时，借以苏联的帮助，中国的原子能科学研究工作者也可以早日在中国的土地上利用原子能为医学、动力、工业、农业等各方面服务。"[1]

　　1 月 31 日，周恩来主持召开国务院全体会议第四次会议，讨论了苏联部长会议 1 月 17 日声明，并通过了《国务院关于苏联

---

[1] 对苏联帮助我国和平利用原子能的建议　我国科学家们表示热烈欢迎 [N]. 人民日报，1955-1-28（1）.

建议帮助中国研究和平利用原子能问题的决议》。决议指出："中国人民在苏联的帮助和合作下，将同全世界爱好和平人民一起，为反对原子战争、禁止使用原子武器和氢武器，为促进和平利用原子能而奋斗不懈。历史证明，一切先进的科学发明终将导致人类的进步。我们坚信，企图利用原子能来毁灭人类的好战分子将只能毁灭他们自己，而最后胜利的将是坚持和平利用原子能的爱好和平的国家和人民。"[1]会上，周恩来发表讲话说："这是一件很好的事情。过去我们在这方面没有基础，科学院懂得一些，我们就不懂。曾经请李四光部长、钱三强所长给我们讲过几次，也只能看懂文件上的名词。现在对于苏联部长会议的声明和斯科贝尔琴院士答记者问，比较能看懂了。对中国来说，这是新问题。现在是原子时代，原子能不论用于和平或者用于战争，都必须懂得才行。我们必须要掌握原子能。在这方面，我们很落后，但是有苏联的帮助，我们有信心、有决心能够赶上去。"[2]中国就这样进入了钻研原子能的历史新时期。

至此，我们可以作一个简短的总结。一段时间内，关于中国发展原子能事业其实是一件备受争议之事，焦点在于现实条件与核事业本身的不对称上。具体到核决策本身，20世纪50年代初期，中国的科学技术、经济和工业基础都比较薄弱，不符合原子能研究与应用所需的耗资巨大、技术高精、设备精良等要求，而中国为什么偏偏在这个时候作出发展原子能事业的决策？人们常说，

---

[1] 中华人民共和国国务院关于苏联建议帮助中国研究和平利用原子能问题的决议[N]. 人民日报，1955-2-1（1）.

[2] 在国务院全体会议第四次会议上的讲话（一九五五年一月三十一日）[J]. 党的文献，1994（3）：18.

万事开头难，殊不知，中国要发展原子能事业可谓难上加难。这所谓的再加之难还包括当时的国际环境，一边是美国接二连三的核威慑，一边又是苏联扑朔迷离的核政策。那么，中国的核决策究竟主要是自主性质的，还是受外部因素的推动？

在回答这两个问题之前，也许可以带着如下思考再次回顾这段历史：假如当初中国没有毅然决然地作出核决策，何时还会有决策的机会？其实，当人们思忖着如果历史可以假设之时，就意味着历史带给了我们诸多的不可思议。核决策是中国在不可思议的年代、在不可思议的条件下，作出的不可思议的决策。这就是为什么要施以如此之多的笔墨来回顾中国核决策的历史背景。再一原因，中国的核决策是中国原子能事业发展史甚至是中国当代史上一个重要的历史节点，而对于重要历史节点，尤其不可忽视的是其中的历史细节和历史背景。

如今，当我们仔细揣摩中国核决策的背景，或者说探寻中国作出核决策的缘起和动因，不难发现，对于发展原子能事业，中国共产党早有打算，而非一时的冲动之举。中国的核决策，是中国共产党深思熟虑的结果，更是中国人民未雨绸缪进行社会主义建设的开端。

第一，中国共产党和中国人民对原子弹的客观理性认识，为中国核决策的作出奠定了重要的思想基础。1945年美国在日本投爆原子弹后，中国共产党对中国人民进行了原子弹认知的理性引导。起初，人们只能看到原子弹的战术威力，后来，人们不仅能够客观看待原子弹的战略威慑力，还能将原子弹与国家地位、国家安全以及世界和平事业作出正确关联。第二，先期展开的原子能研究机构的组建、核科学研究人才的罗致与培养以及铀矿资源的勘探等，是中国共产党未雨绸缪做好发展原子能事业准备工作的具体实践。第三，朝鲜战争期间，美国的核威慑以及中国武器装备与世界先进水平之间的差距，使得人民解放军实现国防现代化的心情更为迫切，发展尖端武器装备势在必行。第四，在美苏持久僵持的关于原子能和平利用的博弈中，苏联对中国的战略需求，为中国在利用原子能方面争取国际援助创造了有利时机。

说到这里，前文提到的那两个有争议的问题便迎刃而解了：中国的核决策体现了历史必然性与偶然性的统一，既是中国的自主决策，也离不开外部因素的推动；既是一项紧迫的现实任务，也是国家建设与发展长远规划的重要组成部分。

第三章　从原子能到原子弹

　　中国原子能事业的创建原则是"自力更生为主、争取外援为辅"。以自力更生为基本立足点，各项工作都从中国的实际出发，主要通过自己的科学研究和建设实践，培养人才，掌握技术，同时，有步骤地争取和利用苏联核科学技术研究的最新成果，从而实现中国原子能事业的快速起步。苏联在原子能和平利用方面对中国的援助，主要集中在铀矿普查勘探、核物理研究和原子能工业建设三个方面。这其中，中苏两国在原子能工业方面相关协定的签订，让中国抓住了争取苏联核援助向原子能军事利用转变的利好时机。随后，中苏两国签订了有关原子能军事利用的协定，即《国防新技术协定》。该协定明确规定：苏联要帮助中国研制原子弹。从此，中国开启了研制原子弹的历史进程。

一、中国原子能事业的快速起步

（一）做好原子能知识普及和宣传教育工作

　　中共中央作出发展原子能事业的决策后，由周恩来亲自组织实施。1955年1月31日，国务院召开全体会议第四次会议。会上，周恩来就有关原子能、原子弹的宣传和教育工作作出了具体的部署。对于中国的原子能事业，"从积极方面说，我们要使广大人民了解原子能，要进行广泛的教育和认真的工作。……从消极方面说，的确有可能造成一种力量来反对使用原子武器，因为现在美国和苏联都掌握了原子武器。……你用我也用，战争就无法进行了。所以，现在也有可能禁止使用原子武器"。为此，要做好以下几项工作：一是开展"拥护苏联帮助中国和平利用原子能""反对制造和使用原子武器"的签名活动；二是进行有关原子能的科学教育，注意对现有的物理学家的使用，科学院录用留学生有优先权；三是严肃认真进行原子能和平利用的工作。[1]

根据周恩来的指示，在中国创建原子能事业的第一年，在原子能的宣传和教育方面，主要做了以下两个方面的工作。

一方面，进行原子能科学的宣讲教育。

事实上，早在 1954 年 12 月，中国科学院就接到周恩来的指示："组织在北京的科学家和教授向中共中央、国务院各部门负责人以及各省市负责人宣讲原子能的科普知识。"[2]此后，根据国务院全体会议第四次会议上提出的公开进行有关原子能的教育的要求，周恩来作出了具体的安排：由中国科学院主持，在统一对原子能认识的基础上，组织有关原子能和平利用的讲座。具体可以先由钱三强、周培源、钱伟长、赵忠尧讲授并录音，再在全国传播。为配合有关原子能的宣传教育，还可编写一些通俗易懂的小册子，在报纸上刊登相关文章。

1955 年 2 月 2 日，中国科学院举行了和平利用原子能问题座

[1] 在国务院全体会议第四次会议上的讲话（一九五五年一月三十一日）[J]. 党的文献，1994（3）：19—20.

[2] 中共中央文献研究室编. 周恩来年谱（1949—1976）：上卷 [M]. 北京：中央文献出版社，2007：436.

谈会。会议由张稼夫主持，郭沫若做了关于国际形势、世界和平运动以及苏联建议帮助中国研究和平利用原子能问题的报告，并传达了周恩来"要使广大人民了解原子能"的指示。同时，会议还发出了科学家们要广泛宣传关于原子能和平利用、反对美帝国主义准备原子战争的号召。在原子能和平利用的宣传教育方面，为使人们能够认识到原子能用于和平事业的重要性，会议作出组织开展有关原子能问题的通俗讲演会、编写通俗小册子的决定，并成立原子能通俗讲座组织委员会，推举吴有训、钱三强、周培源、钱伟长、严济慈、王淦昌、于光远、袁翰青、曹日昌等9人为组织委员，向中央和各地领导干部、学生、工人、战士宣讲原子能科学知识。[1]随后，钱三强等20多位科学工作者以及高等学校的教授组成宣讲团，到北京和全国各地宣讲原子能和平利用的科普知识。周恩来特别叮嘱宣讲团，不能只让少数人知道发展原子能事业的意义，要让大家知道，尤其要让中共中央、国务院、中央军委的负责同志知道，宣传不仅要重视科学性，而且要通俗易懂，不能尽说行话。根据周恩来的指示和要求，钱三强预先在宣讲团内部试讲，其他成员提出修改意见后，再次试讲，最后定型后再由宣讲团成员分头宣讲。

1955年2月4日，钱三强在北京西皇城根市干部学校礼堂做原子能和平利用通俗讲座的首场演讲，除中央领导以外的各大部委干部听了讲座。竺可桢听了讲座后，在日记中写道："听钱三强讲原子能，听众极为拥挤，直至5点半始散。演讲极为成

---

[1] 我科学院举行和平利用原子能问题座谈会决定成立原子能通俗讲座组织委员会并选出负责人员 [N]. 人民日报, 1955-2-3 (1).

功。"[1]尔后，演讲团成员还到部队、学校、机关、工厂等做了多场演讲。仅 2 月 4 日至 3 月 5 日，就在中央一级机关、全国性人民团体和部分学校为具有初中以上文化水平的干部、青年学生和教师等举办了 132 场演讲，听众达 16 万人之多。很快，各地也纷纷成立了地方原子能通俗讲座组织委员会，开展演讲活动。例如，2 月 22 日，西安成立了原子能通俗讲座组织委员会，随后，从 3 月 5 日到 21 日的 17 天内，组织了数场演讲，听众达 46095人。针对民族特色，在内蒙古，3 月 29 日，呼和浩特组织了 20多位蒙、汉科学工作者担任演讲员，分蒙、汉两种语言进行讲演。

为配合宣讲，讲座委员会还专门印刷了《原子能通俗讲座图表及名词解释》，以供听众们参考。与此同时，由杨澄中担任顾问，原子能知识普及讲座委员会和电影制片厂联合拍摄了有关原子能的科普幻灯影片，以便配合原子能宣传教育工作。随后，在宣讲内容基础上编写的《原子能通俗讲话》和由赵忠尧、何泽慧、杨承宗主编的《原子能的原理和应用》等原子能科普类书籍也相继出版。其中，《原子能通俗讲话》共发行了 20 万册，非常畅销，影响力也很大。

《原子能通俗讲话》由何祚庥、秦浩和汪容编写，主要是原子能和平利用通俗讲座系列演讲的文字讲稿，此后在修订中，又增加了一些专门的核物理知识。全书分为五个部分。第一部分以"什么是原子能"为主要内容，介绍了有关原子核物理的基本知识。通过介绍原子的结构，作者回答了什么是化学能和原子能的问题，并根据相对论原理：愈重的东西所蕴含的能量愈大，由

---

[1] 竺可桢日记 [M]. 北京：科学出版社，1989：525.

此来说明原子核放出的能量，要比化学能大上百万倍，甚至千万倍。第二部分概述了人类发现和掌握原子能的历史。本书开宗明义地指出，原子能的发现和利用，是现代工业和科学发展的必然结果。循着科学家们寻找解放原子能方法的线索，作者梳理了原子能的探索史，并得出结论：原子能的发现和利用乃是世界各国科学家集体努力的结果。第三部分是该书的重点，介绍了原子能在工业、农业和医学等方面的应用，指出和平使用原子能将给人类带来诸多的助益，例如，气候将被适当地改变，沙漠也将成为可以生长作物的土地，直接从无机物中制造出食品来的工厂也将出现。此外，作者还以原子能电力站为例来说明苏联的科学技术水平已经远远地超过了美国，并且介绍了使用浓缩铀的原子能发动机，这种发动机可以使飞机和潜水艇等行驶很长距离而不需添加燃料，这就为武器装备的发展带来了进步空间。第四部分则对原子弹、氢弹的原理、结构、威力和防御方法做了常识性的普及。本书比较正确地叙述了原子弹和氢弹的威力，并驳斥了某些虚夸的传说，特别是举出了一些科学论据，粉碎了原子弹不可防御的宣传。在这一部分中，作者介绍了防御原子弹和减少杀伤的可靠方法。比如，在八百公尺以外的地区，如果地下的防空设备造得比较坚固，盖有一层半公尺多厚的水泥或一公尺厚的土层，以及周围没有易燃物，那么，就可以防御冲击波、光辐射和贯穿辐射的袭击，并且在爆炸了 15 分钟后，放射性物质就可以大大减少。至于更有效的防御方法，则是阻止敌人携有原子弹的飞机飞入我国上空和摧毁敌人储有原子武器的基地。第五部分针对国际形势，对围绕原子能问题而展开的"禁止使用原子武器、和平使用原子能"的国际斗争做了介绍。尽管《原子能通俗讲话》在某些问题的表达上不够严谨，而且有些内容带有较浓的政治色彩，但是，因为其内容比较切合宣传需求，文字也比较通俗，读者不需要有专业基础，只要是有一定的理解能力即可领会书中大意，因此，该书的出版，起到了在短时间内普及原子能知识的作用，也为原子能通俗知识讲演起到了很好的辅助作用。

针对部分群众对原子能存有的模糊认识，新闻媒介加大了对原子能的宣传力度，着重指出原子弹的威力并不是不可想象，更不像美国宣传的那样巨大无比和不可预防。1955 年 2 月 20 日至 3 月 14 日，中央人民广播电台连续播送了钱三强、钱伟长、温济泽、周培源等有关原子能问题的谈话录音、讲话或文稿。[1]1955 年 2 月 28 日，《人民日报》刊登了记者柏生对几位科学家的采访记录。在访谈中，钱三强通过介绍如何对付原子武器来说明其威力限度，赵忠尧则分享了他亲眼所见的 1946 年美国在比基尼岛爆炸试验原子弹的结果。[2]

另一方面，开展"反对制造和使用原子武器"的签名运动。

舆论宣传是维护世界和平的一个重要方式。在这方面，世界和平理事会有着成功的经验。早在 1950 年，世界和平理事会就在斯德哥尔摩号召发动了一个争取禁止原子武器和建立严格的国际监督的签名运动，有 70 个国家的 5 亿多人参与了签名。这次运动的功绩在于，用舆论的方式制约了那些意图把对外政策建立在使用核武器基础上的政府行动。在此基础上，为了遏止超级大

[1] 中央人民广播电台组织原子能问题广播节目 [N]. 人民日报，1955-2-20（3）.
[2] 柏生. 三位原子核物理学家谈和平利用原子能和反对使用原子武器 [N]. 人民日报，1955-2-28（3）.

国利用原子武器扩充势力范围的企图，1955年世界和平理事会再次发起了一场有关反对核战争的签名运动。

1月19日，世界和平理事会常委会会议通过了《告全世界人民书》，指出："在现在和将来，我们都要反对原子战争的策划者。我们主张毁掉储存的全部原子武器，不管它们储存在哪里，并且立即停止制造原子武器。"[1]世界和平理事会主席约里奥－居里先生在宣读这一宣言后指出："世界和平理事会常务委员会已经决定广泛地发动一个签名运动，以便表达全世界人民对准备原子战争的抗议。"[2]响应这一号召，所有与会人员率先行动，在《告全世界人民书》上签字，从而开始了全世界范围的签名运动。

在中国，签名运动先从回答"为什么要开展反对原子战争的签名运动"开始。对于这一问题，钱三强在其刊载在《中国青年》1954年第4期上的文章《为什么我们要反对使用原子武器》中，向全世界人民，包括资本主义国家的人民做了解释。他说："使全世界人民清楚地知道，为什么必须禁止原子武器；要告诉他们，以原子战争来作为讹诈的手段，是美国最大的赌注，我们制止了原子战争，就是打破了这种侵略计划。因此，反对原子战争，是今天全世界人民保卫世界和平，反对侵略战争的斗争的中心环节。同时也要让全世界人民知道，由于苏联已经掌握原子能的科学技术，原子武器已经不为美国所垄断，制止使用原子武器是完全可能的。对于资本主义国家的人民，要通过签名运动，让他们知

---

[1] 世界和平理事会常委会《告全世界人民书》[N]. 人民日报，1955-1-22（1）.

[2] 在世界和平理事会常委会扩大会议上世界和平理事会主席约里奥－居里的发言[N]. 人民日报，1955-1-22（1）.

道，如果一旦进行原子战争，受害的是广大人民，特别是人口集中、工业集中和地域窄小的国家的人民，因此，必须起来坚决反对本国的统治者发动原子战争。如果全世界人民知道了为什么签名的重大意义而签上了自己的名字，就会产生巨大的物质力量。而几万万人民签名反对使用原子武器，也是给企图发动原子战争的统治者的一个沉重的打击。"[1]

1月22日《人民日报》发表了题为《在伟大的号召下行动起来》的社论，郑重表态：对于禁止使用原子武器的签名运动，"六亿的中国人民将坚决支持这个号召，并积极采取具体的行动"。[2]1月31日，周恩来在国务院全体会议第四次会议上，对中国的签名运动提出了具体的要求，他说："我国要支持这个签名运动。过去两次签名运动，我国人民都有很大的反应，这次签名运动将有更大的反应。人民是要求和平、反对战争的。……我国人多，每次签名都是很大的数目，他们都希望我们起推动作用。今年五月准备在赫尔辛基召开世界和平代表大会，我们准备在二月开始进行签名运动。"[3]

2月12日，中国人民政治协商会议全国委员会常务委员和中国人民保卫世界和平委员会常务委员在北京召开联席扩大会议，听取了出席世界和平理事会常务委员会扩大会议中国代表团团长、中国人民保卫世界和平委员会主席郭沫若做的题为《加强和平力量，粉碎原子战争的威胁！》的报告。郭沫若指出："为

[1] 为什么我们要反对使用原子武器 [J]. 中国青年，1954（4）.

[2] 在伟大的号召下行动起来 [N]. 人民日报，1955-1-22（1）.

[3] 在国务院全体会议第四次会议上的讲话（一九五五年一月三十一日）[J]. 党的文献，1994（3）：19.

了表示我们的坚决反对——反对原子战争的威胁，反对美帝国主义在全世界布置军事基地、准备新的战争，反对美帝国主义侵占我国领土台湾及其他岛屿。我们全体中国人民，请踊跃地签名吧！"[1]会议一致通过关于发动反对使用原子武器签名运动的决议，并制订了开展签名运动的计划，正式成立了中国人民反对使用原子武器签名运动委员会，推选出郭沫若为委员会主席，彭真、陈叔通、甘泗淇为副主席，廖承志、刘宁一等7人为正副秘书长，王兰西等65人为委员。会议决定：从2月14日中苏友好同盟互助条约签订五周年纪念日开始，在全国范围广泛地开展以"拥护苏联帮助中国和平利用原子能""反对制造和使用原子武器"为主题的签名运动。最后，到会全体人员一致在世界和平理事会常委会《告全世界人民书》上率先签了名。

2月13日，《人民日报》发表社论《大规模开展反对使用原子武器的签名运动》，刊登了《关于发动反对使用原子武器签名运动的决议》，号召全中国人民举行反对使用原子武器的签名运动。[2]以此为序幕，伴随着中苏友好同盟互助条约签订五周年庆祝活动，签名运动正式开始。

签名运动最早在沈阳展开。2月12日，沈阳成立了反对使用原子武器签名运动委员会。当日，沈阳市人民委员会下属31个单位近3000名职工举行集会，在1小时内全部签了名。13日下午，沈阳第一机床厂各车间、科室召开了签名大会。会上，工人、技职人员代表在讲话中一致表示，要拿实际的生产成就为保卫和

---

[1] 郭沫若. 加强和平力量，粉碎原子战争的威胁！[N]. 人民日报,1955-2-13（3）.
[2] 大规模开展反对使用原子武器的签名运动[N]. 人民日报, 1955-2-13（1）.

平事业贡献力量。除了城市各单位、工厂以外，沈阳农民也积极参与到签名活动中来。14日，沈阳市郊高坎村农民有608人签了名，占全村总人数的78%以上。13日，上海举行反对使用原子武器签名大会，参加大会的有各界人士2000多人。与会代表发言表示要一致起来进行反对使用原子武器的签名，用签名运动来表现我们的强大力量和坚强意志，向美帝国主义示威。

从2月14日开始，针对全国范围关于反对使用原子武器的签名活动，《人民日报》进行了追踪报道，连续刊载了《签名运动委员会公报》。在北京，工人阶级走在了运动的最前列。14日一早，反对使用原子武器签名运动就在各厂矿和建筑工地开始了。许多工厂的车间都悬挂着以反对使用原子武器为内容的巨幅标语、大字报和漫画，许多黑板报也都换上了相应的内容。工人们、技术人员和职员们，在机器旁边、在自己的工作岗位上，庄严地宣读了世界和平理事会常务委员会《告全世界人民书》，并签了自己的名字。在第一汽车附件厂举行的反对原子武器签名运动大会上，到会的1582名职工都签了名，并在签名以后热烈鼓掌，高唱"全世界人民心一条"的歌曲，表达自己反对使用原子武器的意志。据统计，仅14、15两日，北京市钢铁、煤矿、电业、机器、纺织、交通运输等36个国营厂矿企业，就有8万多名职工在《告全世界人民书》上签了名。与此同时，在北京的广大科学工作者、文学艺术界人士、各高等院校师生、北京郊区农民等也都召开了反对使用原子武器的签名大会。[1]

---

[1] 吴玉章. 反对使用原子武器——在首都科学工作者反对使用原子武器签名大会上的讲话 [N]. 人民日报，1955-2-20（2）.

此时，有关原子能和平利用的通俗讲座已经展开，并且取得了非常好的宣传效果。借鉴这一方式，相关科学家还到部分单位进行了相关的演讲。例如，为加强驻京部队有关原子战争的知识，2月16日，钱三强在北京南苑坦克兵部队做了《反对使用原子武器》的报告，报告后还就相关问题进行了座谈。[1]

近一个月，签名运动如燎原之火，从首都到地方，从城市到农村，从高校到部队，掀起了一个又一个反对使用原子武器呐喊的高潮。3月11日，中国人民反对使用原子武器签名运动委员会办公室负责人在记者招待会上宣布：从2月14日到3月10日，仅仅25天，全国人民参加签名的已经有1.9亿人之多。其中，北京市的签名运动在8天内即胜利结束，从2月14日到21日，共征集了275万多人的签名。上海市有540多万人签名；天津市有240多万人签名；其他各省，如山东省已有2200多万人签名，四川省已有2100多万人签名，黑龙江、陕西、山西等省参加签名的人数也都达到各省总人口的半数以上。[2]

正如《人民日报》发刊时，晋冀鲁豫边区政府主席杨秀峰所说："真正人民的报纸不仅是人民的喉舌，还应是人民的司机和人民事业的组织者"，[3]中国进行原子能宣传教育的直接目的，就是为了更好地组织原子能事业。从"反对使用原子武器"的签名运动，到原子能知识普及和宣传教育工作，不仅向世界宣示了中国要和平利用原子能，更重要的是，为和平利用原子能凝聚了中

---

[1] 葛能全. 钱三强年谱长编 [M]. 北京：科学出版社，2013：253.

[2] 反对使用原子武器签名运动迅速发展　全国签名人数已近二亿 [N]. 人民日报，1955-3-12（1）.

[3] 杨秀峰. 人民日报发刊志祝 [N]. 人民日报，1946-5-15（2）.

国力量。

通过宣传教育，纠正了人们早先存在的诸如原子能就是原子弹、原子弹神秘莫测、原子弹威力巨大无比的认识偏差，使人们看到了原子能有伟大和广阔的和平用途。1955年8月5日，首都各界人民召开了反对原子战争与反对使用原子武器大会。会议一致通过决议，指出："我们中国人民是热爱和平的。我们正为胜利地实现社会主义建设五年计划而劳动。我们反对战争。我们要求和平的环境，我们尤其反对原子战争，反对原子武器的任何试验和使用。我们强烈地憎恨一切形式的原子讹诈。我们感谢伟大的苏联人民援助我国将原子能用于和平建设事业上，我们热烈地希望原子能被全人类所掌握控制而使用于和平用途上。"[1]

（二）原子能事业是一项重要的战略任务

中国的核决策从酝酿之初就给美国带来了诸多不安。朝鲜战争后，美国越来越热衷于依靠原子武器奉行其侵略政策。这一时期，"原子战略"成了美国准备新战争计划的主要标志。前文讲到，1955年1月14日，苏联通过媒体正式发布声明，将与一些国家分享原子能和平利用的经验。恰巧同日，美国政府向国会提出了1956年财政年度预算，再一次暴露了美国倚重原子武器装备并加紧准备原子战争的策略。该预算指出，美国政府1956年度支出总额为624亿美元，其中，有404.58亿美元用于直接的军事目的，占总预算的2/3。而这占全年财政预算绝大多数的军事开支的侧重点恰恰就是扩充美国武装部队的原子攻击力

---

[1] 首都各界人民反对原子战争与反对使用原子武器大会决议 [N]. 人民日报，1955-8-6（1）.

量，包括加强核武器的生产和储存，以及扩大使用核武器的海军和空军。其他军事开支，还包括有 47 亿美元用于对外军事援助，仅就这一项，就比预算中对美国人民的福利、健康和教育事业费用多了一倍以上。预算咨文中公开说：美国军事预算的目的是"保持强大的军事阵势"，而"主要侧重点是更有效地利用核子能于军事活动的发展。现在正在发展新装备和技术以便满足已经改变的核子战争所必需的机动性"。[1]

的确，原子能用于军事目的，促进了武器装备现代化发展的进程，也反映了科学技术在原子能时代飞速发展的程度。或许原子能的这一科技效应也正是美国毫无隐晦地公开 1956 年财政预算的原因。但无论美国如何掩饰，也还是难以说服人们相信美国的核政策是为了世界和平，为了科技进步。美国不断加大核武库投资，说到底还是不甘心放弃其核威慑政策，核武器毕竟是一种大规模的杀伤性武器，即便难以被再次使用，即便失去了核垄断地位，也能在很大程度上保证有核国家坐鼎一方。也正因为此，尽管中国清楚地知道，原子弹的巨大破坏力自然而然地制约了对它的再次使用，但是，中国仍然相信掌握原子能技术对于坐实大国地位具有何等重要的意义。

1956 年 1 月 14 日，中共中央召开关于知识分子问题的会议。周恩来在报告中特别强调了发展原子能事业的意义。他说："科学技术新发展中的最高峰是原子能的利用。原子能给人类提供了无比强大的新的动力泉源，给科学的各个部门开辟了革新的远大前途。……只有掌握了最先进的科学，我们才能有巩固的国

---

[1] 谭文瑞. 准备原子战争的美国预算 [N]. 人民日报, 1955-1-21（4）.

防，才能有强大的先进的经济力量，才能有充分的条件同苏联和其他人民民主国家在一起，无论在和平的竞赛中或者在敌人所发动的侵略战争中，战胜帝国主义国家。"[1]必须把发展原子能事业当作国家科技进步、经济发展和国防建设的一项重要方针任务来对待。对于中国原子能事业的起步工作，根据周恩来的要求，除了要做好相关的宣传教育活动外，还要"认真进行原子能的研究工作"。[2]周恩来明确指出，虽然中国主张公开宣传原子能的和平利用，但具体工作还是秘密的，要严肃、认真地进行这项工作。在进行原子能教育和宣传的同时，中共中央、国务院开始有计划、有步骤地制定发展原子能事业的战略任务。

第一，将原子能应用列入国家科学技术发展远景规划中。"向科学进军"是一件必须从长计议的战略任务。在正式开展这项工作之前，首先应该对中国的科学技术发展作出长远规划。1955年6月，在中国科学院学部第一次全体会议上，郭沫若在报告中提出的"加强科学工作的计划性，研究并制定我国科学发展的远景计划"成为会议重点讨论的议题之一。[3]随后，根据国家发展目标、具体任务和办院方针，中国科学院提出了全院的5年科学计划，包括10项重点任务，其中第一项就是"原子能和平利用的研究"。1955年夏至当年9月，在薄一波的主持下，以中国实际情况为基本出发点，结合此前赴美、英、法调研的情况，

[1] 中共中央文献研究室编. 建国以来重要文献选编：第8册 [M]. 北京：中央文献出版社，1994：36—37.

[2] 中共中央文献研究室编. 周恩来年谱（1949—1976）：上卷 [M]. 北京：中央文献出版社，2007：445.

[3] 葛能全. 钱三强年谱长编 [M]. 北京：科学出版社，2013：258.

刘杰、钱三强等共同起草了《关于我国制定原子能事业计划的一些意见》，指出，"一切研究工作，应尽可能地配合当前为建造原子堆，加速发展原子能工业的迫切需要"。[1]这份意见书在当年12月被进一步修订成《关于一九五六年至一九六七年发展原子能事业计划大纲（草案）》。[2]此外，该计划还提出了一个以研制一批生产和动力两用反应堆为中心的建设中国核工业的设想。尽管该大纲最终尚未形成正式的决定，但仍为此后中国原子能事业的发展作出了基本定位，也为此后向苏联申请核援助提供了有的放矢的参考。

1956年1月25日，毛泽东在最高国务会议第六次会议上说："我国人民应该有一个远大的规划，要在几十年内，努力改变我国在经济上和科学文化上的落后状况，迅速达到世界上的先进水平。"[3]根据毛泽东的指示，国务院委托国家计划委员会、中国科学院和其他有关部门，要在4月份之前拟订出1956年至1967年的12年科学发展规划。实施这一规划的直接目的是："按照可能和需要，把世界科学的最先进的成就尽可能迅速地介绍到我国的科学部门、国防部门、生产部门和教育部门中来，把我国科学界所最短缺而又是国家建设所最急需的门类尽可能迅速地补足起来，使十二年后，我国这些门类的科学和技术水平可以接近苏联和其他世界大国。"[4]

---

［1］葛能全. 钱三强年谱长编［M］. 北京：科学出版社，2013：259.

［2］李觉等. 当代中国的核工业［M］. 北京：中国社会科学出版社，1987：21.

［3］毛泽东文集：第7卷［M］. 北京：人民出版社，1999：2.

［4］中共中央文献研究室编. 建国以来重要文献选编：第8册［M］. 北京：中央文献出版社，1994：39.

在制定新中国第一个 12 年科学发展远景规划的过程中，原子能事业的规划被分派给两个工作组分头进行。

一个是在和平利用原子能方面，责成中国科学院物理研究所组织编写相关规划。1956 年 4 月 2 日，中国科学院物理研究所所务会议决定成立以王淦昌为组长，李毅、杨澄中、郭挺章、肖健为副组长，王树芬为秘书长的"和平利用原子能规划组"，着手编制中国《和平利用原子能科学远景规划》。两天之内，编写组就拟出了规划草案，于 4 月 4 日由王淦昌交给了正在苏联开会的钱三强。4 月 23 日，钱三强组织在苏有关人员，包括赵忠尧、王淦昌、彭桓武、何泽慧、杨承宗等科学家对规划草案进行了讨论，最终修订成《和平利用原子能科学远景规划（草案）》。规划设想，中国除了要建造重水反应堆和回旋加速器外，还要在包括低能核物理、应用核物理、宇宙线、高能物理、放射化学、辐射化学、同位素制备等研究领域有所突破。

另一个是在原子能军事利用的研究和应用方面，由当时主管中国人民解放军军工生产和武器装备工作的聂荣臻主持草拟了国防工业 1956—1967 年规划。1956 年 3 月 12 日，聂荣臻审定上报了《对十二年科学规划中国防研究项目的意见》，初步研究确定了包括热核子应用在内的 5 类发展规划。热核子应用的任务是："（一）热核子的应用，应与原子能和平利用相结合，进行综合性的研究。（二）鉴于原子弹的临界体积缩小，应研究应用于火炮的弹体和导弹弹体以及水鱼雷的原子弹头。（三）将原子能用作潜艇及远程轰炸机的燃料。（四）军队机械化装备的发展，对电力、燃料需求将大大增加，而部队大量携带燃料和电源机械，势必影响其快速机动，因此，应考虑建立可以移动的小型原子发电站。"[1]这份意见书，后成为《一九五六——一九六七年科学技术发展远景规划纲要（草案）》的组成部分。

1956 年 12 月 20 日，在周恩来、陈毅、李富春、聂荣臻的直接领导下，在 600 多名各门类、各学科科学家和近百名苏联专家的共同努力下，《一九五六——一九六七年科学技术发展远景规划纲要（修正草案）》正式呈报，包括 6 类重大科学技术任务，57 项国家重要科学技术任务。原子核物理、原子核工程及同位素的应用被列为国家工业化、国防现代化建设迫切需要的、关键性的问题。在确定的 57 项科学技术任务中，最终讨论确定了 12 个对整个国家生产技术基础有根本性影响的重大且复杂的科技研究项目，第一项就是原子能的和平利用。与此同时，为填补中国在一些急需的尖端科学领域的空白，规划委员会还制定了 1956 年 4 项紧急措施，包括优先发展核技术。

在当年 9 月召开的中国共产党第八次全国代表大会上，周恩来在讲话中从发展国民经济的角度对原子能和平利用和地质勘查工作做了重要部署。这次会议通过的关于发展国民经济第二个五年计划的建议，也把发展原子能事业列为一项重要任务。

第二，加强原子能事业的领导工作。中共中央一经作出发展原子能事业的战略决策后，就指定国务院第一副总理陈云、中央军委副主席聂荣臻、国务院第三办公室主任薄一波组成三人小组，负责指导原子能事业的发展工作。1955 年 5 月 5 日，中央决定调地质部党组书记、常务副部长刘杰任国务院第三办公室副主任，负责组织原子能事业的筹建工作。7 月 4 日，中共中央批文正式

---

[1] 聂荣臻军事文选 [M]. 北京：解放军出版社，1992：392.

成立发展原子能事业三人小组，指出："除中央制定的三人小组对原子能工作进行指导外，其具体业务统由国务院第三办公室薄一波同志领导，并设专门工作小组办理具体事务。"

在此期间，随着中苏两国政府关于原子能的"地质协定"和"科研协定"的签订，经国务院批准，先后成立了负责铀资源勘查的地质部三局和国家建设委员会建筑技术局。[1]由薄一波和刘杰负责的国务院第三办公室除了负责指导以上两家单位的工作外，还负责管理中国科学院物理研究所。此后，鉴于原子能利用和航空工业发展都需要有专门且统一的领导机构才能有计划地展开工作，一系列有关原子能事业组织管理问题被提到中央的议事日程上来。

1955 年 5 月 7 日，刘杰和钱三强向薄一波并中共中央呈报了有关与苏联谈判签订原子能科研协定的情况，并提出建议："为了更有效地组织原子能事业的建立和发展，最好在国务院领导下成立原子能委员会或类似的机构，指定科学院、高教部、一机部、二机部（这时的二机部是国务院统管军事工业的部门——笔者注）、重工业部、地质部、公安部、总参谋部等派人参加，对上述各项工作，统一规划，分工进行，密切配合协作。负责具体工作的各部门应设立专门机构或指定专人进行工作。委员会下设办

---

[1] 国家建设委员会建筑技术局，成立于 1955 年 7 月 1 日，成立之时局长为刘伟，副局长有钱三强、张献金、牟爱牧、陈一民、罗启霖、冯麟、邓照明，主管苏联援助的研究性重水反应堆和回旋加速器的建设工作。随后，刘杰、刘伟、钱三强等人亲自踏勘通县（今通州区）、十三陵、南口等地选址，最后选定北京西南郊房山坨里为反应堆和回旋加速器建设基地，这个基地后来成为中国科学院原子能研究所的所址。

事机构，除直接管理原子堆和加速器的建设和使用外，并与科学院共同管理物理研究工作；配合高教部进行建立核专业与训练人才的工作；与各有关部门进行协作工业的筹划；组织科级干部归队和有关人员调配等工作；并统一进行保卫工作，制定保密条例等。"[1]周恩来在考虑了刘杰和钱三强的意见后，于1956年4月11日致函毛泽东并中共中央，提出分别成立原子能委员会和航空工业委员会的建议，其中，原子能委员会直属国务院，拟任主任陈云，副主任郭沫若、李富春、宋任穷，秘书长刘杰。次日，中共中央政治局会议讨论批准成立原子能委员会。此后，发展原子能事业的各种业务便以原子能委员会的名义进行，实际上，具体工作仍由国务院第三办公室专门工作小组主持。5月19日，国务院第三办公室发出通知：担任原子能委员会副主任的宋任穷可先行任职。关于国务院设立原子能委员会的事宜，另将提交全国人民代表大会常务委员会决定。

此时，由刘杰、刘伟、冯麟、白文治组成的中国政府代表团正在莫斯科同苏联代表团进行有关原子能工业建设的谈判。借此机会，代表团便向苏方征询了对原子能工业组织管理的意见。回国后，刘杰向周恩来汇报了苏联和平利用原子能总局的管理体制和机构设置情况，并提出在原子能委员会下设原子能事业部的建议。7月28日，周恩来就原子能事业的发展问题向中共中央和毛泽东作出书面报告。报告对原子能工业的建设速度与投资问题、技术干部问题、保证完成任务应采取的一些措施和成立原子能工

---

[1] 李鹰翔. "两弹一艇"那些事 [M]. 北京：中国原子能出版社，2013：15.

业部等提出具体意见。[1]同时，薄一波召集各有关工业部部长开会研究，决定将性质相近的各种工厂由各工业部门分别管理。具体内容如下：所需投资和技术力量占整个原子能工业三分之二以上的原子堆、提制钚工厂、铀 -235 浓聚工厂，以及计划任务、投资的确定和苏联专家的聘请，由原子能事业部负责；铀矿开采，由煤炭部和冶金部负责；提制铀盐，由化工部负责；金属铀工厂，由冶金部负责；有些工作的性质原则上是应由各工业部协作的，即由各工业部担任，如建筑安装由建筑部担任，电站设计安装由电力部担任，但这些工作所需的图纸和苏联专家则由原子能事业部负责，其计划任务和投资初期由原子能事业部提出，经国家批准后列入各部计划中；铀矿勘探统一由地质部领导；科学研究方面，将原子核实验中心和中国科学院物理研究所统一组织为中国科学院原子核研究所，受中国科学院和原子能事业部双重领导，以原子能事业部为主；7 个放射性同位素实验室，按性质分别由各部领导。

1956 年 11 月 16 日，第一届全国人民代表大会常务委员会第五十一次会议决定，设立主管原子能工业建设和发展的第三机械工业部，任命宋任穷为部长，刘杰、袁成隆、刘伟、雷荣天、钱三强等为副部长。12 月 9 日，国家建设委员会建筑技术局被撤销，该局工作大部分归到新成立的第三机械工业部，一部分归到了中国科学院物理研究所。从这年起，第三机械工业部就"开始在国内组织生产专用的仪器设备，培养自己的设计和设备制造能力。

[1] 中共中央文献研究室编. 周恩来年谱（1949—1976）：上卷［M］.北京：中央文献出版社，2007：605.

到 1958 年，建成比较完整的综合性的和各种专业性的核科学技术研究机构，大力开展研究工作，培养出大批专业人才"。[1] 1958年 2 月 11 日，第三机械工业部改名为第二机械工业部（以下简称二机部），具体工作不变。

中国原子能事业发展初期，各级权威领导机构的设立，各方面工作任务的明确分工，为原子能事业的快速起步提供了有力的组织保障，尤其是三机部（1958 年 2 月后称二机部）的成立，使得中国原子能事业有了专门的、规范的、统一的领导机构。此后，在原子能事业的发展方面，各有关行业、部门、工厂等的协作就陆续展开了。

（三）原子能科研和技术队伍的充实

科学技术研究不仅是发展原子能事业的先行工作，更是重要"杠杆"。在 1955 年 9 月拟订的《关于我国制定原子能事业计划的一些意见》中，特别强调了核科学研究的重要性：科学技术是发展原子能事业的杠杆，必须加强科学研究，"核科学研究要有重点地全面发展"。[2] 而核科学研究"真正想取得重大的进展除了经费需要以外，更要紧的是人才，有了人才可能做研究技术工作"。[3] 这句话是 1955 年 1 月 14 日，周恩来与李四光、薄一波、刘杰、钱三强等的见面会上，当周恩来提出"搞原子能最关键的问题是什么"时，钱三强的回答。因此，发展原子能事业，人才工作是重中之重。

---

［1］金冲及. 周恩来传：下［M］. 北京：中央文献出版社，2008：1573.

［2］葛能全. 钱三强年谱长编［M］. 北京：科学出版社，2013：259.

［3］钱三强. 谈谈我从爱国主义思想转变为马克思主义思想的实践过程［J］. 自然辩证法研究，1991（1）.

曾有美国学者称："中国的核武器计划之所以取得成功，重要的是领导人长期以来放手使用本国科学人才，发挥他们的潜力。"[1]在中国原子能事业发展初期，核人才队伍建设有一特殊性，即首批核科学家基本都要参与到核工业的管理工作中，实际上给专业核研究人员带来很大的负担。随着原子能建设事业的逐步展开，迫切需要将科研人员从管理工作中解放出来，一方面要保证科研技术队伍的扩充，另一方面还要注重专业管理队伍的组建。1955年1月31日，周恩来指出："办原子能事业，没有足够数量的人是不成的。"有两点具体要求：一方面，要有针对性地选派一批大学生攻读或转学物理专业；另一方面，要"注意对现有物理学家的使用，要号召专家归队，从行政部门把它们解放出来"。[2]

1956年4月，为快速实现核科学研究的正规化、系统化，加强原子能科学技术人才的组织领导，国务院成立了专门的领导小组，成员有刘杰、钱三强、张劲夫、黄松龄、蒋南翔等，钱三强任组长。此后，在原子能科学的研究领域，主要采取了三种方法来充实和提高队伍：一是从国内其他单位抽调一批原子能研究专家集中筹办新的原子能科系或专业；二是通过教育部，从在苏联、东欧学习的中国留学生中挑选一部分，改学原子能科学技术；三是从国内各有关高等院校相近专业的高年级学生中选调一批学生

[1]［美］约翰·W.刘易斯，薛理泰.中国原子弹的制造［M］.北京：原子能出版社，1991：前言.

[2]中共中央文献研究室编.周恩来年谱（1949—1976）：上卷［M］.北京：中央文献出版社，2007：445.

改学原子能专业。后两种方法，被宋任穷称为"移花接木"。[1]

　　根据需要，北京大学、清华大学、兰州大学等一批高等院校开始筹办原子能科系或专业。1955 年 5、6 月间，国务院第三办公室选派韩增敏、胡文亮、白晨曦等党政干部，并分别从浙江大学、北京大学、东北大学和复旦大学抽调了胡济民、虞福春、朱光亚和卢鹤绂等物理学家到中国科学院物理研究所工作。并组建了近代物理研究室，代号为 6 组，对外仍用北京大学之名。科学家们一面筹建教学实验大楼，一面派人到北京大学、吉林大学、南开大学、复旦大学、南京大学、武汉大学、中山大学等高校物理系三年级学生中挑选学生，进行核物理的专门培训，为期一年，培训结束后即可参加工作。1955 年 9 月 20 日，第一批被选调的 97 名优秀学生正式开学，系统学习了核理论、核物理、中子物理、加速器、实验方法、放射化学等专业课程。那时候，北京大学物理研究室的领导体制是比较独特的。其党组织由北京大学党委领导，人事、财务由第三机械工业部主管，业务上又属于中国科学院物理研究所，可以参加物理研究所的学术交流活动，也可前去查阅期刊、借阅图书。1955 年下半年，近代物理研究室正式划归北京大学，更名为北京大学技术物理系。1956 年 9 月 30 日，北京大学技术物理系第一届原子核物理专业学生毕业。这种独特的人才培养模式，对于在短期内建立健全原子能科学研究、培养核研究后备人才而言，功不可没。此后，北京大学核物理专业和放射化学专业又分别从各高校物理系、化学系三年级学生中选调了 260 名学生进行培养，1956 年还为三

---

[1] 宋任穷回忆录 [M]. 北京：解放军出版社，1994：344.

机部代培了从各院校分配来的毕业生 300 多名。

同期筹建的原子能科系还有清华大学工程物理系。1955 年 9 月，为了解苏联有关核专业及其他专业的办学情况，高等教育部派出了由蒋南翔、周培源、钱伟长、胡济民组成的访苏代表团。回国后，蒋南翔便向高等教育部提出清华大学要办工程物理系的申请。然而，这一提议却遭到当时在高教部指导工作的苏联顾问的反对。于是，蒋南翔直接打报告给国务院。国务院副总理陈毅批准同意这一建议，并将原定调往北京航空学院从事领导工作的何东昌留下来负责筹建清华大学工程物理系。筹建期间，除配备主要干部和教师外，还从电机、机械、动能等系抽调二、三年级优才生各 43 名、50 名，作为待成立的工程物理系的首批高班学生，并于当年和次年以机械系的名义在全国直接招收工程物理专业新生 536 名。1956 年 10 月 27 日，经清华大学校务委员会通过，清华大学工程物理系正式成立，何东昌为首届系主任。此后，清华大学工程物理系又设立了核电子学、核物理、加速器、剂量防护、理论物理、同位素分离、核材料、反应堆、放射化工 9 个教研组外加一个为全系服务的金工车间。

兰州大学物理研究室也筹建于这一时期，由朱光亚负责。这个研究室的筹建时间较长，耗时三年，1958 年迎来首批学员，其所设原子核物理和放射化学专业均受二机部管理，代号为 505 研究所，行政隶属兰州大学。

国外方面，经国务院批准，由蒋南翔和钱三强负责，安排 350 名在苏联和东欧留学的学生改学核科学和核工程技术专业。1955 年 10 月 19 日、11 月 4 日，钱三强、冯麟率彭桓武、何泽慧、黄祖洽等 39 名科技工作者（包括在苏联留学生 13 人）组成实习团，掩护团名"热工实习团"，分两批赴苏学习反应堆、加速器原理和操作及其仪器制造和使用。其中，学习反应堆理论的有彭桓武、黄祖洽等；学习反应堆工程的有冯麟、连培生、卢荣光等；学习加速器工程和运行的有力一、王传英等；参加核物理实验的有何泽慧、黄胜年等。另外，还有 5 名俄语翻译，还请来了在莫斯科大学化学系获得副博士学位的刘允斌，[1]他既当翻译，又参加了两项专业实习，包括反应堆工程的实习和核燃料后处理及铀、钚和裂片分析的实习。"热工实习团"前后在苏联学习将近一年，团员先后于 1956 年 7 月上旬回到中科院物理研究所。

这时，又有一批留学美国、欧洲的科学家和留学生陆续回国，被安排到物理研究所工作。这其中有，核物理学家李整武、郑林生，放射化学家肖伦、冯锡璋。稍晚回来的有高能物理学家张文裕、理论物理学家王承书等。1956 年 9 月，正在兴建的房山坨里实验基地[2]与中科院物理研究所中关村部分合并成一个原子能研究中心。该研究机构名称仍为中国科学院物理研究所，原物理研究所中关村部分为一部，坨里实验基地为二部。为适应工作任务需要，合并后的中科院物理研究所同时还做了组织和研究力量的调整，所长仍为钱三强，副所长有李毅、赵忠尧、郑林、王淦昌、

---

[1] 刘允斌：刘少奇之子，1955 年获得莫斯科大学副博士学位，后在莫斯科大学化学研究所担任高级研究员。

[2] 房山坨里实验基地：1955 年 11 月 26 日破土动工，次年 5 月 25 日正式开工兴建，主要负责原子能科学研究中实验性中水反应堆和回旋加速器工程。基地代号为"601 厂"，厂区占地面积 486 亩（约 32.4 万平方米），总投资 4720 万元，厂区东南侧 2 公里处的小山坡背后，设有生活区，1958 年郭沫若将其命名为"和平村"。

彭桓武、罗启霖、力一、梁超。

到 1956 年底，中科院物理研究所力量充实，充满生机，学科由最初的 6 个发展到 22 个，共有学科分支 60 个，工作人员 638 人，其中科研技术人员 377 人，包括 19 名从国外回来的高级科学技术专家。1958 年 9 月 15 日，中共中央批准成立了中国科学院原子核科学委员会，李四光为主任委员，张劲夫、刘杰、钱三强为副主任委员，还有竺可桢、吴有训、严济慈、童第周、赵忠尧、王淦昌、彭桓武、何泽慧、张文裕、杨承宗、施汝为、贝时璋、钱学森等委员。在此后的日子里，中科院物理研究所联同国内其他核研究单位一起，一边开展科研工作，一边培养人才，还一边研制实验设备，推动了中国核科学技术研究的快速发展，为此后中国独立自主攻克原子弹技术储备了人才和技术。

随着原子能事业的快速起步，为加强对原子能工业建设的领导和管理，并充实原子能工业建设队伍，中共中央决定加大向二机部抽调干部和工人的力度。中央曾多次下发通知，从部队、机关、工厂、学校抽调党政领导干部和业务管理干部，到二机部机关和基层单位工作。尽管抽调工作非常紧急，但干部的选拔工作仍异常严格："首要条件是政治可靠、身体健康，初中以上文化水平。对担任领导岗位的干部还有级别的要求，处级干部要求 13 级以上，年龄在 35 岁以下；科级干部要求 17 级以上，年龄在 30 岁以下。按当时党政干部级别配置，17 级以上干部相当于县委书记或县长，而核工业一个大型企业就要配置几十名 17 级以上的干部，可见核工业干部队伍的层次之高、阵营之强。"[1]

事实上，在原子能工业建设的队伍中，人数最多、比例最大的是工人。因此，选调工人，是充实原子能事业队伍的又一重要工作。按照当时的要求，调来的工人70%以上是党、团员，而且都是四级以上的技工，有一些还是全国或地方的劳动模范。他们不仅政治素质好，而且技艺高超，经验丰富，在研制、试验和技术攻关中起到了重要作用。例如，车制我国第一颗原子弹核心部件的车工原公浦，是从上海选调来的高级技工。另外，还有两部分工人，一部分是成建制划拨过来的，如建筑安装和机械制造工人；另一部分是部队复员义务兵和民工，他们都是原子能事业发展过程中不可忽略的力量。

二、苏联核援助及成效分析

（一）原子能和平利用方面的援助

苏联在原子能和平利用方面对中国的援助，主要集中在铀矿普查勘探、核物理研究和原子能工业建设三个方面。尽管没有直接涉及原子弹研制，但从原子弹研制所需物质条件、科技储备及其制造程序来看，苏联在以上三个方面对中国的援助，为日后中国独立自主地进行原子弹研制提供了物质基础和技术准备。

在铀矿普查勘探方面，中苏两国签订了《关于在中华人民共和国进行放射性元素的寻找、鉴定和地质勘察工作的议定书》及关于苏联援助中国勘察铀矿的新协定。20世纪50年代，中国

[1] 李鹰翔. "两弹一艇"那些事 [M]. 北京：中国原子能出版社，2013：19.

铀矿勘察工作以组建队伍、掌握技术、全面普查为主要任务。到
1955 年，中国已在综合找矿中发现了铀矿资源的苗头，要想进行
深入的铀矿勘探，必须尽快从国外引进先进的技术和仪器设备。
正当此时，苏联决定在原子能和平利用方面给以中国帮助。于
是，苏联对华核援助就首先在铀矿普查勘探方面展开了。当时苏
联在与原子能和平利用有关的炼钢、冶金、农业、医学和地质研
究等方面都已取得了突出的成绩，对铀矿石的需求激增，于是苏
联向中国提出合作要求，希望能在中国取得部分铀矿石。经双方
多次谈判，1955 年 1 月初，形成了中苏《关于在中华人民共和国进
行放射性元素的寻找、鉴定和地质勘察工作的议定书》，1 月 20
日，正式签订了由两国合营在中国境内进行铀矿普查勘探的议定
书。这是苏联向中国提供核援助的第一个专门协议，有明显的合
作性质。协定规定，将由中国组织开采有工业价值的铀矿床，铀
矿石除满足中国自己的发展需要外，其余均由苏联收购。到 1956
年下半年，由于苏联已答应帮助中国创建原子能工业，由此一
来，中国核事业对铀矿石的需求量将大大增加。于是，经双方磋
商，中苏两国政府于当年 12 月 19 日签订了《关于苏联援助中国
勘察铀矿的新协定》，改变了此前两国在铀矿普查勘探方面的合
作模式，即由两国合营改为中国在苏联提供技术援助的基础上进
行自主经营。1955 年 1 月 20 日的协定就此失效。

在核物理研究方面，中苏两国签订了《关于苏维埃社会主义
共和国联盟援助中华人民共和国发展原子能核物理研究事业以及
为国民经济发展需要利用原子能的协定》及《关于成立联合原
子核研究所的决定》。1955 年 3 月底 4 月初，由中国、波兰、捷
克斯洛伐克、罗马尼亚和德意志民主共和国的物理学家和工程师

组成的代表团先后到达莫斯科，就苏联帮助这些国家和平使用原子能举行了会谈。中国方面，4月2日，由刘杰率团，带领钱三强、赵忠尧等7人到苏联，就促进原子能和平利用进行谈判。4月27日，刘杰代表中国政府与苏联政府在莫斯科签订了《关于苏维埃社会主义共和国联盟援助中华人民共和国发展原子能核物理研究事业以及为国民经济发展需要利用原子能的协定》。协定规定，苏联将在1955年至1956年间，帮助中国完成一座功率为6500千瓦—10000千瓦的实验性原子堆和一个12.5MeV—25MeV基本粒子加速器的设计和建造，初步估算金额为4300万卢布。除此之外，苏联还答应，向中国无偿提供相关科学技术资料，派遣专家从技术上指导原子堆的安装和使用，供应原子堆和研究所需的必要数量的可分裂物质和放射性同位素，直到苏联所供应的实验性原子堆开始使用时止。[1]苏联还承诺，在专门的场所、科学研究机构和苏联高等学校将中国所派人员培养为核物理学、放射化学、同位素应用以及原子堆技术方面的专家。

　　在核科学研究领域，另一项协定是在1956年3月26日，由包括苏联、中国在内的11个国家共同签署的《关于成立联合原子核研究所[2]的决定》。1956年3月，苏联政府提出召开关于成立联合原子核研究所问题的国际会议的倡议。3月17日，周恩来与薄一波、刘杰就中国出席此次会议的有关问题进行商谈。大家一致认为："这个会议结束后，苏方有可能同我们继续商谈援助

---

[1] 就苏联帮助和平使用原子能问题　苏联同中波捷罗德等国签订协定 [N]. 人民日报, 1955-5-1（1）.

[2] 联合原子核研究所，亦称东方核子研究所。

我国发展原子能事业的问题"，因此，参会是非常有必要的。很快，中国驻苏大使刘晓便收到国内致电，大致内容如下：苏方通知，人民民主国家的代表将在 3 月 20 日在莫斯科举行讨论建立东方核子研究所问题的会议。我国决定由刘杰、钱三强、彭桓武、赵忠尧组成代表团参加。如果正如会前所预测的，苏联将继续同中国商议核援助问题，中国将派刘杰、钱三强、冯麟、白文治和刘伟参加商谈。[1]

　　1956 年 3 月 20 日，成立东方核子研究所问题的国际会议在莫斯科召开。与会各国代表一致认为，原子能和平利用意义重大，有必要推动各国科学家进行广泛的合作。为此，各国代表缔结了成立联合原子核研究所的协定。3 月 26 日，刘杰代表中国政府在协定上签字。该协定规定："各个缔约国是联合原子核研究所的平权会员国。将来其他国家愿意参加联合原子核研究所者，声明同意所签订的协定的条款，经研究所大多数成员国同意后即成为原子核研究所的平权会员国。"[2]研究所设在莫斯科附近加里宁州的杜布纳市，设所长一人，任期三年，副所长二人，任期两年。所长和副所长均由会员国以多数票从参与国的科学家中选出。第一任所长是苏联著名科学家、列宁奖金获得者、原子能发电站的主持人德·布拉欣采夫，副所长是波兰宇宙线专家丹尼什教授和捷克斯洛伐克理论物理学家沃特鲁巴教授。研究所设立

［1］《周恩来军事活动纪事》编写组．周恩来军事活动纪事（1918—1975）：下卷［M］．北京：中央文献出版社，2000：383—384．

［2］关于参加联合原子核研究所的报告∥中国科学院办公厅编．中国科学院年报（1957）［M］．1958：171—172．参见吴艳等编译．中苏两国科学院科学合作资料选辑［G］．济南：山东教育出版社，2008：63．

学术委员会，主要任务是讨论和批准研究计划、执行计划的结果，以及其他有关研究所科学活动的问题。学术委员会的委员由各会员国从本国科学家中任命，每一会员国任命三人。研究所还设立财政委员会，负责制定预算和监督研究所的财政事务，每个会员国派一名代表参加。研究经费按照协定规定的比例由各会员国分别负担，其中，中国承担 20% 的经费。[1]

9 月 20 日，联合原子核研究所召开成员国全权代表会议、学术委员会会议和财政委员会会议，讨论了章程和有关条例，批准了编制和预算。苏联承诺，苏联科学院原子核问题研究所和电物理研究室的一切设备都由苏联政府无偿地移交给联合原子核研究所，包括能把质子加速到能量达 6.8 亿电子伏的同步回旋加速器以及能把质子加速到能量达 100 亿电子伏的同步稳相加速器。不仅如此，在 1957 年 3 月召开的会议现场上，布拉欣采夫所长在做关于研究远景计划的报告时，还提到了建立脉冲式原子堆的建议。这是世界上第一次提出脉冲式原子堆的设想，它的建成将大大推进中子物理的发展。此外，苏联还承诺，添建 1.2 亿电子伏的多电荷粒子回旋加速器，建立一个有 600 个技术工人的实验工厂，除为联合原子核研究所制造仪器外，还将抽出一部分时间为会员国研究机构制造仪器。

在原子能工业建设方面，中苏两国签订了《关于苏维埃社会主义共和国联盟为中华人民共和国在建立原子能工业方面提供技术援助的协定》和《关于苏联为中国原子能工业方面提供技术援助的补充协定》。中国从决定发展原子能事业之日起，就非常重

---

[1] 周均伦. 聂荣臻年谱：上卷 [M]. 北京：人民出版社，1999：609.

视原子能工业建设。在 1955 年 9 月拟订的《关于我国制定原子能事业计划的一些意见》指出："一切研究工作，应尽可能地配合当前为建造原子弹，加速发展原子能工业的迫切需要。"[1]同年12 月 10 日，国务院第三办公室制定《关于一九五六至一九六七年发展原子能事业计划大纲（草案）》，提出了以建设一批生产和动力两用反应堆为中心，创建中国原子能工业的构想。

1955 年 8 月，联合国召开第一届国际和平利用原子能会议，全世界共有科技专家 1500 多人参加了会议。与会代表共提交了一千多份有关原子能利用的汇报材料，内容非常丰富，包括苏联建造第一座核电站的经验介绍，美国发展核电的计划介绍，还有法国提取放射性元素钚的方法介绍，等等。但遗憾的是，此时中国尚未恢复在联合国的合法席位，故没能参加这次会议。会后，苏联派出代表团来中国介绍会议情况，并分享了会议所得资料。

1955 年 12 月 10 日，苏联和平利用原子能科学代表团抵达中国。代表团团长为苏联核物理学家诺维柯夫。22 日，周恩来接见了苏联代表团，并接受了苏联赠送给中国的一批有关和平利用原子能的苏联科学影片和书籍。其中，影片 4 部，分别是《示踪原子》《日内瓦和平利用原子能国际会议的科学技术展览会》《世界第一个工业原子能发电站》《游离辐射对微生物机体的生理影响》。相关书籍包括《日内瓦和平利用原子能国际会议上苏联代表团的报告》，共 5 种，每种 20 本；《苏联科学院和平利用原子能问题七月会议的论文集》，共 20 套，每套 5 本；《日内瓦和平

---

[1] 葛能全. 钱三强年谱长编 [M]. 北京：科学出版社，2013：259.

利用原子能国际会议上各国科学家的论文》，共 2 套，每套 1000
多篇；《关于回旋加速器理论的几个问题》，共 6 册。[1]24 日，诺
维柯夫在全国政协礼堂做报告，对日内瓦国际和平利用原子能
会议中关于原子动力学方面的主要成果进行了重点介绍，[2]另有
6 名苏联代表团团员分别从不同方面对原子能和平利用进行了
介绍。中国共有 1400 多名党政军机关高级干部听了报告。两天
后，即 12 月 26 日，周恩来同李富春、薄一波、刘杰、胡济民等
与诺维柯夫、尤金大使等进行了会谈，讨论了《中华人民共和国
一九五六年至一九六七年原子能事业规划大纲（草案）》。苏联代
表团表示，苏联将为中国原子能工业建设提供全方位援助。[3]从
此，苏联对华核援助向原子能工业领域推进。

　　苏联代表团回国后，中苏两国政府分别组织本国科学家及其
他相关人员，就苏联援助中国建设原子能工业的相关问题进行了
讨论。中国方面，在李富春、薄一波、刘杰等的具体主持下，商
议形成了关于苏联帮助中国规划原子能工业远景计划以及建立原子
能工业的方案。1956 年 1 月 3 日，周恩来在写给李富春的信函
中指示，上述两个方案是非正式方案，只作为草稿向苏方试行提

————————

［1］周恩来总理接见访华科学家代表团并接受苏联赠送的有关和平利用原子能的影片
　　和书籍［N］. 人民日报，1955-12-23（1）.
［2］原子动力学未来时代的动力学——关于日内瓦国际和平利用原子能会议情况的报
　　告［J］. 电业技术通讯，1956（3）.
［3］关于这一问题，《当代中国核工业》和沈志华的《中苏关系史纲（1917—1991）》
　　有不同的说法。前者说，这个代表团在中国活动期间，向周恩来表示，苏联准备
　　给中国核工业以全面援助；后者的说法是，诺维柯夫代表团回国后，中国便趁热
　　打铁，向苏联提出核工业援助的要求，并很快得到了苏方的支持。后者的说法，
　　根据李鹰翔 2010 年 3 月 12 日给沈志华的信件得之。

出，"因为（一）我们对此既无知识，（二）中央又没有正式决定，故你可先提出第一方案。看他们如何反应。如他们进一步问我们对建造原子堆和筹建各种原料工业如何打算，你再将第二方案提出。总之，你要从如何进行规划上谈出一个眉目"。[1]2 月 18 日，周恩来与李富春、薄一波、刘杰商谈了中国原子能工业的发展问题。四天后，周恩来又就这一问题召集彭真、陈伯达、李雪峰、薄一波、刘杰、李富春到毛泽东处开会。

随后，中国原子能代表团分批到莫斯科进行谈判。第一批是刘杰等人，按照苏联的安排到莫斯科、列宁格勒、基辅等地有关原子能的研究院、高等院校和工厂参观学习。5 月 19 日至 28 日，由钱三强、王淦昌、胡济民、朱光亚、杨承宗等组成的中国代表团开始同苏联经济联络局局长郭瓦尔、副局长斯米诺夫，苏联原子能利用总局局长斯拉夫斯基等组成的苏联代表团进行有关原子能工业援助的谈判。7 月，刘杰、钱三强等向周恩来、陈毅、薄一波、宋任穷汇报了与苏联谈判原子能工业建设的经过、成果及若干项目的规模、完成时间等。7 月 24 日，周恩来主持召开原子能委员会会议，再次听取了刘杰、钱三强等关于此次谈判的汇报，讨论了中苏两国代表团共同商议起草的《关于苏维埃社会主义共和国联盟为中华人民共和国在建立原子能工业方面提供技术援助的协定（草案）》和中国方面的备忘录。7 月 28 日，依据中国原子能工业建设需求及中苏谈判结果，周恩来向毛泽东及中共中央呈交书面报告，对"原子能工业的建设速度与投资问题、技术干部问

---

[1]《周恩来军事活动纪事》编写组. 周恩来军事活动纪事（1918—1975）：下卷［M］. 北京：中央文献出版社，2000：375.

题、保证完成任务应采取的一些措施和成立原子能工业部等提出具体意见"。[1]中央批准了谈判协定，由李富春代表中方签字。

1956 年 8 月 17 日，中苏两国政府在莫斯科签订了《关于苏维埃社会主义共和国联盟为中华人民共和国在建立原子能工业方面提供技术援助的协定》。按照协定，苏联将援助中国建设一批原子能工业项目，并帮助中国组建一个核科学技术研究实验室。但是，关于一些工业援助项目的建设规模、向中国交付设计和设备的期限、苏联设备供应的出口价格等关键问题，协议尚未作出明确规定。

由于中国尚未掌握苏联设备出口的价格，无法计算原子能工业建设的投资，1957 年 1 月 9 日，聂荣臻、宋任穷联名就原子能工业投资问题致电在莫斯科访问的周恩来，请周恩来在苏联摸一下底。对于原子能工业建设规模，电报说："如果我们缩小建设规模，要苏联另外制造一套较小设备供应我国，据苏联专家谈，生产量虽能缩小，但钱减少并不多。因此，从经济观点上看也不合算。如果从国家第二个五年计划紧缩投资考虑，只有从减少建设项目来考虑比较妥当。我们考虑，第二个五年计划只进行科学研究、地质勘探、生产氧化铀和金属铀、建设一个原子（反应）堆和一个生产钚的化工厂，整个投资满打满算约 28 亿，生产浓缩铀 -235 的扩散工厂推迟到第三个五年计划再来考虑。"[2]尽管投资与建设规模产生了一些矛盾，但第三机械工业部在制订第二

————————

[1] 中共中央文献研究室编. 周恩来年谱（1949—1976）：上卷 [M]. 北京：中央文献出版社，2007：605.

[2] 周均伦. 聂荣臻年谱：上卷 [M]. 北京：人民出版社，1999：602.

个五年计划时，还是将在 1962 年之前建成一套完整的、小而全的核工业体系作为原子能事业发展的目标。7 月，鉴于原子能工业发展计划尚未定案，加之难以确定制造浓缩铀后接下来的工作安排，中国政府决定暂缓执行《关于苏维埃社会主义共和国联盟为中华人民共和国在建立原子能工业方面提供技术援助的协定》。

（二）从原子能和平利用到原子弹研制

中国发展原子能事业，以原子能和平利用为突破口，但主要目的之一是为了满足国家安全和国防建设的需要。鉴于中国早期核研究的基础，也受影响于苏联对华核援助的范围，中国原子能事业在起始阶段以原子能的和平利用为主，在核科学研究、铀矿资源勘探以及工业建设方面做了初步的探索。到 1957 年，尽管中国已经为原子能的军事利用做了一定的准备，但是，要真正研制原子弹，还必须进一步完善物质基础，如特殊设施、设备和仪器的配备，此外，还要掌握铀浓缩、原子弹理论设计、爆轰试验等一系列专门且复杂的技术。

时至此时，中国发展原子能事业的战略方针仍然是"自力更生为主、争取外援为辅"。争取核援助，尤其是争取苏联对华核援助向军事领域转变，与其说是一种捷径，不如说是一种智慧。因此，对于将中国原子能事业的主线进一步向军事领域拓展的问题，中国始终没有放松苏联的援助之力，一直在捕捉能够争取到苏联在原子弹研制方面给予中国援助的有利时机。当然，正如 1957 年 4 月 24 日聂荣臻在有关导弹研究与仿制问题的讨论会上所说："目前我们国家要解决三个基本问题：原子能、导弹和航空工业。在这方面，我们需要先摸清苏联对我国能援助多少的底；我们也应考虑有哪些工厂可以担负这些方面的生产。除去力争外援以外，我们要强调自己研究。"[1]一方面，中国并没有计划将原子弹研制完全寄托于苏联人，中国主要依靠的还是自己的力量；另一方面，中国也没有一味地等待苏联在原子弹研制方面的援助，而是在自己力量的基础上积极创造原子弹研制的基础条件。在这里，所谓的基础条件，除了进行核科学研究以外，就是创建原子能工业。原子能工业建设，既是核科学研究的具体实践，更是核武器研制的必要准备。也可以说，原子能工业建设是连接核科学技术研究与原子弹研制的中间环节。从此后中国原子能事业的发展进程来看，中国正是在苏联帮助中国创建原子能工业的过程中，成功地将原子能事业的主线从原子能和平利用转为研制原子弹。

1956年8月，苏联将对华核援助项目延伸到原子能工业领域。这对中国原子能事业来讲是一个积极信号，表明苏联此前只提供核保护但不分享原子弹技术的原则已经开始松动，这其中，最大的突破就是苏联愿意帮助中国建造铀浓缩厂。

事实上，从1956年2月28日毛泽东给赫鲁晓夫的一封复信的附件中可以看出，一开始，中国并没有计划在原子能工业初创之时就请苏联帮助中国建铀浓缩厂。这份附件本是为1956年4月中苏两国就苏联帮助中国建立原子能工业问题进行谈判而准备的，名称叫《供讨论用的提纲》，主要列举了请苏联帮助中国建设原子能工业的项目清单，基本涵盖了核燃料的全部循环体系，却没有提出要建铀浓缩厂。这主要是因为，中国此前对核燃料

---

[1] 周均伦. 聂荣臻年谱：上卷［M］. 北京：人民出版社，1999：607.

循环的认识还有一定的局限性，以为铀-235与钚-239是两条平行的生产线，两者之间没有联系，而且仅就投资和电力需求来预判，中国尚不具备建铀浓缩厂的条件，只能选择钚-239生产线。然而，在中苏谈判的过程中，当谈到核燃料的循环问题时，"苏方介绍：生产浓缩铀-235的原料可以用天然铀，也可以用经反应堆辐照过的乏燃料，提取钚的同时回收的堆后铀。也就是说，一种铀原料可以生产出钚-239和铀-235两种产品"。[1]这就使得刘杰等人意识到，如果没有铀浓缩的环节，不仅铀资源将会造成很大的浪费，而且中国的原子能工业体系也不够完整。

就在中苏两国就原子能工业建设问题进行谈判期间，刘杰又回想起出国谈判前刚看过一份简要资料说，"美国建一座小规模的、日产5公斤铀-235的工厂，只需投资5亿美元"。[2]这个投资，是中国可以承受的，在接下来的谈判中，刘杰便向苏方提出了中国想要建铀浓缩厂的意向。但《供讨论用的提纲》中没有这一项目，苏方事先也没有做这方面的预案，所以，苏方便以此为理由当场婉言拒绝了刘杰。但是，随后几天，在中方的一再坚持下，苏方开始改换口气，认为中国提出的要求合乎逻辑，能够行得通，苏联可以考虑帮助中国建造铀浓缩厂，苏联甚至还提供了几个规模不同的建设方案。在谈到仪器设备的配套问题时，苏联还说他们正好有一批刚换下来的设备，稍加修理便可使用，这样实际上比建造新的仪器设备至少要省一两年的时间。苏方突然转变态度，对于中国谈判代表团来讲是个意外，于是，刘杰、钱三

［1］李鹰翔. "两弹一艇"那些事［M］. 北京：中国原子能出版社，2013：40.

［2］李鹰翔. "两弹一艇"那些事［M］. 北京：中国原子能出版社，2013：41.

强、刘允斌第一时间到中国驻苏联大使馆，向周恩来汇报请示，周恩来当即表示：可先接受下来，回国再研究。

就这样，中苏 1956 年关于原子能工业建设的谈判结果，因苏联答应帮助中国建铀浓缩厂而发生了质的转变。《关于苏联为中国在建立原子能工业方面提供技术援助的协定》明确规定：苏联要帮助中国建设铀浓缩厂。苏联将在气体扩散技术方面给予中国帮助，主要负责工厂的初步设计，与此同时，将会在 1957 年至 1959 年 3 月内向中国交付铀浓缩厂的设备。铀-235 是原子弹的核心装料，在天然铀中提取丰度只有 0.714% 的铀-235 技术对于研制原子弹十分关键。获得浓缩铀，就等于在原子弹研制方面迈进了一大步。因此，当苏联愿意帮助中国建铀浓缩厂之后，中国就开始逐渐酝酿向苏联提出帮助中国研制原子弹的请求。1956 年 10 月，聂荣臻对周恩来说："是不是再和他们谈一谈，让他们援助一下，派一点专家，提供一些资料和样品，由我们自己搞。"周恩来说："可以先找苏联顾问谈谈。"[1]此后，聂荣臻多次向苏联驻华经济技术总顾问阿尔希波夫口头表达了上述意愿，苏联却未作出积极回应。

此时，苏联正在与美英两国讨论禁止核武器试验的问题。1956 年 7 月 16 日，苏联外交部长谢皮洛夫在最高苏维埃会议上提出，为毫不拖延地禁止一切原子武器和热核武器的试验和实验性爆炸，可以"通过美国、苏联和英国政府缔结一个三边协定，随后由其他国家加入这个协定；或者是通过上述政府各自发表正式声明，说它们保证自己不再进行原子武器和热核子武器试

---

[1] 聂荣臻元帅回忆录［M］. 北京：解放军出版社，2005：639.

验"。[1]可以看到，关于禁止核武器试验的问题，苏联的态度非常明朗。但在是否要帮助中国研制原子弹的问题上，苏联却一直犹豫不决，因为如果苏联在这时候答应中国的请求，必然会引起美英对苏联的不信任，进而影响谈判结果。1957年1月14日，苏联在联合国大会上正式提出禁止核试验的提案。3月22日，苏联向中国提交了上述提案的备忘录。苏联建议，到1959年，全面禁止包括运载火箭在内的核武器的生产，销毁现有原子弹和氢弹，并为此建立国际监督机制。苏联处于进退两难的境地，一方面，需要中国的帮助，另一方面，又不能轻易答应帮助中国研制原子弹。

1957年6月14日，苏联驻华大使尤金在与周恩来的谈话中说，近日他同阿尔希波夫、苏联在华原子能专家谈到在北京兴建原子能科学研究中心和中国原子能工业建设问题。在原子能工业建设方面，他们希望同中国负责同志谈中国在这方面的远景规划，以便确定工作步骤。周恩来当场表示同意，中国方面将委托聂荣臻、宋任穷、黄敬同阿尔希波夫等具体商谈。

1957年6月18日，聂荣臻同对外贸易部副部长李强拜访阿尔希波夫，正式提出希望苏联能够在原子弹研制方面给予中国帮助的请求："为了更好地编制我国的第二个五年计划和远景规划，并考虑到在原子能工业方面将来浓缩铀工厂生产铀-235和原子堆生产钚-239后的下一步生产，以及较合理的建立和发展我国的原子工业，生产原子弹、导弹及与此相联系的飞机型号的确定

---

[1] 谢皮洛夫建议缔结苏美英协定　停止核子武器的试验和实验性爆炸 [N]. 人民日报，1956-7-18（5）.

等一系列问题的安排，能取得苏联政府必需的援助，我国政府想与贵国政府进行谈判。"[1]阿尔希波夫说，他本人对此是同意的，但还需要请示苏联政府同意。很快，中国驻苏大使馆商务参赞处就发电回国称："苏联原子能总局希望我国速派代表团来苏商谈有关今后安排问题。"[2]

在收到苏联可能同意帮助中国研制原子弹的信号之后，鉴于《关于苏联为中国在建立原子能工业方面提供技术援助的协定》中"对于制造浓缩铀后，下一步安排问题很不明确"，中国方面决定暂缓执行该协定。7月18日，聂荣臻写报告给周恩来："对于去年8月17日富春同志在莫斯科签订的原子能协定必将做很多的修改，但苏方仍按照协定执行。经与阿尔希波夫同志谈过，为了避免无谓的损失，需由我国政府向苏联政府提出暂缓执行的意见，苏方才能考虑。现代拟一公函送上，请审阅修正后批交外交部发出为盼。"周恩来批示："即送主席、刘（少奇）、邓（小平）、彭（德怀）核阅，拟同意。退外交部办。"[3]

7月22日，阿尔希波夫回访聂荣臻。在交谈中，阿尔希波夫称："他受莫斯科委托，中国方面谈判原子能工业（包括为国防目的）的全权代表团，苏联政府可以随时接待，并圆满答复所提出的问题——如果中国政府提出正式请求的话。"[4]苏联的积极回复，意味着争取苏联核援助由原子能和平利用向原子弹研制转变的有利时机已经来临。聂荣臻立即就苏联核援助的军事转变动态

[1] 周均伦. 聂荣臻年谱：上卷 [M]. 北京：人民出版社，1999：612.

[2] 周均伦. 聂荣臻年谱：上卷 [M]. 北京：人民出版社，1999：613.

[3] 周均伦. 聂荣臻年谱：上卷 [M]. 北京：人民出版社，1999：614.

[4] 周均伦. 聂荣臻年谱：上卷 [M]. 北京：人民出版社，1999：615.

向毛泽东、周恩来并中共中央呈送了书面报告。毛泽东、周恩来当即同意派代表团到苏联进行谈判，并责成聂荣臻负责筹组和谈判的准备工作。7月24日，聂荣臻委托黄克诚召集赵尔陆、宋任穷、刘杰、李强、刘亚楼、王诤、万毅、安东开会，商讨为赴苏联谈判在原子能、导弹、航空方面争取援助致苏联政府的电报及谈判细目的准备问题，商定由第二机械工业部、第三机械工业部、国防部五院、军事电子科学研究院及陆、海、空军分别提出与苏联谈判的细目和要求，限期在7月30日交予安东汇总。汇总后的谈判细目经再次开会研究后，呈交聂荣臻、李富春审定，最终送交阿尔希波夫转交苏联政府。

8月6日，周恩来致电苏联部长会议主席布尔加宁，表示可以由中国政府派代表团前往莫斯科就中国原子能工业建设的规模、原子武器生产、导弹的生产、航空工业的发展、其他工业如何配合、技术援助与干部培养等问题做进一步的商谈。如果苏联同意，代表团将于8月下旬到达莫斯科。当晚，经毛泽东审阅，周恩来签发了与上述电报内容大致一样的中共中央致苏共中央的电报。8月8日，聂荣臻听取了宋任穷有关赴苏联谈判发展中国原子能工业并用于国防目的及其投掷工具等方面，准备向苏联政府提出的谈判内容要目的汇报。同时，聂荣臻还和宋任穷商谈了赴苏谈判代表团的人选问题。当晚，聂荣臻又同安东谈话，同意陈赓参加赴苏代表团，李强以外贸部副部长身份参加代表团，聂荣臻办公室主任范济生为代表团随员。聂荣臻就接下来谈判准备工作的几个细节问题向安东做了交代，例如，"准备向苏联政府提出的谈判细目待我阅后再送交阿尔希波夫""代表团出国经费应由财政部统筹解决""代表团名单及预算拟就后，均需以宋任穷部长名义报周总理批示后办"。[1]

8月13日,《中国政府关于发展原子能工业并用于国防目的及其投掷工具等方面,准备向苏联政府提出的谈判要目》中、俄文各一份,由李强提交给阿尔希波夫,请其转报苏联政府。8月15日,聂荣臻召集陈赓、宋任穷、李强等开会,商议了赴苏联谈判代表团出国前的准备工作、出国后如何分组、代表团的外事纪律等问题,决定由聂荣臻、宋任穷、陈赓、刘杰、万毅组成的中心组负责代表团在苏联期间的日常事务。

8月24日,中国外交部收到了阿布拉希莫夫发来的"苏联同意接待中国原子能工业和航空工业政府谈判代表团访苏"的照会。此时,赴苏联谈判相关工作基本准备就绪。9月3日,赴苏谈判代表团全体人员会议召开。聂荣臻在会上宣布,"经周恩来和中共中央批准,代表团名称为中国政府工业代表团,聂荣臻任团长,宋任穷、陈赓任副团长,李强、万毅、钱学森、刘杰、王净、张连奎(二机部副部长)、刘寅(二机部副部长)为代表团团员,李强兼任秘书长"。[2]代表团共有顾问13人,工作人员8人。为便于谈判和工作,代表团分为原子组、导弹组、航空组、国防组和秘书行政组。会上,李强宣读了代表团的外事纪律和注意事项。聂荣臻特别强调,要遵守纪律,努力工作,力争谈判取得圆满成功。

1957年9月7日,中国政府工业代表团乘专机飞往莫斯科。莫斯科时间18时,专机在莫斯科科努契科夫国际机场降落。中

---

[1]周均伦. 聂荣臻年谱:上卷[M]. 北京:人民出版社,1999:617.

[2]周均伦. 聂荣臻年谱:上卷[M]. 北京:人民出版社,1999:618.

国政府工业代表团受到了苏联部长会议副主席、苏联政府代表团团长别尔乌辛，苏联国防部副部长科涅夫元帅等10余人以及中国驻苏联大使刘晓等的热烈欢迎。9日，中国政府工业代表团全体成员分别拜会了别尔乌辛和苏联共产党中央主席团委员、部长会议第一副主席米高扬。"别尔乌辛说，苏方代表团接受苏共中央交付的任务，任务很重要很艰巨，但苏方将尽量对中国给予帮助。"[1]米高扬说："中国必须掌握原子弹和导弹武器，否则就不能成为真正的大国。"[2]9月10日，谈判按军事、原子、导弹、飞机、无线电5个小组正式展开，中苏分别委任陈赓和科涅夫元帅、宋任穷和斯拉夫斯基、[3]钱学森和道玛尔切夫[4]、张连奎和别良斯基、[5]王诤和晓金[6]为小组长。谈判期间，苏联还安排各小组参观了有关工厂和研究所。

从9月13日聂荣臻同宋任穷、陈赓发给周恩来并中共中央的电报来看，谈判从一开始就进展得很顺利。14日，别尔乌辛向聂荣臻交付了苏联提出的《中华人民共和国政府和苏维埃社会主义共和国联盟政府关于生产新式武器和军事技术装备以及在中国建立综合性原子工业的协定（草案）》（以下简称《协定草案》）。别尔乌辛说，因为中国是苏联最可靠、最可信的朋友，因此，苏联才提出了上述协定，这在苏联外交史上是第一次。对于苏联

---

[1] 周均伦. 聂荣臻年谱：上卷［M］. 北京：人民出版社，1999：619.

[2] 周均伦. 聂荣臻年谱：上卷［M］. 北京：人民出版社，1999：619.

[3] 斯拉夫斯基，时任苏联中型机械工业部部长。

[4] 道玛尔切夫，时任苏联国防工业部副部长。

[5] 别良斯基，时任苏联航空工业部副部长。

[6] 晓金，时任苏联无线电工业部第一副部长。

政府和苏联人民的援助，聂荣臻代表中国政府和中国人民表示
了真诚的感谢，并立即召集代表团全体成员、顾问及译员开会，
认真研究《协定草案》。15 日，聂荣臻、宋任穷和陈赓商议，决
定雷英夫回国，向中共中央汇报谈判进展及苏方准备提供援助
的项目方案。9 月 17 日，李富春、黄克诚、粟裕、黄敬、赵尔陆、
孙志远等共同听取了雷英夫的汇报。受代表团委托，雷英夫还
请示中共中央和中国政府能够原则同意按照苏联所提方案做进
一步商谈。随后，李富春向周恩来并中共中央呈报了雷英夫汇
报内容及与会者的讨论意见。19 日，苏方《协定草案》中、俄
文各一份由莫斯科发往北京，并附电文："我们正在了解各项所
需的投资数目及外汇数目，待大致摸清情况后，拟请宋任穷同
志回国向中央作详细报告。"[1] 20 日，周恩来就谈判问题致电聂
荣臻，他说："苏方这次同意提供的援助对我国国防的巩固和工
业水平的提高都有好处，但是苏方提的还只是些大的项目，细
节问题没有谈，所以目前对苏方的方案难以提出全面的答复。"
为此，周恩来建议，代表团可以在原则同意苏联所提方案的基础
上继续商谈。[2]

　　6 天后，谈判双方就有关项目投资的大致数目等问题达成一
致，由宋任穷回国就此情况向中共中央做一汇报。同时，因苏方
要求有关具体细节的谈判必须等双方在协定上签字后才能继续进
行，因此，聂荣臻致电周恩来并中共中央，建议早日审批双方议

---

[1] 周均伦. 聂荣臻年谱：上卷 [M]. 北京：人民出版社，1999：619.

[2] 《周恩来军事活动纪事》编写组. 周恩来军事活动纪事（1918—1975）：下卷 [M].
　　北京：中央文献出版社，2000：429.

定的协定。29 日，周恩来委托彭德怀、李富春约集刘伯承、叶剑英、粟裕等，听取了宋任穷和张连奎有关谈判初步结果的汇报，重点讨论了投资问题。与会者普遍认为，苏联提出的援助项目符合中国国防建设所需，应该在国家财政允许的情况下把这些项目搞起来，可以在苏联提出的协定上签字，具体细节可在协定签订后再续商谈。至于投资问题，可以想方设法地去解决，例如延长协定期限，或者从其他费用中挤一挤，并且尽量自己制造设备等。此外，宋任穷还谈了研制原子弹的问题："一要找铀矿；二要建反应堆；三是搞浓缩铀厂，这种工厂很费电，苏联明确讲他们有部分用过的生产浓缩铀设备可以卖给我们；四要铀水冶厂；五要搞四氟化铀到六氟化铀的转化厂；六还要搞个锂厂，以后搞氢弹需要锂，苏联表示可以给我们一个锂厂。"[1]10 月 3 日，彭德怀、李富春把上述意见汇总为书面报告呈送周恩来并中共中央。当日，周恩来就对这一报告进行了审阅后批："刘（少奇）、朱（德）、陈（云）、邓（小平）、彭真、德怀、富春各同志：送上富春、德怀两同志意见和协定修改稿，请即阅，以便传阅后再送主席审阅，准备明（四）日下午三中全会休息时确定此事。"传阅后，周恩来连夜又批："主席：现送上关于原子等协定和富春所提意见两个文件，请予审阅后退回，以便 4 日在三中全会开会前一谈，其他同志已阅。"[2]4 日，中共中央就苏方建议的协定以及相关意见进行了讨论。10 月 5 日，周恩来致电刘晓并告聂荣臻：中央同意由聂荣臻代表中国政府同苏方签订苏方提出的协定，签字证书由当

[1] 宋任穷回忆录 [M]. 北京：解放军出版社，1994：341.

[2] 周均伦. 聂荣臻年谱：上卷 [M]. 北京：人民出版社，1999：622.

日返回莫斯科的宋任穷一并带去。

1957 年 10 月 15 日，中苏两国在苏联国防部大楼签订了《中华人民共和国政府和苏维埃社会主义共和国联盟政府关于生产新式武器和军事技术装备以及在中国建立综合性原子工业的协定》（以下简称《国防新技术协定》）。中国政府工业代表团全体成员出席了签字仪式。别尔乌辛和聂荣臻分别全权代表苏联政府和中国政府在协定上签字。协定共五章，分别以军事、原子、导弹、飞机、无线电五个领域的援助为主要内容，共有援助细目 22 条。按照协议规定，苏联政府将在中国综合性原子工业的建立、原子武器、火箭武器、作战飞机、雷达无线电设备的生产与研究、原子武器靶场建设等方面对中国政府进行援助。其中，在原子武器的生产和研究方面，苏联除向中国提供原子弹的教学模型和图纸资料外，还要向中国出售铀浓缩处理所需设备，为气体扩散厂初期开工提供足够的六氟化铀以满足原子弹燃料工业的需求。

10 月 16 日，中国政府工业代表团离开莫斯科，于 17 日回到北京。聂荣臻分别向毛泽东、周恩来汇报了此次谈判的情况。25 日，聂荣臻同宋任穷、陈赓联名向毛泽东、中共中央呈上报告，详细汇报了中国政府工业代表团在莫斯科谈判的经过、结果，并提出了今后有关部门落实《国防新技术协定》应分别做好的各项工作。31 日，中共中央政治局常委会讨论了这个报告，表示原则同意。此后，《国防新技术协定》进入执行阶段。

《国防新技术协定》的签订，标志着苏联对华援助的范围开始向原子弹研制延伸。从援助内容看，在《国防新技术协定》签订之前，苏联对中国核援助一概不谈军事用途，"所有交给中方的文件档案和资料中，均未出现过核武器研制的字句"。[1]但是，《国防新技术协定》则明确提出，苏联要帮助中国研制和生产原子弹。"另外，有关核工业方面的苏联专家，以前虽然是由军队系统负责聘请和管理，但其在华活动，除工作时间外，都是由外国专家局统一安排的。《国防新技术协定》签字以后，所有涉及国防尖端技术的苏联专家再也没有参加过外专局统一组织的活动。"[2]

（三）苏联对华核援助转变动因及成效分析

前文谈到，关于争取苏联的核援助，不论是在原子能的和平利用方面，还是在军事利用方面，中国都做了未雨绸缪的计划和准备。在发展原子能领域，尽管中国一直在积极争取，但是，由于援助项目的极端敏感性和高度机密性，苏联对华核援助在关键技术方面总是让人捉摸不定。可以说，从一开始，中苏双方有关核问题的合作与援助态度就是不对称的，一边是中国的积极迫切的合作态度，一边却又是苏联模棱两可的援助态度。从一开始，苏联的核援助就是有限度的，这为苏联最终毁约停援埋下了伏笔，本文将在下一章对此进行详细的论述。从援助项目的性质来看，苏联对华核援助态度主要有两次重大的转变。第一次，从保守原子秘密向答应在原子能和平利用方面给予中国帮助的转变。关于这一点，本文第一章已有论述，此处不再赘述。第二次，从原子能和平利用方面的援助到帮助中国研制原子武器的转变。在这里，既然谈到苏联核援助的模棱两可，就有必要回答这样一个问题：究竟是什么原因促使苏联答应帮助中国研制原子弹？

---

[1] 沈志华. 苏联专家在中国（1948—1960）[M]. 北京：新华出版社，2009：270.

[2] 沈志华. 苏联专家在中国（1948—1960）[M]. 北京：新华出版社，2009：270.

事实上，中国一直都在积极筹划原子弹的研制工作。研制原子弹，不仅是实现中国国防现代化的必然要求，也是奉行积极防御战略方针的一个重要方面。在 1956 年 3 月 6 日召开的中央军委扩大会议上，彭德怀做了《关于保卫祖国的战略方针和国防建设问题》的报告，指出在核威慑不断的形势下，人民解放军仍要坚持积极防御的战略方针。一方面，要不断加强人民解放军的军事力量，"积极着手研究我国尚不能生产的新式武器（如核子武器、导弹和其他新式武器等）的设计制造问题"。[1]另一方面，要随时应付超级大国的突然袭击，"对于防原子武器、氢武器以及其他新式武器的教育，不仅要在军队中积极进行，而且也要在学校、工厂和城市居民中逐步进行"。[2]1956 年 4 月 25 日，中共中央召开政治局扩大会议。会上，毛泽东指出："我们现在还没有原子弹。但是，过去我们也没有飞机和大炮，我们是用小米加步枪打败了日本帝国主义和蒋介石的。我们现在已经比过去强，以后还要比现在强，不但要有更多的飞机和大炮，而且还要有原子弹。在今天的世界上，我们要不受人家欺负，就不能没有这个东西。"[3]

在这种背景下，以原子能和平利用为突破口，中国开启了钻研原子能的新时期。经过几年的艰苦创业，在核科学研究、原子能工业基础建设方面都取得了一定的成绩。为进一步利用原子

[1] 王焰. 彭德怀传 [M]. 北京：当代中国出版社，2006：336.

[2] 建国以来毛泽东军事文稿：中卷 [M]. 北京：军事科学出版社，中央文献出版社，2010：304.

[3] 建国以来毛泽东军事文稿：中卷 [M]. 北京：军事科学出版社，中央文献出版社，2010：308.

能，特别是将原子能用于国防目的，中国做了大量的基础性工作，并不止一次向苏联表达了想要研制原子弹的意愿。对此，苏联一开始并未给予中国积极的回应。直到 1956 年底，苏联的态度才有所改变。究其原因，应与当时中国在苏联党内斗争中对赫鲁晓夫的支持，以及中国在社会主义阵营中对苏联的支持有很大关系。

在 1956 年发生的波兰危机和匈牙利事件中，中国认为，在当前国际形势下，要以保证苏联为首的社会主义阵营的统一、团结、稳定为核心，坚决排斥和打击一切有可能背离社会主义道路的行为和倾向。波匈事件基本稳定后，为调解苏联与波兰、匈牙利新领导人之间的矛盾，维护社会主义阵营的团结和统一，周恩来应赫鲁晓夫的邀请，率中国政府代表团在莫斯科、华沙、布达佩斯之间进行了近一个月的穿梭外交。周恩来在各地的演讲或发言中，不断强调了以苏联为首的社会主义阵营团结的重要性。在中苏、中波、中匈联合声明及中、苏、匈会谈公报中，也都指出必须坚持社会主义国家关系平等的原则，必须"改善社会主义国家的合作和团结，消除妨碍合作和团结的原因和导致他们之间的严重冲突的原因"。[1]1957 年 6 月，在苏共领导层内部斗争中占得主动权的赫鲁晓夫，为巩固苏联新领导集团在苏联和社会主义阵营中的地位，开始有意拉近与各社会主义国家的关系。由于在波匈事件的处理中，中国发挥了重要作用，因此，苏联尤其重视拉近与中国的关系。事实上，此时，中国在社会主义阵营中已越

---

[1] 中共中央文献研究室编. 周恩来年谱（1949—1976）：中卷［M］. 北京：中央文献出版社，1997：13.

来越具重要影响力。1957 年 6 月苏共中央全会一结束，7 月 3 日，苏联就向各国共产党国家使节介绍了全会的情况，又单独向中国使馆做了通报。苏联驻华使馆还打电话给中共中央办公厅，要求紧急约见毛泽东。7 月 5 日，赫鲁晓夫派米高扬在杭州约见了毛泽东。毛泽东在会面中发表了自己的看法，最后表示，对于苏共中央处理莫洛托夫等人的决定，中共中央政治局已经开会讨论，决定公开支持苏共中央。

1957 年 10 月，苏共领导层又发生了一次大震动：苏联最高苏维埃主席团解除了苏联元帅朱可夫的国防部长职务。朱可夫在军中威望很高，解除他的职务，必然会在党内和国内引起波动。因此，对赫鲁晓夫而言，当务之急是稳定局面。一方面，需要苏联党内和国内的支持；另一方面，还必须得到各社会主义国家，特别是中国的支持。对此，毛泽东主动作出了回应，很快就召见了尤金，表示支持苏共中央的决定。这样，在当时中苏关系所处的援助与合作的氛围中，赫鲁晓夫决定用帮助中国研制原子弹的方式回报毛泽东。

不难看出，苏联对华核援助态度的转变以及范围的扩大，与当时的国际氛围、苏联国内的政治环境有着必然联系。在促使苏联帮助中国发展原子能事业方面，有两个非常重要的因素，一是苏联国际发展战略，二是苏共中央及其领导人的需求。而中国也正是适时把握住以上两个因素，才争取到了苏联的核援助。从这一角度分析，就全局而言，苏联对华核援助其实是一个中苏双方互利的过程。

不论出于何种考虑，苏联在原子能科学研究、原子能工业建设以及原子弹研制等方面，的确给予了中国诸多帮助。中苏在原子能利用方面签订的 6 个协定，外加一项有中苏两国参与的国际协定，"包括核科学基础研究、铀资源普查勘探、铀矿开采与提取、铀转化、铀浓缩、核燃料元件和核部件制造、钚生产反应堆与铀钚分离后处理、核爆炸试验等各个环节，形成了一个比较完整的工业体系，使中国的核科技工业建设从一开始就能齐头并进"。[1] 在中苏《国防新技术协定》签订后的一年多时间里，苏联主要通过派遣核技术专家来华指导工作帮助中国研制原子弹。从对文献资料的讲解，到核燃料及核扩散工厂的选址、设计、设备安装、调试，再到技术工人操作技能的指导，苏联专家都提出了中肯的意见。

在原子防护方面，苏联应中国的邀请派遣专门报告团来华讲授专业知识。1955 年 1 月，苏联代总军事顾问乌尔巴诺维奇在同彭德怀谈顾问工作时说，即将来华检查苏联顾问工作的检查组，可以顺便向中国军队高级干部做一些专题报告。对此，彭德怀表示欢迎。不久，苏联国防部致电彭德怀，说检查组将推迟到秋季来华。彭德怀在回电中提出，中国的防空力量薄弱，难以应付当前存在的核武器的威胁，希望苏联能够在不破坏国防保密原则的前提下，向中国传授一些从战略、战术、城市建设、交通建设等方面防范原子弹、氢弹、原子炮、飞弹的知识，并尽量介绍一些新式武器的性能和防范方法，帮助人民解放军做好应付未来战争的准备。7 月 25 日，苏联国防部将为中国准备的防原子武器专题报告的参考材料送至北京。随后，报告团来华，从 8 月 6 日开始

---

[1] 李鹰翔 2010 年 3 月 12 日给沈志华的信，参见沈志华. 中苏关系史纲（1917—1991）[M]. 北京：社会科学文献出版社，2011：186.

就原子武器及其使用原理，对国民经济物体、大城市和居民地的原子防护组织，现代条件下国土防空的基本原则，海军基地的原子防护等问题做了专题报告，丰富了中国军队高级干部关于原子武器的使用和防护知识。[1]

在核科学研究领域，根据有关协定，苏联将帮助中国研制反应堆和加速器，主要负责提供初步设计方案。这项援助是1954年中苏两国政府即将举行会谈前，经彭德怀、李富春等研究商讨后提出的。1955年5月，工程正式动工，位置在北京西南远郊房山县（今房山区）的坨里。为保密起见，这个基地代号为601厂，1959年改称401所。苏联在这项工程的土建、施工、设备安装和调试启动过程中都派出了专家进行指导。加速器除用于核物理研究外，还用于国防工业和国民经济的很多部门。因此，这项援助已经触及了原子能工业的技术实质，"使我们能在短期内建立起原子核物理学与和平利用原子能的科学试验中心"，[2]为中国原子能事业的发展打开了技术实践操作的大门。1958年9月27日，苏联援建的研究性重水反应堆和回旋加速器正式移交生产。

此外，在原子能的研究方面，苏联还派来了以沃尔比约夫为首的十几位专家到中国科学院物理研究所工作。沃尔比约夫专家

[1] 王亚志回忆，沈志华，李丹慧整理. 彭德怀军事参谋的回忆：1950年代中苏军事关系见证 [M]. 上海：复旦大学出版社，2009：117—118.
[2] 1957年10月30日吴有训副院长在首都科学界庆祝十月革命40周年大会上的报告//中国科学院办公厅编. 中国科学院年报（1957）[M]. 1958：171—172. 参见吴艳等编译. 中苏两国科学院科学合作资料选辑 [G]. 济南：山东教育出版社，2008：69.

组刚到物理研究所时，只有职工 170 人，其中科技人员不到 100 人，到 1960 年上半年，研究所的人数已经增长到 4345 人，其中大专以上文化程度的科技人员 1884 人，其下属核科研单位，也由 1954 年的 5 个研究组发展到 1957 年的 8 个研究室和反应堆室、加速器室两个技术单位。到 1959 年，原子能所[1]名副其实地成为中国第一个比较完整的、综合性的核科学技术研究基地，有研究技术单位 22 个，分别从事 22 个学科、60 个分支学科的研究工作。

对于中国原子能事业的发展，苏联的确起到了助推作用。对此，中国曾作出客观的评价。例如，对于苏联召集成立的联合原子能研究所，中国认为，这是继 1955 年 1 月苏联部长会议宣布在促进原子能和平利用的研究方面给予中国和其他各国以科学、技术和工业上的帮助之后，在世界科学研究工作的新型国际合作上树立的又一个典范。再比如，1957 年 10 月 30 日下午，中国科学院、中华全国自然科学专门学会联合会、中华全国科学技术普及协会联合在北京举行庆祝苏联十月社会主义革命 40 周年大会。会议不仅赞扬了十月革命对中国革命的影响，而且还专门做了题为《苏联对中国科学事业的巨大帮助和影响》的报告。

除科技工作者外，党和国家领导人对苏联的核援助也曾给予了公开的赞扬。在 1958 年 3 月召开的成都会议上，周恩来说："现在世界上只有社会主义国家，像苏联，才能无代价地（除了

---

[1] 即中国科学院物理研究所，1958 年 7 月 1 日，由《人民日报》发表消息，改名为中国科学院原子能研究所，简称原子能所。

纸张费以外）把整个蓝图给我们。凡是它一种定型的东西，包括原子弹、导弹这些东西，都愿意给我们。这是最大信任，最大的互助。"[1]这一评价，反映出当时中苏两国之间的友好往来关系。1957年11月莫斯科会议以后，中苏两国之间出现了大力合作的局面，苏联专家在中国国民经济体系，特别是工业基础的形成方面，发挥了不容忽视的作用。

但事实上，从苏联对华核援助的实施来看，苏联的援助是有所保留的。例如，在核工业技术转让方面，苏联不给中国比较先进的技术。"他们把我们卡得很紧，一片过滤膜掉在地上，也要用吸铁石把它吸走，怕我们拿去仿制。"[2]当时苏联已经掌握了省电的离心机，给中国的却仍然是特别耗电的扩散机；在后技术处理方面，当时欧美都已经采取了先进的萃取技术，给中国的却仍然是落后的沉淀法。苏联专家称，根据上级要求，他们在讲授有关核武器研制的内容时，只能讲以钚为装料的原子弹，不能涉及铀装料的问题。同时，讲课模板只能是苏联1951年爆炸成功的原子弹，不能把比1951年更先进的设计方案告诉中国人。[3]

因此，从创业伊始中国发展原子能始终坚持自主性原则，坚持将立足基点放在自己的力量上。"我们不能老是专一地靠着苏联的帮助，而不努力创造自己的条件。假使是那样，那我们

———————

[1] 杨奎松. 毛泽东与莫斯科的恩恩怨怨 [M]. 南昌：江西人民出版社，1999：480—481.

[2] 刘西尧. 我国"两弹"研制决策过程追记 [J]. 炎黄春秋，1996（5）.

[3] 李鹰翔2010年3月12日给沈志华的信，参见沈志华. 中苏关系史纲（1917—1991）[M]. 北京：社会科学文献出版社，2011：188—189.

会成为苏联的很大的包袱了。我们在中国共产党和毛主席的领导之下，是没有采取那样不争气的道路的。"[1]所以，"我们准备五年搞出原子弹，十年搞出氢弹，苏联帮助我们技术，我们还要想些别的办法，主要靠我们自己动脑筋来搞"。[2]

三、原子弹研制工程扬帆起航

（一）关于禁止使用、制造和试验原子武器的尝试

1955年万隆会议和日内瓦美、苏、英、法四国首脑会议后，世界局势逐渐趋向缓和，要求裁减军备，禁止使用、制造和试验原子武器的呼声高涨。在实行了一段时间的核讹诈政策后，美国高层逐渐开始公开承认核武器的制约性。在1956年美国竞选中，"艾森豪威尔在竞选演说中再一次承认，在核子武器时代'谁也不能取得胜利'，这就等于承认美国原子讹诈政策的破产"。[3]尽管如此，"帝国主义国家还是想到处扔原子弹，我们还是要努力达成禁止使用和制造核武器的协议"。[4]在这一形势下，中国政府一方面开始考虑把国防工业建设的步伐放慢一点，但另一方面仍然强调不能放松原子弹、导弹等国防尖端武器的研制，并积极响应苏联关于裁军和禁止使用、制造、试验原子武器的国际倡议。

---

[1]（郭沫若）在第一届全国人民代表大会第二次会议上的发言［N］. 人民日报，1955-7-22（2）.

[2] 建国以来毛泽东军事文稿：中卷［M］. 北京：军事科学出版社，中央文献出版社，2010：383.

[3] 顾思. 最近国际形势的新发展［N］. 人民日报，1956-10-24（5）.

[4]《周恩来军事活动纪事》编写组. 周恩来军事活动纪事（1918—1975）：下卷［M］. 北京：中央文献出版社，2000：437.

这尤其表现在周恩来的外交工作上。从 1956 年下半年开始，周恩来曾在多个场合公开谈论裁军和核武器问题，表明了中国对待核武器的态度。

1956 年 10 月 20 日，周恩来与巴基斯坦总理侯赛因·沙希德·苏拉瓦底举行会谈。当谈到裁军和战争问题时，周恩来认为，裁军的最终目标是取消军队和禁止制造原子武器。如果美国裁军，苏联和中国就也会随之行动起来，全世界就都会裁军，全部费用和精力就都可用于经济和文化建设。[1] 1957 年 6 月 26 日，周恩来在向一届全国人大四次会议作《政府工作报告》时指出："不断壮大的和平力量终于推动国际形势在总的方面朝着有利于全世界人民争取持久和平、反对战争的方向发展。苏联对于重大国际问题提出的关于裁军、禁止使用大规模毁灭性武器、停止试验核武器、取消在外国的军事基地和撤走在外国的武装部队等合理建议，也是社会主义阵营各国的共同主张。"[2] 9 月 7 日，周恩来接见以华伦·麦肯纳为团长的美国青年代表团，在回答扩军备战政策对世界和平的影响问题时指出，扩军备战，制造和试验原子弹、氢弹、导弹等大规模的毁灭性武器，必然对世界和平不利。中国赞成裁军，停止制造和试验原子武器、氢武器，包括导弹在内，同时主张各国撤销在别国的军事基地。世界要各国一起行动起来，如果要求哪一个国家先做或单独做，世界和平的目的是难

---

[1]《周恩来军事活动纪事》编写组. 周恩来军事活动纪事（1918—1975）：下卷［M］. 北京：中央文献出版社，2000：402—403.

[2] 政府工作报告　一九五七年六月二十六日在第一届全国人民代表大会第四次会议上［N］. 人民日报，1957-6-27（1）.

以保证的。[1]10 月 11 日，周恩来在接见日本恢复中日邦交国民会议理事长风见章和日本恢复中日邦交国民会议访华使节团团长小畑忠良、副团长吉田法晴及全体团员时，又一次提到了苏联的倡议，指出这一呼声已经日渐得到更多国家的支持。10 月 24 日，周恩来与阿富汗王国首相萨达尔·穆罕默德·达乌德举行会谈。当谈到促进世界和平的问题时，周恩来指出，希望联合国在大国中达成裁军协议，尽管中国不参加裁军会议，但也愿意早点把军队减下来。对于核子武器的制造、使用和试验，最好能一切都禁止。一方面，需要非核国家都来反对核武器并且最终取得成功，这将是对和平的最大贡献；另一方面，应该在联合国内外造成舆论，给反对裁军的人和继续进行核武器试验的人以压力，最终达成协议。[2]

　　1957 年年底，国际社会对禁止使用、制造和试验原子武器的呼声更加强烈，中国的态度也随之更进了一步。1958 年 1 月 27 日，尤金拜访周恩来，转告了苏联政府关于在亚洲建立一个无原子武器区的提议，希望就此问题征求中国政府的意见。周恩来认为，这是个很好的提议，如果能建成这个区，"就可以把日本、菲律宾推离美国更远"，也将会得到更多和平人士的支持。经商议，中共中央同意了苏联的建议，认为此举有利于缓和国际紧张局势和反对原子武器战争。2 月 1 日，周恩来接见苏联驻华临时代办顾悌柯夫时告之中共中央的决定，并指出这个建议可以同印

[1]《周恩来军事活动纪事》编写组. 周恩来军事活动纪事（1918—1975）：下卷 [M].
　　　北京：中央文献出版社，2000：428.

[2]《周恩来军事活动纪事》编写组. 周恩来军事活动纪事（1918—1975）：下卷 [M].
　　　北京：中央文献出版社，2000：431—433.

度总理尼赫鲁曾经提出过的扩大亚洲和平地区的建议结合起来。
"在西太平洋建立的这种地区可以包括中国（包括台湾在内）、朝
鲜、日本、菲律宾、南亚各国一直到巴基斯坦和澳洲。在这个地
区内禁止试验和储存核子武器，彼此签订公约，不让外国在这个
地区建立导弹基地、储存或试验核子武器。准备将这个意见告知
印度驻华代办，请报告苏共中央和苏联政府。"[1]当日，周恩来接
见印度临时代办辛格，建议由尼赫鲁总理提出不让其他国家在亚
洲和太平洋西岸国家储存、试验核武器和建立导弹基地，这对世
界和平特别是亚洲和平是一大贡献。此后，尼赫鲁托辛格向周恩
来转达了他的意见，同意为扩大世界的和平地区而努力，但印度
主张在一切地方禁止核武器，如果只在一个特定的地区禁止，就
难免会束缚起自己的手脚。周恩来回应指出，中印两国就扩大和
平地区的基本意见是一致的，希望越来越多的国家和地区能够不
被输入核武器和不建立导弹基地。2 月 10 日，周恩来在一届全
国人大五次会议上讲话指出："中国政府完全支持苏联政府的建
议，即举行有东西方国家以及一些不参加军事集团和执行和平政
策的国家参加的最高级会议；立即停止原子武器和氢武器的试
验；实现在中欧建立无原子武器地区的建议；等等。"[2]1958 年 3
月 31 日，苏联外交部长葛罗米柯在苏联最高苏维埃联盟院和民
族院联席会议上发表了停止原子武器和氢武器试验的声明。[3]

---

[1]《周恩来军事活动纪事》编写组. 周恩来军事活动纪事（1918—1975）：下卷 [M].
　　 北京：中央文献出版社，2000：443.

[2] 目前国际形势和我国外交政策　1958 年 2 月 10 日在第一届全国人民代表大会第
　　 五次会议上的讲话 [N]. 人民日报，1958-2-11（1）.

[3] 人类的福音——评苏联决定停止核武器试验 [N]. 人民日报，1958-4-11（1）.

4月4日，赫鲁晓夫就此事致电周恩来：苏联最高苏维埃已决定从1958年3月31日起单方面停止任何类型的原子武器和氢武器试验，并会就此问题向美英两国政府提出建议。4月13日，周恩来复电表示："苏联政府的决定为普遍停止试验原子武器和氢武器作出了一个实际的开端，在使人类免除毁灭性的原子战争的威胁方面迈出了第一步"，中国完全支持苏联的这一决定。[1]

　　中国一边着手研制原子弹，一边又积极支持苏联禁止使用、制造和试验原子武器的倡议，从表面上看，以上两方面的举动相互矛盾，其实不然。实际上，两者都以维护世界和平为最终目的，只是表现形式不同。尽管中国认为原子战争不会爆发，"原子核武器和洲际导弹的威力，教训了人民要求和平。帝国主义发动世界大战的准备工作并没有做好。所以，今天美国发动战争的可能性并不是大过推迟战争的可能性"；[2]"帝国主义尽管用战争、用原子弹和氢弹来进行威胁，但它还是怕挑起战争"，"如果现代化武器能把整个世界都毁灭，那么战争就不会打起来。因为任何一个发动战争的人都知道，连他自己都会毁灭，他何必打呢！"。[3]然而，从朝鲜战争、两次台海危机美国接连不断的核威慑给中国国家安全带来诸多威胁来看，中国必须对新战争的严重威胁保持高度的警惕，并坚决采取各种措施来增强防御力量，

[1]周总理代表我政府复函赫鲁晓夫主席　支持苏联带头停止核试验　认为美英负有不可推卸的义务，即用行动响应苏联倡议[N].人民日报，1958-4-15（1）.
[2]《周恩来军事活动纪事》编写组.周恩来军事活动纪事（1918—1975）：下卷[M].北京：中央文献出版社，2000：436.
[3]《周恩来军事活动纪事》编写组.周恩来军事活动纪事（1918—1975）：下卷[M].北京：中央文献出版社，2000：451—452.

一个重要步骤就是研制原子弹。中国只有拥有原子弹，才具有对抗有核敌对国家核威胁的关键力量。支持苏联的相关倡议，虽有可能束缚中国研制原子弹的脚步，但如果在这方面达成协议，并且各国都能够遵守协议，就会从根本上消除原子战争的威胁。但问题在于，苏联率先作出停止任何类型原子武器和氢武器试验的决定后，美英等国却始终不愿意就裁军和核试验问题达成协议，反而趁苏联单方面停止试验核武器的时候加紧了核战争的准备，不断制造核战争一触即发的紧张气氛。美国不仅在太平洋地区和美国本土进行了 40 次左右的核试验，还在台湾海峡地区向中国进行军事挑衅，并向台湾派遣配备有核武器的空军部队。[1]对此，苏联政府决定恢复核武器试验。这样一种两极对抗的国际格局，却也在事实上为中国加紧进行国防现代化建设提供了重要时机。

（二）铀矿地质工作全面展开

铀是核工业的最基本原料。正如当年作出核决策时，毛泽东所说："我们国家有丰富的铀矿石，我们也要发展原子能。"研制原子弹，在物质条件的创造方面，首要重点的工作就是铀矿的普查勘探，查明铀资源，勘探铀矿床，提交铀储量。但是，铀矿的形成机理十分复杂，而且分布也很不均匀，很难摸清其规模和品位的变化规律，因此，相对其他矿石，铀矿普查勘探要困难很多。此外，由于铀具有特殊的物理化学性质，尤其是有放射性和有规律的衰变特性，所以在普查勘探铀矿时，除需要采用一般的地质方法外，还必须配备专门的仪器并使用专门的勘探方法和

---

[1] 祝红色月亮上天一周年 [N]. 人民日报，1958-10-4（5）.

手段。

中国有计划、有规模的铀矿普查勘探工作始于 1955 年。找矿初期，由于缺乏经验，在力量的部署方面，除了结合中国的情况和铀矿化线索外，更多的是比照当时世界上已有的铀矿类型及其产出条件。第一批勘探队伍主要安排在中南地区和新疆。1955年，中国组建第一支铀矿地质队伍——309 队，主要负责中南地区的铀矿勘探工作。2 月下旬，由原地质部普查委员会第二办公室负责人刘鸿业带队，中苏两国技术人员及 309 队筹备组共 39人，秘密到达长沙。此前，中共中央已经向湖南省委第一书记周小舟下发了秘密通知。周小舟代表湖南省委在第一时间会见了刘鸿业一行，并表示将全力支持 309 队的工作。同期，另外一支野外找铀专业地质队——新疆 519 铀矿地质勘查队也正在组建当中。为尽快使这两支地区性的铀矿地质管理机构成长起来，中共中央、国务院先后从中央各部委和湖南、江西、广东、广西等省、自治区抽调了近 500 名管理干部和专业技术干部，并从抗美援朝归来的中国人民志愿军中抽调了 500 多名无线电通信兵。仅 1955年 3 月一个月的时间，被选调的干部、无线电报务员以及苏方派遣的专家就已全部集结到长沙。当时许多干部都不知道自己的任务是什么，甚至都没来得及和亲人打招呼，就直接到了新的工作岗位。

1955 年 3 月 25 日，309 队成立，下属 1、2、3 分队。周小舟参加了成立大会并发表讲话。会上，苏联专家布特维洛夫斯基等专门强调了保密和团结等问题。由于普委二办是一个临时的办事机构，1955 年 4 月，专门管理铀矿地质工作的地质部第三局成立，取代普委二办的工作，但仍隶属国务院第三办公室，调公安部二局局长雷荣天任局长，刘鸿业、高之杋任副局长。地质部第三局成立后，主要任务是在苏联专家的指导下，利用苏联的技术，加快找铀进程。与此同时，中共中央、国务院加强了找铀队伍的后勤保障工作，租用北京西苑大旅社两栋大楼，一栋用来办公，一栋为地质部第三局的食堂、宿舍和招待所。

随着专业队伍的集结，以迅速查明中国铀矿成矿远景并尽快落实勘探基地为目标，中国开展了大面积地面和航空铀矿地质普查。为了早日找到工业铀矿床，解决中国铀矿资源有无的问题，地质队员们珍惜每一次勘查机会，从不放过地质上的一条线、一个点、一个露头、一个异常。在踏勘中，在揭露中，在分析评价中，到处都有地质队员们高昂的斗志和艰辛的身影。功夫不负有心人，铀矿地质工作很快就打开了局面。经过1955年一年的努力，共发现放射性异常点200多处，有远景的11处，为核裂变材料的进一步勘查和铀工业储量的提交打下了良好的基础。

1956年8月，在中苏两国签订有关原子能工业建设的协定时，苏方提出了一个阶段性要求：中国必须首先提交500吨以上铀金属储量后，苏联才会继续与中国进行有关援建核工厂时间、规模等事宜的谈判。根据苏联的要求，实际上，也是为了满足中国原子能工业建设对铀资源的需求，地质部第三局提出"扩大普查，加紧勘探"的方针，并对"夺铀开道"工作进行了具体的部署。

第一，大大增加普查的总工作量，扩大普查区域。在1955年铀矿普查结果的基础上，抓紧进行铀矿地表和深层工程揭露评价，即对已发现的铀异常点、矿化点进行重点勘探，根据地质观测资料和物探数据计算出部分工业铀储量，作出能否发现矿床的远景评价并提交铀矿储量。

第二，增加并提高地质部第三局工作人员的数量和质量。"三局的领导成员增至七位，由部级干部任局长，六位副局长均由行政10级、11级和两个高级工程师担任。局机关党、政、技工作处室部门增至21个，所配干部和工作人员多为强者：行政11级的处长4个、12级的10个，其余都为13、14级，15级以下都为一般干部（这足以看出当时重视原子能事业建设的程度）。"[1]

第三，增强铀矿地质勘查力量。1956年，党中央从37个部门和15个省（市、自治区）抽调管理干部、技术干部和技术工人共4754人，分配高等院校毕业生1791人和中学毕业生4200人，充实铀矿地质队伍。1955年下半年之后，地质部第三局又陆续组建了新的铀矿勘查队伍。野外找矿分队增至40多个，分布在全国6个大区。为更好地培养专业人才，还组建了新的地质学校，如太谷地质学校、长沙地质学校等。到1956年底，从事铀矿地质工作的职工总数已增加到2万余人。

第四，加强铀矿勘查队伍的思想政治工作。地质部第三局坚持思想领先的原则，在局和大队设立机关党委，野外勘查队伍配有专职政治副队长，强调要处理好勘查队与地方、思想工作与生产技术、干部与群众的关系。

关于铀矿普查的方法，中国早期主要使用的是单一的伽马法

---

[1] 张斌. 为创建核工业开拓先行——新中国铀矿地质初期忆事[J]. 国防科技工业，2006（9）.

普查。在 1955 年铀矿队伍组建初期，为尽快查明我国铀矿成矿远景，采用了快速高效的航空伽马测量和地面小比例尺大范围的伽马普查。有些难以通行的地区则进行踏勘性的概查，以最大限度地概率控制可查面积。仅局部地区采用了放射性水化学法和射气测量法。采用的探测器一般是苏制技术管，灵敏度较低。航测只能在地形简单的丘陵—低山区作业，有效航测飞行高度为60—80 米。尽管普查方法比较单一，勘探环境异常艰苦，但由于找矿人员发扬了艰苦奋斗的作风，穿越崇山峻岭，攀登悬崖陡壁，找矿成果显著。

1956 年 11 月，309 队第 2 分队找矿员王昌发等，在广东省翁源县下庄贵东花岗岩体接触带发现了新桥、下庄铀矿点，但规模不大。此后，依据 1957 年铀矿地质勘查提出的"巩固提高，重点勘探，适当扩大普查"的方针，309 队第 11 分队找矿员周四宝、顾鼎山又在贵东花岗岩体内部找到了含铀硅化带，经过深部揭露评价，确定该矿点有极大的工业价值。这是中国首次在花岗岩体内发现大型铀矿，因此，称之为"希望"矿床。"希望"铀矿床发现后，铀矿工作者初步总结了花岗岩型铀矿的形成特点和产出规律，确认在我国花岗岩体中有寻找铀矿的良好前景，这就为在我国花岗岩体内进行大规模铀矿普查指明了方向。此后，铀矿地质队员相继找到了湖南衡阳大浦、郴州金银寨和江西上饶坑口等铀矿点，特别是在诸广山岩体中发现的东坑、澜河铀矿床，是花岗岩体中找到的品位最富且有很大工业价值的铀矿床。1958年，地质部第三局正式向国家提供了第一批铀矿工业储量，足以满足原子弹研制工程前期对铀的需求。在当年召开的地质部第三局三级干部会议上，朱德、陈云、薄一波、宋任穷接见了出席会议的代表，对铀矿地质工作取得的可喜成绩给予了充分的肯定。

铀矿地质工作的迅速展开，还带动了中国铀矿找矿仪器的发展。中国铀矿找矿初期，在找矿仪器方面完全依靠进口。据在309队第11分队工作过的杨远煜回忆，当时只有苏联和美国能够制造伽马探测仪，但为了能够更好地展开铀矿勘探工作，中国用了满满一车皮鸡蛋才从苏联换回一台。队员们非常珍视这台宝贵的设备，要求在使用伽马探测仪时要不惜以生命的代价保护设备。[1]为改变探测仪器紧缺的状况，1956年10月，地质部第三局组建了仪器设计所，专门负责研究设计核辐射探测器和核仪器。1957年11月，负责辐射探测器和核仪器生产的上海电子仪器厂建成。此外，华东电子管厂还扩建了用于生产计数管和光电倍增管的专业车间。在上述单位的密切配合下，中国铀矿找矿仪器很快就实现了国产化，有力地支持了铀矿资源的进一步勘查和开采。

（三）核燃料工业的兴建

核燃料工业建设是原子弹研制的重要基础。核燃料工业一般包括铀矿开采、铀的提取与精制、铀同位素分离三个主要环节。

铀矿开采，是把有工业价值的铀矿石从矿床中开采出来。铀矿开采与有色金属开采基本相同。但铀矿石有放射性，一般肉眼很难将矿石和围岩区别开来，加之我国铀矿床大都品位较低，矿体小而分散，形态复杂，其所要求的地质勘探程度超过了中国当时的地质勘探水平，因此，中国在当时尚不具备全程采矿的能力。在这种情况下，必须采取适合我国的铀矿特点的采矿方法，

---

［1］杨远煜口述，王卫斌整理. 我给核武器选铀矿［J］. 文史博览，2010（5）.

把地质工作贯穿整个开采始终，重视降低铀矿石的损失率和贫化率，并采取一系列辐射防护和通风措施。

核燃料生产的一个重要环节即为铀的提取与精制，在中国，专门负责铀的提取与精制的工厂称为铀水冶厂。铀的提取与精制完成之后，就要进行铀的同位素分离。铀同位素分离有多种方法，中国原子能事业发展初期主要采用气体扩散法。

下文将简要梳理以上三个主要环节的工程设计、基本建设情况，弥补以往有关中国第一颗原子弹研制研究中，对核燃料工业建设与发展一带而过，甚至忽略不谈的缺憾。对这段历史进程的概览，有助于我们全面认识中国第一颗原子弹的研制历程，更加深刻地体会原子弹研制工程的专业性与复杂性。

在铀矿地质勘探取得成果的基础上，1956 年 8 月到 1957 年初，党中央先后批准了包括"三矿一厂"在内的核工业建设项目。"三矿一厂"，即湖南郴州铀矿、湖南衡山大浦铀矿、江西上饶铀矿和湖南衡阳铀水冶厂，是中国第一批核燃料工业项目。根据中苏协议，苏联负责这些项目的初步设计，中国负责施工设计。1956 年，为加强铀矿冶的组织领导工作，国务院第三办公室责成冶金部有色金属管理局兼管这些项目。到 1958 年初，由于"三矿一厂"工程项目已完成设计环节，即将陆续开工建设，亟须成立专门的铀矿冶工业管理机构，为此，冶金部成立第三司，由冶金专家孙艳清任副司长，主持全面工作。同年 12 月，冶金部第三司划归第二机械工业部，改称第二机械工业部第十二局。此后，负责中南地区铀矿和铀水冶厂筹建工作的中南矿冶公司，负责铀矿开采研究的新疆矿冶公司、江西矿务管理局、北京铀矿选冶研究所、铀矿冶设计研究院相继成立。

1958 年 5 月，"三矿一厂"工程项目陆续开工建设。"三矿一厂"的建设受到了党中央的高度重视和亲切关怀。为保证"三矿一厂"工程项目的顺利运转，党中央和中央军委特别重视人力资源的保障工作。先是从冶金、煤炭、化工等部门和各省、市、自治区及解放军部队选调干部、工人和官兵，共有一万多人，其中，有技术工人近千名，并以此为主力，组建了一支集铀矿冶科研、设计、施工和生产准备为一体的专业铀矿冶队伍。这支队伍不断发展壮大，先后调进了采矿专家张天保、王镒、沈炳炎，湿法冶金专家王金堂，放射化学专家杨承宗，化工专家杜宝德，建筑专家金家杰等一批高级科学技术骨干。铀矿冶系统的广大职工怀着献身原子能事业的满腔热情，勇于担当，艰苦创业。他们夜以继日地筑路、建房、架线和安装，迅速打开了集中创业的热烈局面。在进行铀矿山基本建设的同时，各矿厂对专业技术人才的培训也非常重视，想方设法帮助工作人员迅速掌握铀矿冶工业管理和科技知识，多次组织职工听苏联专家讲授专业知识，举办各种专业技术培训班，并派出 4500 名技术干部和工人到煤炭、冶金、化工部门学习。

为尽快建成第一批铀矿山，采取了"三边"政策，即边勘探、边设计、边施工，以上三方面的工作可以同步进行并适当交叉。具体来讲，就是不等铀矿地质勘探工作完全结束，只要探明了一定可靠的铀矿储量，或提出中间报告就着手设计矿山建设施工图纸，与此同时，也不需要所有的施工图纸都完成，就可以动土进行基本建设施工了。客观来讲，这种做法为原子能工业项目的建设赢得了时间，但亦有失规范，有时甚至会给设计和施工带来负面影响。事实上 20 世纪五六十年代末期，在建设国内第一批铀矿山时，由于对我国铀矿特点和矿山地质工作的重要作用和任务认识不清，在铀矿山建设方面的确走了一些弯路。例如，湖南大浦铀矿 1 号矿井，在探矿尚不清晰的状况下就布置了 8 个采矿场地，结果只有 2 个能采；再比如，贵州白马洞东部矿床和湖南郴州浦魁堂矿床，都是在尚未完全勘探清楚的情况下，就决定露天开采，最后造成很大的浪费。这些深刻的教训说明，铀矿地质工作在核燃料工业建设中的重要的基础性地位。

1958 年 8 月中国第一座大型铀水冶厂建在湖南衡阳市郊区，正式动工兴建。这是一座区域性水冶厂，其生产建设规模是根据核燃料生产发展的需要以及中南地区铀矿探明储量的多少而确定的。衡阳铀水冶厂原定处理"三矿"的铀矿石，最终制成二氧化铀，但此后，因为江西上饶铀矿含磷较高，不宜在这个厂处理，就又决定在上饶矿区另建一座小型铀水冶厂，[1]生产出重铀酸铵后，再送衡阳铀水冶厂精制。在建设铀水冶厂的过程中，科技人员充分发挥了独立思考、自主创新的能力，在认真学习、消化苏联技术的同时，主要以中国的实际为核心来进行建设。例如，在建厂设计方面，该厂一开始采用了苏联弱碱性阴离子交换树脂做吸附剂。依靠进口，自然省时省力，但是，考虑到工厂建成投产后这种生产原材料的一次装入量和年消耗量达数百吨之多，如果完全依靠进口，就会有很大的经济负担。因此，必须使树脂的供应尽早立足于国内。这是一个重要的战略任务。1958 年，北京铀矿选冶研究所发现南开大学提供的强碱性阴离子交换树脂能用于提炼铀。据此，二机部决定使用国产树脂替代苏制树脂。1958 年

---

[1] 上饶铀水冶厂 1959 年 10 月开始兴建。

12月，铀矿选冶研究所与南开大学合作合成了201×7型强碱性阴离子交换树脂，其容量和强度完全达到了提炼铀的标准。1959年，在化工部的协助下，天津和上海迅速建成了两座树脂生产厂，负责生产201×7型强碱性阴离子交换树脂，满足了衡阳和上饶两个水冶厂投产的需要，解决了树脂依赖进口的问题。1960年8月，中国第一座铀水冶厂开始安装设备。

与此同时，负责铀同位素分离的工厂——兰州铀浓缩厂，也在苏联的帮助下开始建设。中苏两国于1956年8月17日签订的《关于苏联为中国在建立原子能工业方面提供技术援助的协定》中，明确规定苏联要帮助中国建设铀浓缩厂，苏联将在气体扩散技术方面给予中国帮助，主要负责工厂的初步设计，并将会在1957年至1959年3月内向中国交付铀浓缩厂的设备。此后中苏协定一经进入执行阶段，中国就开始调集科技人员、技术工人和干部，进行建厂的筹备工作。首先，成立了一个由8人组成的铀浓缩厂选厂委员会。从1956年10月29日到1957年1月15日，选厂委员会先后在河南、陕西、甘肃、青海省调查了初勘选定的11个厂址的自然条件和经济技术因素。综合考量，认为兰州市郊某地最适合用来建设铀浓缩厂。但是，这个地方早在两年前就被选定建设飞机工厂，且已做了大量的筹建工作。考虑到原子弹研制的重要性和紧迫性，经二机部和三机部协商一致，上报中央军委审批，最终决定在此处建设铀浓缩厂。两厂于1957年9月29日办理了厂址交接手续，原飞机工厂还把部分工程建设项目留给了铀浓缩厂使用，这就为气体扩散厂的建设节约了时间。

但是，就在铀浓缩厂选址工作进行的同时，中国国内经济由于1956年基本建设规模盲目扩大而出现了一些问题。周恩来和陈云及时找出问题所在，提出1957年计划要适当压缩基建规模，合理调整经济比例关系，并采取果断而稳妥的措施，制止经济工作中的急躁冒进倾向。在这一情况下，要不要继续建设铀浓缩厂？一种意见认为，建设铀浓缩厂项目投资大，耗电也大，考虑到国家基本建设的总体规模，这个厂可以不建，或缓建到第三个五年计划。这一意见起先得到了绝大多数人的支持，并在1956年11月30日致函苏联："如果在1957—1959年内供应全部设备，由于在这个时间内投资太集中，我们在财政支付方面存在困难，建议1957年不供应设备，何时开始供应设备，以后另行商定。"[1]建设方案定不下来，具体的筹备工作就难以继续开展下去。随后，二机部多次开会，反复讨论了铀浓缩厂建设的现实与需要问题。"宋任穷、刘杰向李富春、聂荣臻副总理做了汇报，考虑了三种方案：（1）基本维持中苏协定的框架，对某些工业项目的规模和进度做必要的调整和修订；（2）也可以考虑，只搞到氧化铀，矿砂拿到苏联去加工，他们给我们成品；（3）'二五'计划期间，连氧化铀也不搞，只搞科学研究和铀矿勘查。二机部认为，核工业不搞则已，要搞，还是第一方案最为合适。"[2]为了使现实和需求趋于统一，还要保证核工业体系的完整性，经过反复测算商议，最终，二机部决定将铀浓缩厂的建设规模进行压缩，投资减少了60%左右。

1957年10月15日，兰州铀浓缩厂任务设计书完成并获二机部批准。随后，建厂筹备处成立。1958年1月，二机部派专门小

---

[1] 李鹰翔. "两弹一艇"那些事 [M]. 北京：中国原子能出版社，2013：42.
[2] 李鹰翔. "两弹一艇"那些事 [M]. 北京：中国原子能出版社，2013：42.

组赴苏联列宁格勒参加苏方承诺的气体扩散厂的初步设计工作。在苏联专家的指导下，4月，兰州铀浓缩厂厂区全部工号的施工图设计基本完成。5月30日，苏联专家在北京参加了由宋任穷主持召开的气体扩散工厂初步设计审定会。经中苏双方讨论、修改、协商，二机部批准了初步设计书。兰州铀浓缩厂的土建施工、设备安装等工作随即展开。按照当时确定的有区别地引进的方针，凡我国能承担的任务，一律都以国内单位为主承担。气体扩散厂的施工设计由二机部设计院负责；土建施工、设备安装分别由当时的一〇一、一〇三公司承担；厂区的上下水系统由建筑工程部交付设计院设计；连接厂区和生活区的大桥及供电网线路工程，分别由铁道部第一设计院、第三勘查队、第一工程桥梁队和电力部西北电力设计院、甘肃省电力局送变电工程处承担设计和施工。

　　1958年5月，中共八大二次会议后，全国进入生产建设的高潮。铀浓缩厂的建设也进展迅速。在完成了生产准备之后，建设工程陆续开工。根据扩散厂主工艺厂房面积大、建设周期长，而辅助工程项目多，又必须在主工艺工程建成之前完成配套的要求，确定了"先外围，后主体，以主带辅，以辅保主，协调前进"的建设部署。5月28日，苏联通知中国，将自1958年9月到1959年年底分13批提供几种型号的扩散机，要求中国必须在最后截止日期前完成主体和辅助工程，做好扩散机安装的准备工作。为此，5月30日，厂领导在北京召开紧急会议，就加速建设进程作出了总体部署，提出"苦战一年半，边学边干，建成学会"的口号，广大干部、工程技术人员和工人积极投入到工程的施工设计和抢建中。7月，厂区各辅助工号和配套设施全面开工。9月，主工艺厂房也开工建设。为抢建工程，承担施工设计的广大设计人员，深入现场，紧密配合，及时解决施工中出现的问题。由于参加建设的生产、设计、施工和安装单位有机、协调地组织在一起，再加上广大干部、工程技术人员和工人日夜奋战，工程的建设速度超出了预期的设想。然而，1959年下半年，苏联毁约停援的迹象已经非常明显，鉴于此，国庆节后，二机部领导向厂负责人张丕旭、王介福下了命令，要求争取一切力量抢建主工艺厂房，争取按计划把主机运进厂，年底实现主机安装。

对于二机部下达的这一任务，现场负责的苏联专家认为，根本不可能完成。但是，在苏联即将撤援的压力下，必须迎难而上。一经接受命令，先是成立了以王中番为总指挥的现场施工指挥部，并当机立断，缩短战线，集中力量，抢建主工艺厂房，"一切为了安装主机，一切为主机让路"，确保年内安装主机。随后，现场指挥部制定了总体计划安排和详细的工程进度，组织动员建筑、安装、设计、生产部门的全体职工，拧成一股绳，进行总体攻关战。广大干部、工程技术人员和工人顾不得大西北深秋骤然急剧的降温，也不听信苏联专家所谓的"客观"预测，一门心思地抢建工程，一切只为按期完成任务。12月中旬，苏联专家到主工艺厂房查看后，仍然认为主工艺厂房最快也要到1960年初才能完工。但没过几天，12月18日，经过广大职工的艰苦奋战，主工艺厂房抢建成功，为主机安装创造了条件。

中国速度，出乎苏联专家所料，他们立刻到现场查看，并提出意见说，中国的速度是牺牲了质量创造的，比如，厂房清洁度不合格，仅就这一点就不能满足安装主机的需要。随后，工厂当即决定由党委副书记刘喆组织动员1400多人搞卫生。广大干部、工人，不分职位高低、身体强弱，争先恐后进厂房，分工协作搞擦洗，日夜连轴地干了 24 个小时。仅仅一天过去，安装主机的厂房就变得干净、整洁、明亮。当苏联专家再一次进入厂房检查验收时，他们又一次被中国速度震惊了，不得不答应立即向苏联方面催设备、催生产专家入厂。

1959 年 12 月 27 日，首批机组在主工艺厂房安装就位。在时间紧、任务重、压力大的情况下，主机安装的胜利实现，为在苏联专家撤走之前，扩散厂工程的继续进行取得了主动权，对于扩散厂的按期建成起了决定性的作用。

在气体扩散厂建设的同时，原子能所还在北京建设了一个扩散实验室。由于当时苏联的扩散厂根本不接受中国的实习人员，因此，建立这个实验室的直接目的就是为了培训国内的专业人员。该实验室从破土动工到开始安装设备一共用了一个月的时间。在这里，一批技术骨干和专业管理人员接受了苏联专家比较全面的培训，获得了在设备上进行实际操作的技术锻炼，即使在苏联专家撤走后，这里还继续发挥了培训基地的重要作用。

核燃料工业中的铀矿开采、铀的提取与精制、铀同位素分离三个重要环节虽然在原子弹研制过程中程序有先后（见图 3-1），但负责这三个环节的基建工程几乎同时开工，并基本按期完成了生产准备工作，大大加快了核燃料工业的基本建设速度，为原子弹研制赢得了时间。

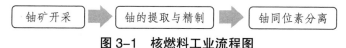

图 3-1 核燃料工业流程图

此外，与核燃料关系密切的环节还有核燃料元件的生产。当浓缩铀 -235 制成后，核燃料在物理性质上已经满足了反应堆的需求，但反应堆有生产、试验和动力等不同用途，因此，一般情况下，核燃料还必须依据反应堆各种性能要求制成一定形状的便于补充更换和燃烧后处理的单元体才能装入堆中。这种单元体就称为核燃料元件。中国于 1956 年作出兴建核燃料元件厂的决定。最先展开的同样是选址工作。第三机械工业部组织了有苏联专家参加的联合选厂委员会承担选厂工作，并于 1957 年初，选定内蒙古包头市郊作为核燃料元件厂的地址。10 月 17 日，宋任穷批准了该厂的初步设计任务书。11 月初，一支由 12 人组成的队伍被派往苏联参加该厂的初步设计工作。1958 年初，中共中央、国务院从全国各地抽调了一批管理干部和技术干部，负责筹建包头核燃料元件厂。6 月，包头核燃料元件厂与华北建筑公司签订工程建设合同。7 月 2 日，生活区工程破土动工。10 月 16 日，厂区四氟化铀生产车间工程开工。为做好生产准备工作，1958 年，包头核燃料元件厂选派了 46 人分两批去苏联进行了相关实习，另一批符合元件厂生产需求的学徒工和转业复员军人也被先后派往东北地区、北京和株洲等地进行技术培训。1959 年 4 月，核燃料元件厂一期工程 21 个子项全部施工图的设计完成，仅仅用了 48 天。

第四章　独立自主攻关会战

中国第一颗原子弹研制之初，曾遇到了一系列困难。一方面，受"大跃进"运动的影响，原子弹研制出现了一些违背客观规律的做法；另一方面，苏联单方面撕毁合约，突然撤走全部在华专家，停止供应设备材料，影响了中国原子弹研制的进程。此后，由于国家经济困难，中央领导层还出现了有关原子弹研制是否要继续的"上马""下马"之争。然而，在党中央的坚强领导下，原子弹研制战线的广大科研人员、技术人员、干部、工人坚定信心，从而使得中国第一颗原子弹研制工程，迅速实现了向完全自力更生的转变。全国各部门、各地方和人民解放军的大力协同，艰苦奋斗，全力突击，胜利实现了争取在1964年，最晚在1965年上半年爆炸中国第一颗原子弹的"两年规划"。

一、走向完全独立自主研制原子弹的道路

（一）"全民办铀矿"和"大家办原子能科学"

1958年1月，毛泽东在《工作方法六十条（草案）》中提出："现在要来一个技术革命，以便在十五年或者更多一点的时间内赶上和超过英国。……提出技术革命，就是要大家学技术，学科

学。"[1]毛泽东认为，技术革命是"赶上和超过英国"的重要工具，只有科技"跃进"了，才能实现工业、农业、商业、文教等各行各业的"跃进"。随后，当"大跃进"运动兴起之时，正是新中国科学技术革命的重要发展时期，从而形成了科技"大跃进"之潮。科技"大跃进"对中国科学技术的很多领域都产生了影响，包括当时中国正在努力突破的尖端技术——原子能。

科技"大跃进"对新中国原子能事业产生了什么样的影响？在回答这一问题之前，需要首先弄清楚科技"大跃进"的模式，因为这决定了科技"大跃进"对原子能事业的影响路径。

1956 年 1 月 14 日至 20 日，中共中央在北京召开知识分子问题会议。会上，周恩来做《关于知识分子问题的报告》，宣布知识分子"已经是工人阶级的一部分"，并提出"向现代科学技术进军"的号召。此后，逐步展开的技术革命采取了"土洋并举"的实现路径。"洋"的方面，就是依靠知识分子，主要是尖端科技人才，发展现代科学技术，实现科学技术的革命性突破；"土"的方面，则号召各个层次的力量，共同钻研现代科学技术，尤其要将群众的智慧和才智发动开来，鼓励群众发明"土办法"。在当时看来，"土办法"是一个"可以更广泛的调动群众，使人人动手"的好办法，"同时，它具有强大的生命力，不仅能解决生产上的关键问题，而且可以制造出尖端产品"。[2]

1958 年 5 月 5 日至 23 日，党的八大二次会议制定了"鼓足干劲、力争上游、多快好省地建设社会主义"的总路线。刘少奇

---

[1] 毛泽东文集: 第 7 卷 [M]. 北京: 人民出版社, 1999: 350.

[2] 曹荻秋. 上海的技术革命群众运动 [N]. 人民日报, 1960-4-9 (9).

在 5 月 5 日的会议报告中提出："党的社会主义建设的总路线是党的群众路线在社会主义建设事业中的应用和发展。把集中领导和分散经营充分地结合起来，把中央的力量和地方的力量、国家的力量和群众的力量充分地结合起来，把大型的事业和中小型的事业、提高的工作和普及的工作充分地结合起来，这一切，不但适用于工业，而且适用于其他经济事业和文化事业，适用于技术革命和文化革命的整个事业。"[1] 在这里，"分散经营""地方的力量""群众的力量"，都是对群众本身及其掌握的技术方法、简易发明等的肯定。可以看到，从这个时候开始，在实现技术革命的可行性路径方面，群众发明的"土办法"已经得到了肯定。

八大二次会议后，科技"大跃进"兴起，全国各条战线都陆续开展了技术革命。6 月 3 日至 5 日，中国科学院北京地区各研究单位 1800 多人举行了"跃进大会"，提出要"以排山倒海之势发起向世界科学高峰的大进军"。[2] 6 月 18 日，《人民日报》发表题为《地方也能大办科学事业》的社论，指出："要使我国的科学工作能够适应社会主义建设飞跃发展的需要，并且在今后十年内赶上世界最先进的水平，仅仅依靠中央、依靠少数研究机构和少数专家办科学事业是远远不够的。正确的做法是：既要靠中央，也要靠地方，既要靠专家，更要靠群众。就是说，要两条腿走路，而不是一条腿走路。只有掀起一个全民学科学、全国办科学的运动，做到中央和地方办科学同时并举，大型科学机构同中

---

[1] 中共中央文献研究室编. 建国以来重要文献选编：第 11 册 [M]. 北京：中央文献出版社，1995：311—312.

[2] 向世界科学最高水平挺进——中国科学院北京地区各研究单位举行跃进大会 [N]. 人民日报，1955-6-8（2）.

小型科学机构同时并举，并且在重点学科和最新技术的指导下大力普及，在普及的基础上逐步提高，科学工作才能够得到迅速的发展。"[1]以此社论为风向标，所谓科技"大跃进"的"两条腿走路""土洋并举"，已经明显偏向"也要靠地方""更要靠群众"的土法路径。相关宣传指出，"土办法"虽然简单，但"在当前技术革命大发展中，一些过去从来没有过的高级、尖端的产品，正在用土办法创造出来，都是构造更简易，效率更高，独具风格的产品、新计划"。[2]

1960年1月，中共中央发出指示："不论哪一种企业，都要进行技术革新和技术革命，都应当根据各自的需要和可能，能洋就洋，不能洋就土，主要采取自力更生的办法，来积极地实现半机械化和机械化。"[3]在这里，强调"主要采取自力更生的办法"，即说明实现科技革命的主要路径已经由"土洋并举"转为"以土为主"。"土法上马，土洋结合，以土为主，土办法大显威风，是这次运动轰轰烈烈开展起来的显著特色。"[4]

总之，20世纪50年代中后期，中国科学技术革命的模式经历了一个由"土洋并举"向"以土为主"的变化过程。在"大跃进"运动兴起的氛围之下，随着科技革命的展开，科学技术的发展进入了"跃进"时期。关于科技"大跃进"，尽管一开始奉行"土

［1］地方也能大办科学事业［N］.人民日报，1958-6-18（1）.

［2］马保发.技术革命的大风暴［J］.群众，1960（9）.

［3］中共中央文献研究室编.建国以来重要文献选编：第13册［M］.北京：中央文献出版社，1996：20.

［4］中共中央文献研究室编.建国以来重要文献选编：第13册［M］.北京：中央文献出版社，1996：226.

洋并举"的路径，而中央也没有明确指出要"以土为主"地进行科技革命，但是，在实践过程中，以群众路线为支撑的"土办法"还是"占据了上风"。当时的观点是："土办法是土生土长的，所以它有更大的群众性，是群众路线的办法。重视以土法为主，就能造成轰轰烈烈的群众运动；群众轰轰烈烈充分发动起来以后，土办法就愈来愈多，愈显出它的威力。"[1]

科技"大跃进"之"以土为主"，为什么会对原子能事业产生所谓的有"威力"的影响？当时"我们能造什么？能造桌子椅子，能造茶碗茶壶，能种粮食，还能磨成面粉，还能造纸，但是，一辆汽车、一架飞机、一辆坦克、一辆拖拉机都不能造"。[2]与世界最先进技术"有直接联系的某些重要科学部门，如原子核物理、空气动力学、电子学、半导体物理学等几乎还是空白，或十分薄弱"。[3]既然是要实现科学技术之"跃进"，那么，目标越是尖端高远，就越能体现"跃进"。早在1956年召开的中共八大上，主管科学技术工作的聂荣臻副总理就从具体的技术层面将技术革命的目标予以微观化，包括"在不太长的时间内掌握原子裂变和热核反应，在各方面利用原子能的最新技术"。[4]1958年，聂荣臻在八大二次会议上所做的《全党抓科学技术，实现技术革命》的报告中再次指出："在动力上，采用裂变原子能和热核反应能作

[1] 曹荻秋. 上海的技术革命群众运动 [N]. 人民日报，1960-4-9（9）.

[2] 毛泽东文集：第6卷 [M]. 北京：人民出版社，1999：329.

[3] 中共中央文献研究室编. 建国以来重要文献选编：第9册 [M]. 北京：中央文献出版社，1994：438.

[4] 中共中央文献研究室编. 建国以来重要文献选编：第11册 [M]. 北京：中央文献出版社，1995：378.

为新的、丰富的能源",[1]是当时世界新兴工业的发展趋势之一。由此可见，从对原子能事业宏观发展的判断到微观任务的确定，都明确将原子能列为中国技术革命的重要任务之一。

科技"大跃进"兴起之后，贯彻"在集中领导、全面规划、分工协作的条件下，中央工业与地方工业并举、大型企业和中小型企业并举"的工业建设基本点，再加上"以土为主"实现技术革命路径的逐步确定，1958年下半年，响应毛泽东提出的"三个大搞"（大搞民兵，大搞原子弹、导弹，大搞造船），[2]二机部先后提出了"全民办铀矿""大家办原子能科学"的口号，后经中央批准，在全国加以推行。

1958年7月8日，中共中央转批了二机部6月30日上报的《关于全民办铀矿的报告》。"全民办铀矿"的目的是"使我国的铀矿工业遍地开花，才能急起直追，在短时间内迎头赶上世界上最先进的国家，从而把我们的祖国建设得更繁荣，更富强"。[3]出版原子能科普丛书，是向普通民众宣传原子能事业的重要方式。1955年年初，原子能事业刚刚创建时，中央就对原子能事业进行了公开宣传，并取得了很好的宣传效果，"使更多的人懂得了发展原子能事业的重要性，造成一个全党全民关心原子能事业的气氛"。[4]借此经验，为更好地推行"全民办铀矿"，一系列有关铀矿的丛书迅速出版，如"全民办铀矿小丛书""找矿丛书""原子

[1] 中共中央文献研究室编.建国以来重要文献选编：第11册[M].北京：中央文献出版社，1995：373.

[2] 张爱萍军事文选[M].北京：长征出版社，1994：224.

[3] 梁基.全民办铀矿[M].北京：科学普及出版社，1958：2.

[4] 不尽的思念[M].北京：中央文献出版社，1987：301.

能知识小丛书"等等。这些专门面向老百姓的丛书，直接影响了此后"全民办铀矿"的实施。

"全民办铀矿小丛书"涉及范围比较广，对原子能和铀矿的关系、如何认识铀矿、如何利用放射性物理探矿法找铀矿、铀矿的精制和冶炼等各方面的内容都做了通俗介绍。

"找矿丛书"主要是一些专门介绍铀矿的通俗读物。例如，由文裔翻译，美国地质学家普罗克托、海阿特、勃洛克写的《怎样找铀矿》。这一时期，美国在非洲进行经济扩张，包括在非洲大肆开采铀矿，因此，中国出版方认为，《怎样找铀矿》在美国出版时，"内容有许多不健康的成分，如以发财致富来鼓励人们去寻铀矿等。像这样的地方以及其他不符合我国国情，没有参考价值的部分，均经删去"。[1]删减过的《怎样找铀矿》内容适合中国现实需要，尤其在第一章"一些动人的事情"中，阐述了科学利用铀矿资源的前景："如果找到了足够的铀，再加上对它放出能量的速度能够进行很好的控制的话，那么人类就可能已经到达了一个理想的世界。"因此，在这样一种设想之下，"铀的寻找者是有一个战斗而光明的前途的"。[2]接下来，该书主要介绍了各种含铀矿物的性质及鉴定特征、铀矿床的成因及其类型、美国铀矿产地的分布情况、在野外进行找矿的方法等等，同时，还普及了盖革计数器、闪烁计数器两种找铀工具的具体原理和使用方法。总体来说，该书建立在作者长期野外工作经验的基础上，叙

---

[1] ［美］普罗克托，海阿特，勃洛克. 怎样找铀矿［M］. 北京：地质出版社，1958：2.

[2] ［美］普罗克托，海阿特，勃洛克. 怎样找铀矿［M］. 北京：地质出版社，1958：7—8.

述通俗，语言简单，并配有大量地图和图解，是一本很好的铀矿知识普及读物。

"原子能知识小丛书"由上海市科学技术协会主编，科技卫生出版社在 1958 年底至 1959 年初相继出版，每本书篇幅在 20 页左右，虽然简短，但是内容丰富，包括铀矿及其勘探、原子能和采矿工业、原子能和生物学、原子能和土建工程、原子能和交通、原子能和纺织工业等等。例如，在铀矿及其勘探方面，不仅介绍了铀矿的种类、特征、生成规律，还介绍了中国铀矿的分布，告诉人们在哪些山区、哪些矿脉中可能会存有铀矿，"我国全面建设，在找石油的钻井中，在煤田的钻井中，在工程的钻井中，在探金属矿的钻井中，都可以找出含铀矿层来，以往未充分利用，真是可惜"，因此，现在"要特别注意去找"。[1]

然而，这类丛书也有弊端。例如，夸大了人的主观能动性，忽略了掌握一门严谨的科学技术的难度。以梁基著，科学普及出版社 1958 年 8 月出版的《全民办铀矿》为例。该书用当时流行的民谣形式说："铀矿选冶并不难，比起钢铁易千万，浮选磁选用得少，放射性选领了先，焦炭高炉都不用，多用纯碱和硫酸，矿用酸碱泡一泡，铀在其中溶得欢，渗滤搅拌皆浸出，焙烧氟化又还原，几个步骤一过去，纯铀金属在眼前，全民办矿齐努力，老牌英国扔在后。"这样，实际上很多人都不知道是怎么一回事的铀矿冶炼，就被简化得似乎很容易操作和掌握。该书还对"全民办铀矿"做了大胆的设想。书中说，如果要建立一个昼夜处理 100 吨原矿石的小型选矿加工厂，从设计到投入生产大约需要三

---

[1] 苗迪青编写. 铀矿及其探查 [M]. 北京：科技卫生出版社，1958：20.

个月。所用的设备除破碎机、放射性测量选矿机等外，还有一些大木桶或陶瓷缸，总投资也就 30 多万元。投入生产后，每天约消耗十几吨硫酸或碱、100 多立升氨水，经常有 100 多个职工就可以维持。以原矿石品位为 1/1000，回收率为 80% 计算，每天可出产 80 公斤铀。全国要办 100 个这样的小厂，每年可生产 2400 吨纯金属铀，照此速度发展，用不了几年就可以超过英国。[1] 在"大跃进"的氛围下，仅仅就是这样简单的口号宣传和图书介绍，很快就将"全民办铀矿"推开了。

"大家办原子能科学"是在 1958 年 9 月，苏联援建的研究性重水反应堆和回旋加速器正式移交生产时提出的。9 月 27 日，陈毅、聂荣臻、林伯渠、张闻天等，以及国家各部门、各人民团体、各民主党派的负责人、解放军首长以及首都科学技术界人士、原子能研究所的工作人员等近两千人参加了移交典礼。专程从苏联赶来的苏联原子能利用总局副局长叶夫列莫夫教授，苏联科学院阿里哈诺夫院士、维诺格拉多夫院士，以及帮助中国建造原子堆和加速器的苏联专家也参加了这个典礼。作为国家验收委员会主任，聂荣臻在典礼上讲话指出：实验性原子堆和回旋加速器的建成和移交，正是适应了工农业"大跃进"的要求，"我们的方针是大家办原子能科学，我们还要建立更多的原子堆和加速器"。[2] 典礼仪式后，陈毅剪彩，大家分批参观了原子堆和加速器，部分来宾观看了中央新闻纪录电影制片厂制作的纪录影片《向原子能

---

[1] 梁基. 全民办铀矿 [M]. 北京：科学普及出版社，1958：19—20.
[2] 党的领导的胜利 中苏友谊的结晶 原子堆和加速器移交生产 [N]. 人民日报，1958-9-28（1）.

时代跃进》。

9月28日，《人民日报》发表社论《大家来办原子能科学》。文章指出，对研究和利用原子能来说，当前的形势和条件都很好。因此，原子能科学能否比较迅速地发展，还要看采取什么样的方针。有两种方针：一种是只请少数权威专家搞尖端，"如果采取这个方针，可以肯定，局面一定是冷冷清清的，若干年内原子能科学纵有发展，其速度也必然很慢。还有另外一种方针，这就是大家来办原子能科学。采取这个方针，原子能科学事业就能很快发展"。[1]

同日，《人民日报》刊登的另外一篇文章《把红旗插上尖端技术的尖端——全国工业展览会原子能馆介绍》也写道："像原子能这样的最尖端的科学技术，也不是高深莫测的，它和其他各项工作一样，可以走群众路线，可以遍地开花，可以贯彻多快好省的方针。"[2]可以看到，"大家办原子能科学"实际就是要采取"洋办法""土办法"相结合的方针，充分利用群众中蕴藏的科学能量，来进行原子能科学的研究和利用，将原子能推广为全民共同的事业。

关于群众中蕴藏的科学能量，《人民日报》做了诸多报道。例如，原子能金工厂工人创造的钳工万能机床；上海达丰第一棉纺织厂工人和技术人员合作，在党委书记直接领导下制造出来的能在十分钟内使原棉直接变成纺织品的联合纺织机；一个没有念

---

［1］大家来办原子能科学［N］．人民日报，1958-9-28（2）．

［2］把红旗插上尖端技术的尖端——全国工业展览会原子能馆介绍［N］．人民日报，1958-9-28（2）．

完初中的青年自己摸索钻研出来的防除白蚁的方法和白蚁生态学说；农业社的青年技术员试验成功的水稻高粱远缘杂交和水稻玉米嫁接；等等。[1]事实上，以上事例在宣传之前，有些并没有经过严格的科学考证，有些甚至明显不符合事实。但是，在科技"大跃进"之"以土为主"的氛围下，群众创造科研成果的案例却能从精神层面激活更多的群众能量，从而在一定程度上推动了原子能事业的发展进程。鉴于中国原子能技术的发展基础以及科技"大跃进"激发的群众热情，时任中国科学院院长的郭沫若在9月27日移交典礼仪式中预期："1956年制定的发展科学技术十二年远景规划草案，包括原子能的研究在内，能够提前五年至七年基本上完成。"[2]这一预期，使得"大家办原子能科学"的口号一经提出，便得到了各省、市、自治区党政领导机关对原子能科学技术的重视，很快，许多城市、学校、科学研究机构都来参与到原子能事业的发展当中。

科技"大跃进"期间，"全民办铀矿""大家办原子能科学"得到了群众的积极响应。在核工业的建设方面，一些由群众发明的"土办法"得到推广。正如1995年8月16日朱光亚在地矿部科学技术大会开幕式上的讲话所言："1964年10月实现首次原子弹爆炸试验，其中就有全民办铀矿作出的宝贵贡献。"[3]"全民办

[1] 祖国科学事业以划时代的速度前进　先进的科学文化强国指日可待 [N]. 人民日报，1958-9-26（6）.

[2] 党的领导的胜利　中苏友谊的结晶　原子堆和加速器移交生产 [N]. 人民日报，1958-9-28（1）.

[3] 全国政协副主席朱光亚在地矿部科学技术大会开幕式上的讲话 [J]. 电子科技大学学报，1995（5）.

铀矿""大家办原子能科学"在一定程度上助推了中国核科学技术研究、核工业建设和原子弹研制的进程。这两个口号，具有很强的现实针对性，是向人民群众进行原子能宣传教育的又一波浪潮。通过这次宣传，进一步奠定了原子能事业的群众基础，人们对原子能的神秘感也进一步消除，并积极投身于核工业建设和原子弹研制当中。

在响应这两个口号的过程中，中国的原子能事业还取得了一些物质成果和技术进步。通过"全民办铀矿"，获得了土法炼铀的重要经验。铀矿石在矿山中开采出来后，在进行下一步的精炼之前，需要在开采现场对其进行粗炼，获得八氧化三铀含量为60%—80%的中间产品，俗称"黄饼"。1958年，正规的铀矿和处理矿石的工厂都还未建成，在这种情况下，为应对研究单位亟须两吨二氧化铀做实验的棘手问题，土法炼铀应运而生。这片"试验田"就在"希望"矿床发现的地方——广东翁源下庄，由地质部第三局副局长佟城亲自到下庄组织土法炼铀工作，用了不到一个月的时间，就建成了炼铀的设施。当然，这些厂房和设施、设备非常简陋。厂房是用树皮、茅草和竹子搭起来的，厂房内并排竖立着几个装有硝酸、硫酸的大木桶，即为炼铀设备。就是在这样的条件下，1958年8月，下庄成功炼出了第一批"黄饼"。

1958年年底，二机部和地质部第三局在下庄主持召开"全民办铀矿"现场会，推广土法炼铀经验。在此后苏联毁约停援、中国铀矿山和铀水冶厂尚未建成的情况下，通过土法炼铀获得的重铀酸铵，为核科学研究和初期的核燃料工业建设提供了原料。实际上，这150多吨"黄饼"就是中国第一颗原子弹的重要原材料，为中国首次核试验成功赢得了主动，争取了时间。

"大家办原子能科学"则为原子能这一新兴学科的发展创造了空间并提供了诸多助力。一方面,原子能事业不再依赖于中央的少数科研单位,许多省、市、自治区建立起了有关原子能的研究机构,许多大学和学院也设置了专门培养原子能科学技术干部的科系或专业。[1]这些科学研究单位有计划地进行了核科学的研究工作,为原子能事业的发展创造了广阔的生长空间。另一方面,有关部门积极参与,使得原子能事业不再局限于专门的科研单位。很多部门相继建立了与原子能技术有关的单位,配合原子弹研制的攻关协作,为原子能事业的发展开辟了多方位的助力途径。

据《人民日报》1958 年 11 月 2 日报道,"大家办原子能科学"还取得了许多共赢的科技成果。例如,"进行原子能科学研究必需的加速器,近二三个月来,北京大学、清华大学、北京师范大学、南开大学、天津大学等校,在苏联专家和有关单位的支持和帮助下,先后设计安装成了十多架"。反应堆方面,"南开大学物理系师生设计和安装成了'南开一号'原子反应堆;清华大学工程物理等系师生完成了一座原子反应堆的设计并作出了施工模型"。[2]再比如,1958 年 9 月中旬,中国科学院武汉分院和武汉大学、华中工学院及有关工厂合作成立中国科学院武汉原子能研究所。该所建成之后,本着边建边干的方针,仅用半个月的时间,就于 1958 年 9 月底制成了一座电子静电加速器。随后,电

---

[1] 钱三强. 我国原子能的和平利用正在大踏步迈进[N]. 人民日报,1959-10-11(7).

[2] 立志攀登光辉的科学顶峰 大中学校师生向尖端科学挺进[N]. 人民日报,1958-11-2(2).

子静电加速器广泛应用于工业、农业和医药卫生方面。在工业上，电子静电加速器被用于重型铸件探伤，其鉴别率大大超过了低能X射线和超声波等探伤设备；在农业上，电子静电加速器加速了农作物的成长，提高了农作物的品种质量；在医疗方面，电子静电加速器被用于治疗癌症。

"大家办原子能科学"还助推了其他学科的发展。这其中，尤其促进了放射性同位素的应用和发展。截至1958年10月21日，中国第一座实验性原子反应堆已经生产出33种放射性同位素，例如，钴60、钠24、磷32、钙45等。以放射性钴60为例，其用途广泛，在医学上可以医治癌症，在工业上可以用于探测金属内部伤痕，在农业上可以用来照射农产品，使之延迟发芽和防止腐坏，以利储存。再比如放射性磷32，可以作为示踪原子，用来研究植物如何吸收营养等复杂问题。随后，在同位素的应用方面，地质、机械、化学、生物、医学、农业等部门都逐渐开始利用放射性同位素。到1959年年底，有148个机构应用了同位素。军事医学科学院、协和医学院、农业科学院、原子能所还举办了同位素应用训练班，培养了一批从事同位素与辐射技术工作的专业人才。

客观来看，科技"大跃进"期间，将"土办法"运用到原子能事业当中，推行"全民办铀矿"和"大家办原子能科学"，号召各行各业、各个层次的人共同钻研原子能，的确助推了中国原子能事业的发展。但是，我们也必须清醒地看到，科技"大跃进"对中国原子能事业的发展也产生了负面影响。

为响应"全民办铀矿"的口号，许多县甚至人民公社都组建了地质队。地质队伍中瞬间就多了成千上万的农民铀矿寻找员。

"专业地质队向农民提供找矿用的闪烁计数器和盖革计数器，并教授农民一些简单而行之有效的勘探方法。短短几个月内，这个'广泛的勘探工作体系'就完成了湖南95%地区的勘探工作。"[1]随之而来的是全民采矿工作，除了几座正在建设的矿厂之外，数万接受了短期矿物采掘和矿物处理训练的农民矿工参与了铀矿开采。据统计，当时全国共有117个小厂矿进行了铀矿开采、冶炼作业，江西、湖南、云南、贵州等20余个省区的农民被动员起来，用土法采矿并冶炼"黄饼"。

"大家办原子能科学"也提出了一些不切实际的任务，起初要求一个省建一个反应堆和一台加速器，眼看不能实现，又改成每个大区搞"一堆一器"，最终也没有办到。为尽快掌握原子能技术，二机部提出的一些设想，实际上也不符合客观规律。时任二机部部长宋任穷在回忆起这段历史时曾说："那个时候我们心急，有些想法和做法不切合实际，曾经提出过如果苏联的样品交得早，原子弹1962年就可以爆炸。"[2]事实证明，这些想法不仅难以实现，而且还给原子弹研制带来了指标过高、要求过急、布点过多、战线过长、损失加大、浪费增多等负面影响。

例如，当数以万计的农民加入"全民办铀矿"的队伍当中后，短短几个月的时间里，非但没有取得大的成果，反而破坏了湖南、广东、辽宁等地的近地表层铀矿石。同时，这些由农民生产队办的矿点，设备简陋，工艺落后，违背了科学精神，不仅浪费了资源，还因缺乏环境保护措施而污染了环境。

---

[1] 施洋. 第一颗原子弹的铀从哪来 [J]. 军工文化，2014（12）.

[2] 宋任穷回忆录 [M]. 北京：解放军出版社，1994：346.

再比如，农民加工"黄饼"的"土办法"，单就制造流程来看，不符合掌握一门高精尖技术所需的严格要求。这种用"土办法"制成的"黄饼"成色各异，有黄色、黑色、灰色，还有暗红色。在当时，这些"黄饼"就像普通食品一样，被农民拿到市场上，等待矿冶局收购。据一位负责收购的干部回忆，他曾在火车站旁边的商店里看到过随意摆放的"黄饼"，而周围的人全然不知道它会产生巨大的辐射。

从 1958 年到 1960 年，"全民办铀矿""大家办原子能科学"推行了三年左右，实际真正的热潮持续了一年多就慢慢降温了。此后，这两个口号带来的问题得到重视，并逐步得到纠正。

按照常理，作为当时世界比较前沿的尖端科学技术，原子能的发展必然离不开严谨的科学和尖端的技术。然而，20 世纪 50 年代末期，中国原子能事业却在实践中引进了群众发明的"土办法"，这并非因为"土办法"在其中发挥了多么大的主体作用，而是因为当时的时代背景助力了"全民办铀矿""大家办原子能科学"的提出和推行。

一方面，从外部因素看，在"全民办铀矿""大家办原子能科学"口号提出和实施的三年中，恰好是苏联对华核援助故意拖延履行核协定并最终完全毁约停援的那段时间。按照 1957 年 10 月 15 日中苏两国签订的《国防新技术协定》，苏联将向中国提供原子弹教学模型和图纸资料。但在 1958 年，苏联却一再拖延履行这一协定。也是在这一年，中国提出了"全民办铀矿""大家办原子能科学"的口号，这无疑符合中国原子能事业"自力更生为主、争取外援为辅"的战略方针，因此，两个口号一经提出便在全国范围内得以推广。随后，1959 年 6 月，苏共中央致信中共中央，表示苏联将不给中国提供原子弹教学模型和图纸资料，而此时，中国已经在"全民办铀矿"的过程中获得了土法炼铀的经验，"大家办原子能科学"也取得了一些技术成果。内外两方面的形势形成的反差，使得中国对群众的力量充满信心。1960年7月，苏联决定撤走全部在华专家，反而促成了中国完全自行研制原子弹的历史性转折。由此可见，1958年到1960年期间，"全民办铀矿""大家办原子能科学"的提出和实施，实际上，逐步明确了中国人要独立自主、自力更生研制出"争气弹"的决心和信心。

另一方面，从内部因素看，"全民办铀矿"和"大家办原子能科学"是在"大跃进"背景下提出的，必然会受到科技"大跃进"的影响。相对以上外部因素，这一影响因素是主要的。早在1958年1月，毛泽东在强调要进行技术革命时，就明确指出：技术革命"当然是经济与政治、技术与政治的统一，年年如此。思想、政治是统帅，是君，技术是士兵，是臣，思想政治又是技术的保证"。[1]这样，"全民办铀矿""大家办原子能科学"自然能够被顺利地推行。此外，在当时的政治语境下，科技"大跃进"突出"以土为主"的直接目的是为了"多、快、好、省"。在原子能领域，只有少数科研工作者和技术人员用常规钻研科学的方式突破尖端，显然难以达到原子能事业"遍地开花"的目的，而且也会经历一段较长时间的钻研才能突破尖端，这就很难满足"速度是总路线的灵魂"的要求，再加之掌握原子能又是一项耗资巨大、所需设备精良的复杂的大规模系统工程，显然，照着常规路径发

---

[1] 建国以来毛泽东文稿：第7册［M］. 北京：中央文献出版社，1992：21.

展又不符合"省"的标准。相对而言,"全民办铀矿""大家办原子能科学"仅从口号上判断,就有实现原子能事业"多、快、好、省"的可能,因此,这两个口号一经提出后,就得到了各省、市、自治区,各行各业人的支持,并得到了较大范围的推行。

(二)苏联毁约停援及其影响

苏联对华核科学技术援助,助推了中国原子能事业的开启,推动了中国原子能科学研究工作,对中国国防尖端技术的发展也有不可忽略的作用。但是,苏联的援助从一开始就有一定的限度,这也导致苏联对部分协议,尤其是与原子弹研制有关的协议的履行,存在故意拖延的现象。按理说,中苏《国防新技术协定》签订后,苏联对华核援助应该经历一个上升时期,但苏联一开始就有意收缩核技术传递。根据协定,苏联应该在1958年底向中国提供原子弹的教学模型,原子弹设计的工艺、图纸资料,以及研制原子弹的生产设备。由于此时西北核武器研制基地土建施工刚刚开始,二机部建议在北京建立核武器研究所(北京第九研究所),专门用来接收苏联提供的原子弹教学模型和图纸资料,同时展开先期的研究和设计工作。1958年7月,中共中央批准这一建议。

据当时在北京第九研究所(以下简称九所)担任保卫干事的马瑜回忆,他到九所保卫科工作,科长赵泽民交给他的第一个任务就是,保障苏联提供的原子弹教学模型的运输安全。"接受任务以后,我就去了西直门火车站,请站长给我们介绍火车站的情况。站长带我们到站台上走一走,看了看,告诉我们哪个是道口,汽车进出口是什么地方,哪个进出口更安全,更方便,跟我们详细说了一下。他只知道是绝密设备,不知道具体是什么东西。接着我们又找西直门火车站派出所所长，跟他谈，我们说从国外进口了一个绝密设备，要保证装卸的安全。派出所所长对我们表示，到时候你们招呼一下，我们全所干警都出动，全力以赴，保证你们装卸安全。社会治安情况我们会做处理，社会上的危险分子我们会控制好。一开始，我们主要是到这个车站调查情况。接着，我们对从西直门到花园路三号这一条线路的情况进行了实地调查。这条线路的情况怎么样？有几处转弯？有多少个居民点？有多少栋建筑？涉及16路公交车有几个停车站？都调查得清清楚楚。当时的工作做得确实很细，连每个路灯、电线杆子都数了。这样，在详细调查研究的基础上，我们作出了接收模型运输安全保卫的工作方案。"[1]

　　然而，当北京第九研究所建成并做好了接收准备后，苏联却以各种借口拖延不给中国提供原子弹教学模型和图纸资料。苏联提出的第一条"意见"是：没有专门储存原子弹教学模型的仓库。为此，全所人员全力以赴抢建工程，用了不到3个月的时间，完成了办公楼、教学模型和图纸资料储存室等建筑。接着，苏联说，核武器研究所的保密设施不符合研制原子弹的要求。中国又按照苏联的要求制定了相应的保密措施，直到苏联的保密专家表示满意后，苏方才于1958年10月复函说："模型及技术资料将于十一月发至中华人民共和国。"但苏联只在1958年12月向中国提交了西北核武器研制基地的初步设计资料，至于原子弹教学模型和图纸资料，苏联仍然拖延提供。

---

[1] 侯艺兵等访问整理. 亲历者说"原子弹摇篮"[M]. 长沙：湖南教育出版社，2014：17.

事实上，计划给中国的原子弹样品及技术资料早在 1958 年 4 月赫鲁晓夫给周恩来致信后就已准备好，装在了 2—3 节加了铅封的车厢里，并派警卫人员日夜守卫。尽管苏联作出了随时可以移交原子弹教学模型和图纸资料的准备，却一直没有下达具体的移交命令。

种种迹象都表明，苏联向中国提供原子弹教学模型和图纸资料的协定可能会成为一纸空文。尽管如此，中国仍没有放弃争取的机会，1958 年底和 1959 年上半年，中国曾两次派相关领导到满洲里中苏边境迎接原子弹教学模型和图纸资料，但每次都失望而归。

面对苏联一再拖延提供原子弹教学模型和图纸资料的行为，中国决定组织代表团专门赴苏就此问题进行谈判。就在中国代表团准备出发时，1959 年 6 月 20 日，苏共中央致信中共中央。1959 年 6 月 26 日，苏联大使馆参赞苏达利柯夫将这封信交给了周恩来。随后，中共中央决定，利用苏联尚未给在华专家下达撤回命令的时间差，采取各种措施，以尽力减少苏联撤援的消极影响。

一是抓紧时间敦促苏联执行已经签订的其他合同。但是，苏联的反应仍然是拖延或直接拒绝。在核武器的研制方面，据 1960 年 2 月 7 日李强从莫斯科转来的王历[1]给刘晓大使的一份报告，苏联有关方面对中国的新技术援助和军事订货出现较为明显的冷淡、推延、拒绝等新的动态。[2]在原子能工业建设方面，1959 年

---

[1] 王历：时任中国驻苏联大使馆参赞，专管军事订货和新技术方面的事务。
[2] 周均伦. 聂荣臻年谱：下卷 [M]. 北京：人民出版社，1999：712.

3月8日，宋任穷、刘杰、钱三强率中国政府代表团赴苏联，商谈和解决有关原子能科技合作的问题，例如，提供六氟化铀的问题等。为了利用机会多争取一些收获，二机部特意在代表团中安排了刘允斌、钱皋韵、张永禄、屈智潜、胡仁宇等几名科技骨干，并交代他们多与苏联专家主动接触，多学多问，尽可能多获取一些信息。但据胡仁宇回忆说，苏联不是很配合这支中国代表团的访问。他说："1960年2月的一天，钱先生在电话里通知我，二机部要准备组织一个代表团到苏联去。要我总结前阶段的科研工作，明确主要关键，查阅苏联文献，看看哪些苏联科学家曾做过类似工作。同时把开展工作所急需，而国内一时还难以解决的设备器材也列出一份清单。让我作为代表团的随员也到苏联去，在临行前，他亲自检查了我们准备工作的情况，并向我们传达了中央关于'自力更生为主、力争外援为辅'的指导方针。要求大家积极主动，通过学术讨论和谈判，取得科技知识和物质上的收获。但到苏联后，谈判并不顺利。经代表团努力争取，苏方才勉强安排我们去参观一些研究所和工厂，组织少数科学家和我们座谈。"[1]

二是于1959年11月和1960年1月，连续两次提出增派军事专家38名，但苏联只答应派遣26名，其他12名不予派遣的专家都与尖端技术有关，包括3名有关核燃料、光辐射理论和基础物理、测量穿透辐射参数的电子物理仪器的核武器专家，5名各型导弹控制系统设计专家，2名导弹控制电用计算机和设计专家，2名遥测设计专家。事实上，对于答应派遣的26名专家，苏

---

[1] 葛能全. 钱三强年谱长编［M］. 北京：科学出版社，2013：314.

联也一直拖延，最终也没有派到中国。

三是趁着苏联专家还没有撤走，组织科技人员向苏联专家对口学习，想尽一切办法获取苏联专家的技术和资料。在九所，1960年6月上旬，朱光亚曾指示技术人员就工艺设计方面的问题请苏联专家答疑。例如，压药工房2000吨压机是压什么炸药？米哈伊洛夫锅是熔化什么炸药？炸药组合件车间是什么样的组合件？结构是什么样？能否给我们画个示意图？等等，一系列有关爆轰试验的问题20多个，但苏联专家一个都没有回答，搪塞说不用急。后来我们又用了"挤牙膏"的办法，大家来回轮番地找苏联专家问与核武器有关的技术问题，千方百计地去打听，边边角角地去摸索，尽可能从苏联专家嘴里"抠"出一些有用的信息和资料。但苏联专家还是守口如瓶，所以大家私底下都叫他们"哑巴和尚"。

四是抢建铀浓缩厂主工艺厂房。12月上旬，中国用了不到20天的时间就抢建好了主厂房，并满足了清洁度的严格要求，耗时比苏联专家在月初查看现场时预计的一个多月少了20多天，迫使苏联不得不按时提供主工艺设备。关于这一点，前文已经做了详细介绍，此处不再赘述。

就在中国努力"抢救"苏联的核技术援助时，中苏关系日趋紧张，这又使得苏联对华核援助的态度更加冷淡，尤其是在1959年10月赫鲁晓夫访华之后，苏联对华核援助就已经开始有冰冻的迹象了。除了拖延和拒绝外，苏联加强了对在华专家的管制，禁止他们提供较新的和关键性的资料和建议。事实上，在核武器研制的援助方面，苏联此前的方针就已经非常谨慎，如今更是雪上加霜，中国方面见缝插针捕捉信息的机会愈来愈少。1960年

7月16日，苏达利柯夫会见外交部副部长章汉夫，面交了《苏联驻华大使馆致中国外交部的照会》。照会指出，使馆受托通知中华人民共和国政府，苏联专家和顾问，其中包括军事专家和顾问，根据他们自己的愿望将从中华人民共和国被召返回国。7月30日，中共中央政治局常委召开扩大会议，专门讨论了答复苏联撤回专家的照会稿。7月31日晚10时，章汉夫向苏达利柯夫转交了《中华人民共和国外交部对苏联驻华大使馆关于召回苏联专家问题的照会复照》。《复照》说：苏联政府未经同中国政府协商，突然于7月16日照会中国政府，片面地决定召回苏联专家，而且不等待中国政府的答复，就在7月25日通知中国方面，自7月28日至9月1日期间撤走全部在华的苏联专家。中国政府认为，苏联政府的这一行动，显然违反了《中苏友好同盟互助条约》，违反了社会主义国家之间友好关系的准则，损害了中苏两国和两国人民的共同利益。[1]"希望苏联政府重新考虑并改变此决定。"[2]

但最终，苏联还是撤回了在华专家。事实上，从1959年夏季开始，就有一些苏联专家以回国休假为名而一去不返。7月6日，在北京核工程设计院工作的包括6名主任工程师在内的8名专家奉命提前回国。7月8日，正在兰州铀浓缩厂现场负责安装工作的5名专家，也毫无征兆地撤走了。到8月23日，在中国核工业系统工作的233名苏联专家全部撤离回国，带走了重

---

［1］张现民. 钱学森年谱：上卷［M］. 北京：中央文献出版社，2015：225.

［2］中共中央文献研究室编. 周恩来年谱（1949—1976）：中卷［M］. 北京：中央文献出版社，2007：336.

要的设备仪表和资料图纸，相关设备材料的供应也随即停止。[1]

尽管中国已有准备，但苏联单方面撕毁合约并撤走专家，还是给中国原子弹研制带来了损失和困难。

其一，在工程建设方面，由于苏联专家突然撤走并带走重要设备仪表和图纸资料，一些即将建成的工程项目因难以继续进行设备安装、调整、试运转等，不得不推迟建成投产的时间，同时，一些尚处在土建施工阶段的工程项目，也因缺乏设备和材料被迫停工。其二，在工程设计方面，虽然苏联已经完成或基本完成了部分项目，但其中仍存有一些诸如资料不完整、技术有疑点、图纸有差错的问题。在这方面，问题的严重性在于，中国的设计人员还未掌握项目的核心技术，很多未完成工程设计的项目不得不中断先头的设计工作重新开始设计。其三，在设备材料方面，苏联只供应了一部分，而且其中一般设备多，关键设备少，就是一般设备大多数也不完整、不配套，按合同规定应提供的设备材料还有 40% 未到货，这其中，多数是关键设备、核心设备以及新型材料。因此，原子弹研制工程中很多项目无法形成生产能力，中国不得不组织国内工厂从头研制，进行配套。

总的说来，苏联单方面撕毁协议，"将在许多方面对中国产生影响，这些方面是：建设项目、科技合作、特种国防技术、和平利用原子能、东欧数国合作的技术、留学生、宣传品、各种国际会议、我们的外交往来、对外贸易等"。[2]其中，特种

---

[1] 李觉等. 当代中国的核工业 [M]. 北京：中国社会科学出版社，1987：32—33.

[2] 中共中央文献研究室编. 周恩来年谱（1949—1976）：中卷 [M]. 北京：中央文献出版社，2007：336.

国防技术主要指原子弹研制，苏联毁约停援的影响波及了工程设计、专用设备制造、新型材料供应以及生产准备等方面。但是，中国第一颗原子弹研制工程并没有因为苏联的毁约停援而中断，相反，中国人坚持要独立自主、自力更生研制出原子弹的热情和斗志被激发出来。"断援后，他们的人都走了，不但打掉了我们在一定程度上还存在的依赖心理和行为，也使我们可以放开手脚干了。"[1]正如毛泽东在 1960 年 7 月 18 日召开的北戴河中央工作会议上的讲话所说："一九一七年到一九四五年，苏联是自力更生，一个国家建设社会主义。这是列宁主义的道路，我们也要走这个道路。苏联人民过去十年中在建设上曾给了我们援助，我们不要忘记这一条。要下决心，搞尖端技术。赫鲁晓夫不给我们尖端技术，极好！如果给了，这个账是很难还的。"[2]

（三）向完全独立自主的转变

苏联对华撤援后，有人断言：中国的原子能工业遭到了"毁灭性打击"，已"处于技术真空状态"，中国"20 年也搞不出原子弹来"。[3]历史有时候确有一种不经意的"巧合"，苏联对中国原子弹研制进程的估计，恰好与当年美国对苏联掌握核武器速度的估计差不多。1945 年，杜鲁门在波茨坦会议上向斯大林透露美国已经掌握了原子弹，或许本是出于战略上的炫耀，反而加速了苏

［1］刘西尧. 我国"两弹"研制决策过程追记［J］. 炎黄春秋，1996（5）.
［2］建国以来毛泽东军事文稿：下卷［M］. 北京：军事科学出版社，中央文献出版社，2010：100.
［3］不尽的思念［M］. 北京：中央文献出版社，1987：319.

联研制原子弹的进程。[1]当时，杜鲁门一直认为，苏联永远也不
会制造出原子弹，即便是退后一步的预测，就算苏联能够制造出
原子弹，也要花 20 年以上的时间。似乎，苏联人把曾经美国人
对他们的"小觑"转嫁到了中国人身上。但是，中国能否掌握原
子弹技术并不以苏联的意志为转移，也不会因为苏联的毁约停援
而发生质变。苏联开始观望，中国却在继续前行。由于苏联的第
一封毁约停援信是在 1959 年 6 月发给中共中央的，因此，中国
第一颗原子弹研制工程被定名为"596"工程，表达了中国要独
立自主地研制出原子弹的决心和信心。苏联的毁约停援，最终促
成了中国自行研制原子弹的历史性转折。

第一，战略方针的转变。苏联毁约停援后，宋任穷曾说：
"天要下雨，娘要嫁人，我们要有思想准备，完全、彻底自己
干。"[2]为尽可能少地影响原子弹的研制进程，中共中央从 1959
年 6 月就开始调整原子弹研制的战略方针。二机部党组连续召开
了几次会议，详细分析了原子能工业及原子弹的研制情况，讨论
了可能出现的困难并提出了相应的对策方案。1959 年 7 月 4 日，
宋任穷将二机部党组讨论的结果向正在庐山开会的聂荣臻写了报
告。看过报告后，聂荣臻嘱咐秘书发出通知：等庐山会议快结束
时，请宋任穷、刘杰和万毅来庐山汇报这一问题并提出解决方案。

---

[1] 对于斯大林在获知美国拥有原子弹之后的真实反应，据出席波茨坦会议的朱可夫
元帅回忆："当斯大林会后返回住所，就在我在场的情况下，跟 B. M. 莫洛托夫
谈到与杜鲁门这次谈话的内容。B. M. 莫洛托夫听后说：'他们是想抬高身价。'
斯大林发笑说：'让他们抬高身价好了。应该告诉库尔恰托夫加快我们工作的进
度。'我知道，他指的是原子弹。"资料来源：洪科译，格·康·朱可夫. 回忆与
思考：下 [M]. 北京：生活·读书·新知三联书店，1972：1222.
[2] 宋任穷回忆录 [M]. 北京：解放军出版社，1994：350.

15 日，宋任穷、刘杰、万毅到达庐山，当日便向聂荣臻做了汇报。16 日下午，聂荣臻同彭德怀一道听取了宋任穷的报告。宋任穷指出，一方面，我们要自己抓原子弹研制工作；另一方面，还要谴责苏联单方面违反协定，继续催促他们履行合同。宋任穷还向周恩来呈上了一份由刘杰起草代中共中央拟给苏共中央的复信稿，周恩来说："中央研究过了，我们不理他那一套。他不给，我们就自己动手，从头摸起，准备用八年时间搞出原子弹。"[1] 随后的一年，苏联的核援助可以用半将半就、拖拖拉拉来形容，对此，中国一边抓紧时间继续争取援助，一边更加注重将原子弹研制的基本立足点放在自己的力量上。

1960 年 7 月 3 日，聂荣臻就立足国内发展科学技术等问题向中共中央并毛泽东写了报告。报告认为，由于中苏关系发生了新的变化，中国应该用新的方针和做法来解决科学技术上的若干问题。7 月 11 日，周恩来在这份报告上批语："独立自主，自力更生，立足国内。"[2] 中共中央对原子弹研制战略方针的转变，为应对日后苏联的彻底毁约停援做了思想准备。当 1960 年 7 月 16 日中国政府收到苏联决定撤走全部在华专家、中断同中国签订的所有协定和合同的照会后，二机部党组立即召开扩大会议，专门讨论核武器研制的任务。会上，宋任穷指出：我们的指导思想，全部立脚点应放在自力更生上，要轻、重、缓、急排队，要扩大协作面。随后，中国原子弹研制迅速转向完全的"独立自主，自力

---

[1] 宋任穷回忆录 [M]. 北京：解放军出版社，1994：352.

[2] 中共中央文献研究室编. 周恩来年谱（1949—1976）：中卷 [M]. 北京：中央文献出版社，2007：330.

更生，立足国内"。

第二，组织和工作方法的调整。苏联毁约停援后，中国原子弹研制工程重点项目不仅没有停下来，反而加快了建设速度。根据中共中央"独立自主，自力更生，立足国内"的方针，二机部党组就如何全面独立自主地研制原子弹展开了讨论，形成了一系列对策部署。1960 年 8 月 9 日，二机部向下属单位发出"为在我国原子能事业中彻底实行自力更生方针而斗争"的电报指示，要求全体职工坚决响应党中央"奋发图强、自力更生"的号召。在原子弹研制一线的广大科研和技术人员、干部、工人看到这个电报指示后，表示要奋发图强，钻研技术，埋头苦干，一定要自力更生地研制出一颗"争气弹"。

8 月 25 日，二机部党组召开扩大会议。会上，宋任穷讲了苏联毁约停援后二机部的形势和任务，再次强调二机部的工作进入了全面自力更生的新阶段，必须从思想上、组织上、工作方法上要有所转变，以适应新的形势。刘杰也认为，从当前来看，各方面的工作确实有一些困难，但从长期来看，苏联毁约停援是一件大好事，形势倒逼我们要更加脚踏实地、自力更生地发展原子能事业、研制原子弹，今后我们的工作重心就是集中力量攻克技术关。1960 年 8 月和 12 月，二机部两次召开有各厂、矿、地质大队和各科研设计单位领导干部参加的工作会议，分析了苏联毁约停援后中国原子能事业的发展形势。在 12 月召开的工作会议上，二机部提出了"自力更生，过技术关，质量第一，安全第一"的工作方针，指出要高度集中地使用有限的技术力量，围绕技术难关实行总体战。

1960 年 12 月 26 日，聂荣臻在国防工业系统三级干部会议上就军工生产问题发表讲话。聂荣臻说，在工厂内部要实行领导干部、工人、技术人员"三结合"的办法。"我们的尖端技术，只能是依靠我国自己的工人和专家。领导干部要善于使用他们，从政治上和技术上培养他们，提高他们，发挥他们的积极性和创造性。"[1]聂荣臻的这一讲话启发了二机部。其一，实行"三结合"以过技术关。为改变以往为配合苏联专家工作而导致的互相割裂的组织形式与工作方法，二机部决定采取领导、工人、技术人员"三结合"的方式，并根据原子弹研制进展实行科研（设计）、基建、生产"三结合"的方式。其二，减少技术干部的非技术性工作和活动。当时，大部分部门都存在对专家和技术干部使用不当的现象。有些技术干部不仅要从事科研工作，还身兼行政工作，有些单位把专家当技术员使用，让专家干粗活，有一些专家还被派去参加农业劳动。要改变技术干部的使用形式，减少专家和技术干部的非技术性工作和活动，让他们集中精力进行原子弹技术攻关。其三，确保质量与安全。国防尖端技术需要大量的进口设备，其研制材料也非常特殊，从运输、保管到安装调试运行，都要精心组织，谨慎行事。其四，慎重对待重大技术问题的研究，坚决贯彻"摸着石头过河，稳扎稳打"的精神，一切都要建立在实验的基础上，不打无把握之仗。

第三，科研工作的调整和加强。在研究力量的安排方面，应二机部请求，1960年3月，从中国科学院和全国各地区、各部门向九所选调了包括程开甲、陈能宽、龙文光在内的106名高中级科学研究和工程技术骨干。同年10月，九所在基本构建

---

[1] 周均伦. 聂荣臻年谱：下卷［M］. 北京：人民出版社，1999：752—753.

方面做了一次大的调整，增建科学研究和实验楼各一座、加工车间一个以及其他相应的设施，设立理论物理、爆轰物理（分管实验部，代管当时在原子能研究所工作的同志）、中子物理和放射化学（主要在原子能所搞研究）、金属物理、自动控制、弹体弹道 6 个研究室，成立非标准设备设计室和建筑工程设计室各一个。为加强研究室的学术领导，1961 年 3 月，原子能所决定将各科学技术单位按照"线"成立科学技术领导小组，共有 6 个小组，分别是：物理线科技领导小组、反应堆线科技领导小组、中关村分部科技领导小组、化学线科技领导小组、电物理线科技领导小组、生物防护线科技领导小组。

这时候，中苏关系发生的变化，给在苏联工作的中国人带来很大的震动。"在苏联杜布纳的联合核子研究所里约有 50—60 位中国学者，都为这一巨大转折所震惊。"[1]大家纷纷表示，要回国从事核科学技术的研究工作，以填补由于苏方撤退专家而造成的科技人员的空缺。1960 年 11 月中旬，钱三强以中国政府代表的身份，赴苏联出席杜布纳联合原子核研究所 12 个成员国政府全权代表会议。会后，钱三强约见了在杜布纳访问的部分中国学者，并向他们介绍了党中央对发展核武器的有关决策，以及目前国内正在进行的技术大会战的有关情况。据周光召回忆："我是 1961 年 2 月奉召归国从事'两弹一星'研制工作的。此前我在前苏联著名的基础理论研究基地杜布纳'联合原子核研究所'从事高能物理学的研究。当时中苏关系已破裂，去留问题很现实地摆

---

[1] 何祚庥. 回忆三强同志在原子能科学技术中的重大贡献 [J]. 自然辩证法研究，1992（8）.

在了我们面前。恰在此时，著名物理学家钱三强先生赴苏，与我进行了一次长谈，就我国如何发展核武器谈了自己的观点。这次谈话对我影响很大，使我知道了党中央发展核武器以加强国防建设的紧迫性和重要性。我决定回国，将自己投身到'两弹一星'的研制中去。"[1]随后，周光召就向钱三强递交了回国参加实际工作的报告，同时交报告的还有何祚庥和吕敏。钱三强十分高兴地接受了他们的报告，并表态说，会尽快安排他们回国。这不仅是单纯的回国，是要回国从事重要工作，必须要经过严格的政治审批。由于吕敏是原子能研究所的助理研究员，他的父亲是著名语言学家吕叔湘，因此，不论从家庭出身、社会关系来考察，或从实现工作调动的可行性来看，吕敏回国参加原子弹研制工作都不会有什么困难。何祚庥曾在二机部系统内工作，回国继续安排工作也在情理当中。唯独周光召，由于其社会关系比较复杂，当时是在北京大学工作，回国后到九所工作就需要经过严格的政治考察，还要和北京大学协商调动工作的事宜。在对周光召的情况做了详细了解和考察后，11月25日，钱三强从莫斯科发电报给刘杰，推荐周光召到核武器研究所做理论设计工作。经各方协调，周光召于1961年2月回国投入到原子弹的研制工作中。

其他方面的科研工作者，也先后被调至九所工作。这批选调来的科研和工程技术骨干，很多都是第一次接触原子弹，为了国家安全和国防现代化建设，他们毅然放弃了从事多年的专业研究和技术工作，在新的岗位上，会同先期参加原子弹研制工作的朱

---

[1] 科学时报社编. 请历史记住他们——中国科学家与"两弹一星"[M]. 广州：暨南大学出版社，1999：135—136.

光亚、邓稼先等人，带领一批新分配到九所的大学生，在简陋的条件下，展开了原子弹的理论研究和实验工作。此前集中了较多核科学研究人才的原子能所也在工作安排上做了一些方向性的调整，配合九所进行了原子弹的研究设计、原子弹某些部件加工过程的物理检验、各种放射性测量方法及标准的建立等工作。此外，原子能所还协同铀矿选冶研究所为工厂、矿山建设进行技术攻关，在工艺流程和各种技术参数的确定、生产运行人员的培训、核燃料分析方法的建立等方面做了大量工作。为集中力量研制原子弹，中国科学院调动了将近1/4的力量从事与原子能有关的工作。据宋任穷回忆，当时大家的干劲很足，他曾鼓励大家："人家预言我们搞不成，我们要争口气。你们都是搞流体力学和空气动力学的，你们的任务就是要把这口气变成动力，把我们的事业搞成功。"[1]

以"独立自主，自力更生，立足国内"为基本立足点，中国原子弹研制在组织机构、工作方法以及科研力量方面作出转变和调整，为中国核武器的发展开创了一条全面自力更生的、有中国特色的道路。从此，中国原子弹研制走上了完全独立自主的道路。然而，如何缩短原子弹研制进程？原子弹研制各方面的具体工作该如何继续？哪些细节工作需要特别安排和加强？一系列问题都亟待尽快解决。

1961年1月13日，在中共中央八届九中全会上，毛泽东号召全党要大兴调查研究之风，1961年要成为实事求是年。当天下午，聂荣臻便召集科学口各单位负责人开会，传达了毛泽东的讲

[1] 宋任穷回忆录[M]. 北京：解放军出版社，1994：354.

话精神。他要求各单位要认真贯彻毛泽东的指示，做好调查研究工作，做到情况明、决心大、方法对。1月21日，聂荣臻针对原子弹研制工作，向前来汇报的刘杰强调，调查研究对于二机部来讲意义重大，"二机部今年的基建投资没有减，但步子要放慢些。没有摸清楚的，没有把握的项目不要上，不要赶进度。原子能工厂不同于一般工厂，一出问题危险性很大。你们要彻底检查，摸实在，抓工程质量。这样有好处，这实际上是快"。[1]领会这一讲话精神，二机部认为，应该首先查清原子弹研制工程存在的问题，这样才能有针对性地提出对策。经研究，二机部提出"摸清底细、站稳脚跟"的口号，派出由部、局领导率领的十几个工作组近500人，到各下属单位蹲点，进行实地调查研究，彻底检查了几个重点建设单位的工程质量。

通过调查，摸清了底细，但也发现了一些问题。例如，在二机部副部长袁成隆的带领下，一个由20多个专门小组组成的检查组全面调查了兰州气体扩散工厂主工艺及辅助系统的施工安装情况。调查组发现，该厂主工艺的设计合理，主体结构的施工质量符合要求，主要设备齐全，但也存在不少问题，具体统计了一下，包括大大小小的问题1395个。对此，二机部认为，问题不管大小，一定要着力及时解决。针对工程质量问题，二机部本着"质量第一、安全第一"的原则进行了严肃处理，有些甚至要求直接返工，及时纠正和扭转了工程建设中的质量偏差，消除了质量隐患，加强了质量观念教育。二机部的做法得到了聂荣臻的认可。他说，对于原子能工业建设中发现的工程质量问题，"你

---

[1] 周均伦. 聂荣臻年谱：下卷［M］. 北京：人民出版社，1999：760.

们能马上改,这是件好事。与其建成后返工,倒不如现在改。不然,不仅造成浪费,而且耽误时间"。[1]与此同时,核工业系统各单位还普遍开展了"清力量、清资料、清设备、清材料"的工作,对本单位的工艺和生产特点作出具体分析,为按照实际进行建设和管理提供了依据。

通过开展调查研究、摸清底细的活动,二机部对原子能工业建设有了一些规律性的认识,同时,也探清了原子弹研制中一些需要立刻解决的问题和一些需要重点对待的细节。1961 年 5 月 8 日,二机部向中共中央呈送了《关于当前若干问题的请示报告》,详细汇报了原子能工业的建设情况、原子弹研制存在的困难和问题,并提出了相应的建议和请求。5 月 20 日,聂荣臻召集刘杰、李强等开会,讨论了原子能工业建设问题,针对原子弹研制中存在的困难和问题,聂荣臻提出以下建议:第一,要在科学研究领域发扬协作精神,特别要加强二机部和中国科学院的协作关系,一方面,二机部要很好地利用中国科学院的研究力量;另一方面,中国科学院也要明确为二机部服务的思想。第二,对于二机部提出的拨几个技术条件较好的中型工厂作为专用设备仪表制造骨干工厂的问题,可以考虑在不改变建制的前提下,采用固定协作的办法,相关工厂优先为二机部服务。第三,可以考虑拨一个综合医院配合二机部展开放射性卫生和医疗防护工作。二机部也可以直接与军事医学科学院建立联系,请他们承担相关的研究工作。在聂荣臻的建议下,二机部主动与相关单位取得联系并得到了这些单位的积极配合。此后,核科学研究、专用设备仪表制造、

---

[1] 周均伦. 聂荣臻年谱:下卷 [M]. 北京:人民出版社,1999:777.

放射性卫生与医疗防护等工作有了明显的起色。针对其他一些尚未解决的问题，如工程项目赶不上进度，较为严重的科研工作缺员等，聂荣臻说："无论如何二机部的工作不能松劲，有些厂、矿的人员可以减少的，可减一些。可以考虑调一些工兵部队去抢建一些工程项目。需要多少兵力，请与张爱萍副总长研究。科学技术战线现在面临着攻坚，在坚固堡垒面前，万不可退缩。"[1]至于科研缺员的问题，要请钱三强直接抓研究所，争取多培养一些合格的核科学研究人才。

1961年7月16日，在综合考虑二机部的请示报告以及近几个月工作情况的基础上，中共中央作出了《关于加强原子能工业建设若干问题的决定》。[2]具体措施如下。

第一，加强原子能工业的技术力量和领导力量。抽调一批高级科学研究人员、工业技术骨干和行政领导干部，充实原子能工业建设队伍；责令西安交通大学、清华大学工程物理系等相关科系，专门培养原子能工业建设所需的专业干部；由工业部拨给二机部一个技工学校、一个中等技术学校和一个竖井队。第二，加强原子能工业建设所需设备及仪表的生产、试制和配套。挑选几个基础较好的机械、仪表工厂专门服务二机部，并指定一批工厂在安排生产任务时，应首先满足原子能工业建设的需要；二机部应该筹划扩建和新建必要的专业性工厂。第三，关于卫生和防护医疗问题。在卫生部建立放射卫生医疗防护管理局，开展原子能工业的防护卫生工作；选调一批科研、医疗技术骨干到原子能工

［1］周均伦. 聂荣臻年谱：下卷［M］. 北京：人民出版社，1999：783.

［2］李觉等. 当代中国的核工业［M］. 北京：中国社会科学出版社，1987：41.

业系统；建立原子能工业职工医院，在建成之前，指定北京一所医院专门接收原子能工业系统的伤病人员；保证原子能工业系统工作人员能够适度轮换疗养，并划拨一所专门的疗养院；切实保证核工业医疗单位的药品和医疗器材的供应。第四，为了保密和保证运输及时，将原子能工业系统的物资运输一律列为军运。《决定》最后要求二机部"加倍努力，加强协作，战胜困难，完成原子能工业建设的任务"。

中共中央《关于加强原子能工业建设若干问题的决定》，从原子能工业建设全局出发，又特别针对原子弹研制，完善了原子弹研制工程的组织系统，推动了各有关方面对原子弹研制的支援。各有关部门都以大局为重，发挥社会主义大协作精神，从人力、物力、工作安排上积极配合原子弹研制，增强了原子能工业系统战胜困难，尽快研制出原子弹的信心。

二、实现原子弹研制质变的全力突击

（一）原子弹研制"上马"还是"下马"？

中国走上完全独立自主进行原子弹研制的道路后，还引发了一些认识方面的争论，例如，有关原子弹研制成本与收益的比例问题，原子弹研制所需条件与国家客观现实之间的矛盾问题，等等。这些问题总体归纳起来就是，当时国家经济还很困难，科技力量、工业基础难以与原子弹研制要求相匹配，又遭遇了三年困难时期，再加上"大跃进"导致的国民经济比例失调，以及苏联毁约停援，在这种情况下，围绕是否要继续研制原子弹形成了尖锐的矛盾。对这一矛盾的争论先是在国务院有关经济的部门中展开，逐渐蔓延到有关部队，最后扩散到了全国科学界。

一方反对继续搞尖端武器装备，这主要是从国民经济发展的考虑出发。他们认为，目前继续研制原子弹困难太多、太大。一边是苏联的毁约停援，尖端武器装备的研制在技术上要面对诸多困难，仅就设备一项，不管是自己制造还是从国外购买，都要花大笔资金和大量外汇；一边又是国家经济的困难，当前整个经济形势都不好，如果要筹集那么多资金和外汇是非常困难的，再加上中国的工业基础本来就比较薄弱，难以满足对原材料的所有需求；同时，工业产品的品种和规格也不配套，新材料的研究更是举步维艰。因此，对于以原子弹、导弹为标志的国防尖端武器装备研制，"用在这方面的钱太多了，影响了国民经济其他部门的发展"。[1]他们建议，尖端武器装备的研制应该暂时下马，或者说放慢研制速度，有人甚至认为应该只搞飞机和常规装备，停止搞尖端武器，等等。在当时，这样的意见和建议，确实是依据当时的实际情况作出的有理有据的判断，因此，得到了多数人的赞同。

另一方则认为，为了粉碎超级大国的核威慑和核讹诈，中国应该攻关尖端武器。持有这一观点的主要是军队的同志，认为"国防尖端要积极搞，决不放松。"[2]"尖端一定要保证，研究试制不能停，不能松劲，一松劲影响就很大。"[3]"常规武器要配套，尖端武器要研制，不能退缩下来。一退就会落后。一落后就是几十年，将来我们的后代会骂我们的。我们要努力赶世界水平。"[4]

[1] 聂荣臻回忆录 [M]. 北京：解放军出版社，2007：644.

[2] 周均伦. 聂荣臻年谱：下卷 [M]. 北京：人民出版社，1999：794.

[3] 周均伦. 聂荣臻年谱：下卷 [M]. 北京：人民出版社，1999：795.

[4] 周均伦. 聂荣臻年谱：下卷 [M]. 北京：人民出版社，1999：796.

1961 年 7 月 13 日，毛泽东在一份内部材料上所作的批语，为争论的解决带来了契机。这份材料是日本金融财政事情研究会 1960 年 2 月根据日本防卫厅的要求，提出的题为《从经济政策来分析防卫产业》的内部报告，主要包括三方面的内容。其一，日本国防和军火生产的出发点：日本国防体制不同于欧洲和美国，只能从局部战争的观点出发，必须更加重视武器生产与国力的关系，现代军事科学的发展，已经超过了日本国力所能及的范围；必须贯彻日美共同分担日本国防的想法，采取日美共同防御的体制。其二，今后日本国防和军火生产的发展方向：日本国防的重点是保持地面部队的战斗力和海上补给力；日本军火生产应限制在能与民需产品同时生产的范围之内；需要装备高性能战斗武器的空防由美国分担。其三，目前日本国防和军火生产中存在的偏向：陆军兵员相对过多，空军飞机负担太重；军火生产政策忽视地面、海上战斗力的发挥，与国内外形势发展背道而驰。毛泽东看过这份报告后致电林彪、贺龙、聂荣臻和罗瑞卿："中国的工业、技术水平，比日本差得很远，我们应取什么方针，值得好好研究一下。可否请你们先谈一谈，然后在八月我同你们再谈一谈。"[1]

接到毛泽东的指示后，8 月 3 日、4 日，时任国防工业委员会主任的贺龙首先组织国防工业会议与会人员，对国防工业的发展方针进行了讨论。会上，贺龙明确指出，国防工业建设必须与整个国民经济形势相适应，要妥善安排尖端和常规武器生产，缩短基本建设和生产战线，集中力量打歼灭战。聂荣臻在 4 日的会

---

[1] 建国以来毛泽东军事文稿（下卷）：[M]. 北京：军事科学出版社，中央文献出版社，2010：124.

议上发言说："国防科研方面，'两弹为主，导弹第一'的方针，是去年2月中央军委扩大会议确定的，后来得到了中共中央的批准。这个方针，并没有排除常规武器的研制，应该两条腿走路。中央军委的方针很明确，三五年内，不管打起什么仗来，都得靠常规武器打，这关系到国家的安危。三五年内，尖端武器是力争突破的问题，而装备部队是靠不上它。现在，尖端武器研制遇到些困难，但这是个历史任务。在这个困难面前，是退还是进？我认为还是要敢于前进。就是尖端武器不搞，在新型原材料、精密仪器仪表和技术力量分散的情况下，常规武器也上不去。那就只搞步枪、轻机枪等等，如果这个也搞不出来，那只有靠梭镖。在当前的困难面前，不能动摇。尖端武器要上去，解决的办法是要缩短战线，研究试制的型号要排队。五院已缩短战线，只先搞1200公里地地导弹，另设计红旗一号地空导弹，仿制C-75地空导弹。常规武器的研制和生产要解决配套的问题。去年我去西北视察，也是为了解决常规武器配套的问题，常规武器生产不能忽视。少生产，究竟少到什么程度？总不能少到连金门打'礼炮'的也没有了吧！现在就是乱，是'虱多不痒'，没人管。如果把困难理一理，真正有人抓，不是不能解决的。现在，尖端武器与常规武器不是谁怨谁，谁挤谁的问题，要具体解决存在的问题。要排排队，要切实安排下去，切实抓。专案项目要列入国家计划。常规武器配套生产问题，这次会议不解决，就要犯错误。要从具体解决问题入手。困难是有，但我们可以上去，不管是尖端武器还是常规武器，都不要退。"[1]

---

[1] 周均伦. 聂荣臻年谱：下卷 [M]. 北京：人民出版社，1999：797.

　　同日，聂荣臻又专门召集在北戴河开会的国防科委、导弹研究院、二机部等国防尖端技术部门的负责人开会，对国防尖端技术的发展情况做了全面总结和详细分析。从 1958 年开始，中国才开始正式发展国防尖端技术，到 1961 年，经各有关方面的共同努力，已在科学研究、基础设施建设等方面取得了一些成绩，并且拥有了继续向前发展的充足的人力、物力和技术基础。原子弹研制的基本情况是：科研战线已集中了具有一定规模的本科及以上学历的专业技术干部；配合原子弹研制的原子能所，已拥有一个实验性反应堆、一个回旋加速器、核物理实验室、简易放射化学实验室以及国产小功率反应堆等科研设备，可以顺利展开冶炼、反应堆、放射化学和原子弹基础物理等方面的科学研究工作；已查明的具有工业价值的铀矿储量，可以充分满足第一套金属铀冶炼设备生产的需要；第一批建设的三个铀矿山将于 1962 年、1963 年建成；从选矿到原子武器装配的一系列工厂，已基本完成工程建设项目并配备了大部分所需设备，对于一少部分短缺的关键设备，也已安排试制，不久就能完成整套工厂的建设项目；原子弹的设计工作在很多细节上已有突破，虽还存在一些需要集中攻关的关键技术问题，但初步设计方案有望在 1963 年完成；原子弹试验靶场已进入土木施工阶段，许多地面设备、测试仪器的研究设计也在同步进行中。照此发展，原子弹研制虽遇到一些困难，但在现有基础上，只要坚持技术攻关，并采取正确的策略和措施，完全有可能在三至五年之内攻克原子弹技术。

　　1961 年 8 月 20 日，聂荣臻将上述总结以《导弹、原子弹应该坚持攻关的报告》为题，向毛泽东做了汇报，强烈要求原子弹"上马"，并对今后国防尖端技术的发展方针，原子弹研制的条件、具体步骤和措施做了详细的说明。

报告指出："国防尖端技术包括两个任务，即掌握国防尖端的科学技术和工业上的成批生产。我们的最终目标是工业上能够成批生产，以尖端武器装备部队，但三五年内主要是科学技术上能否突破，还不是成批生产、装备部队的问题。在这期间，无论应付局部战争或世界大战，我们还只能靠常规装备，但必须抓紧这段时间在技术上突破尖端，为下一步成批生产作好准备。虽然遇到国民经济暂时困难，这个方针和决心也不应改变。所谓在技术上突破，就是说尖端武器本身以及研究试制工作中必需的各种新型材料、元件、仪器仪表、精密机械、特殊设备、化学试剂等等，都要过技术关，能够试制出来或小批生产。它不要求很大的数量，但品种规格要全，质量水平要高。这个要求对工业技术水平的提高具有极大的推动作用。我们认为，三五年内发展国防尖端技术的方针应该是抓两头：一头抓科研试制，一头抓工业基础。"今后国防尖端技术的发展，科研试制要以贯彻"缩短战线、集中力量、保证重点"为中心，工业基础方面则要以贯彻"调整、巩固、充实、提高"八字方针，发展品种，提高质量为中心。当前尖端技术发展存在战线太长的问题，主要原因有两个。一个是"苏联政府曾于1957年前后承担义务，援助我国发展国防尖端技术，当时是在这个前提下进行安排的。外援中断后，我们虽然也做了若干调整，但不够坚决有力，基本上仍旧是按照原订计划"。再一个原因是"技术力量的使用不集中，'大家办尖端'、'广种密植'同一个任务几个单位同时进行"。

针对以上情况，聂荣臻指出，我们已经和正在采取的措施主要有两条，即调整任务，调整力量。有关原子弹研制的具体安排是：明确任务，"争取 4 年左右建成一套核燃料生产基地，设计试制出初级原子弹，5 年或更长一些时间，建成更先进的一套生产基地，设计试制出能装在导弹上的比较高级的原子弹"[1]；改变过去"广种密植"的协作方法，减少协作单位，进一步调动科技干部的工作积极性，尤其要把中国科学院的力量充分调动起来，形成中国科学院——二机部原子能核心协作网，同时，还要注意补足缺门专业的技术骨干，根据需求适当压缩一般技术干部的数量；[2] 要提高工业水平，努力改变中国工业基础和原子弹攻关在许多方面不相适应的现状，"在具体步骤上，考虑到当前的实际困难，应采用集中力量打歼灭战的办法，前三年着力解决迫切需要的主要品种规格和重要关键设备；投资较多、技术复杂的，则用五年或更长一些时间去完成"。此外，"在国家的长远规划和年度计划中，对各种新型材料、各种元件、仪器仪表、精密机械、特殊设备等等，都应提出具体要求，规定指标，并订出保证实现的措施计划。计划执行过程中，应经常进行监督检查，及时解决存在的问题"。"可以预期，调整以后，战线缩短，重点突出，力量得到加强，各种保证条件也将得到改善，对国防尖端技术的发展肯定是有利的。但发展国防尖端技术毕竟要占用一定的国力，必要的投资和条件还需要确保，各种加工、试制任务也需要优先安排。在缩短战线的同时，必须狠抓工业基础，只有这两个措施都落实了，国防尖端技术才能顺利地向前发展。"[3]

[1] 周均伦. 聂荣臻年谱：下卷 [M]. 北京：人民出版社，1999：799—800.

[2] 聂荣臻军事文选 [M]. 北京：解放军出版社，1992：492.

[3] 周均伦. 聂荣臻年谱：下卷 [M]. 北京：人民出版社，1999：800—801.

毛泽东、周恩来等看到上述报告后，表示坚决支持原子弹"上马"。据聂荣臻回忆，当时中国外交工作正处在螺旋上升期，但超级大国仍然拿原子弹压制中国，为此，负责外交工作的陈毅多次表达了研制原子弹对外交工作的重要性，他说，要是把原子弹、导弹研制出来了，他这个外交部部长的腰杆子就能硬起来。在支持继续研制原子弹的表态方面，陈毅说：就是"脱了裤子当当，也要把我国的尖端武器搞上去"。[1]这样，在经历了有关原子弹研制"上马""下马"之争后，中共中央和中央军委统一了思想，坚定了继续研制原子弹的决心，并对接下来的研制工作作出了更加精细的安排。

有关原子弹研制"上马""下马"之争，给予原子弹研制以重要启示。从中国坚定地作出发展原子能事业的决策开始，国家经济条件、科技水平、工业基础等客观条件薄弱的事实就已经存在。拿工业方面的不匹配来讲。聂荣臻在关于《导弹、原子弹应该坚持攻关的报告》中曾对中国工业基础对突破国防尖端技术的不适应性做了具体的阐述。他说："首先，反映在新型材料问题，即材料的品种、规格上。现在是许多新型材料的技术问题卡在特殊设备、仪器仪表上，而特殊设备、仪器仪表又卡在新型材料和特殊加工上。其次，'两弹'的研究试制基地和核燃料生产基地的建设需要国内供应成套装备，其中很多关键设备也需要研究设计试制。现在贯彻'调整、巩固、充实、提高'的八字方针，提高工业技术水平，不仅是突破国防尖端的迫切需要，而且已经成为我国当前经济建设的历史任务。应该适应国防尖端技术的需

---

[1] 聂荣臻元帅回忆录［M］. 北京：解放军出版社，2005：646.

要，发展品种、提高质量。"[1]这是国内条件与尖端武器装备发展不相适应的表现，可以说，是中国核决策与生俱来的困难。此后，苏联毁约停援后，又经历了策略上的失误、三年困难时期的影响，再加上美国持续不断的核威胁，这些事态为中国原子弹研制增加了诸多外部困难。但是，中国原子弹研制还是克服种种困难，想方设法创造有利条件，集中力量，缩短战线，取得了较快的发展。这充分说明，客观条件不是决定是否要继续研制原子弹的唯一判断标准，还要从国家发展、国家安全、世界局势等因素出发，综合衡量研制原子弹的意义，这样才能正确认识原子弹研制并有效克服这一历程中遇到的诸多困难。当然，我们也不能忽视这些客观条件的制约，必须在国家经济条件允许的范围内研制原子弹。这也是为什么，1961 年 9 月 24 日毛泽东在会见英国陆军元帅蒙哥马利时说，原子弹是吓人的东西，费钱多，"我们用很少一点钱搞试验。我们没有雄厚的经济基础，工业才开始有一点。美国、英国、法国、苏联，有雄厚的工业基础。我们像穷人、叫花子，穿上漂亮的衣服，到外面跑一跑"。[2]

（二）原子弹基本理论和关键技术的探索与掌握

第一阶段，原子弹基本理论和关键技术的初步探索。突破原子弹基本理论和关键技术，是实现原子弹研制质变的一个至关重要的环节。中国研制原子弹之初，九所即组织力量，对原子弹理论设计、中子物理、放射化学、引爆控制系统等进行了初步的探

---

[1] 周均伦. 聂荣臻年谱：下卷 [M]. 北京：人民出版社，1999：801.

[2] 建国以来毛泽东军事文稿：下卷 [M]. 北京：军事科学出版社，中央文献出版社，2010：127.

索与研究。通过这一阶段的努力，创造了基本的科研条件，掌握了部分理论的计算方法和实验技术，练就了一支专业的研究队伍，为此后原子弹基本理论和关键技术的掌握打下了坚实基础。

第二阶段，原子弹基本理论和关键技术的掌握。1961年年初，在分析总结原子弹理论、实验、设计和生产初步探索研究的基础上，明确指出九所要以原子弹研制为工作中心，明确各个学科和专业的研究目的，进一步处理好理论研究和实验研究的关系，实事求是、脚踏实地、循序渐进地制订研制计划和开展工作。在"自力更生、技术过关、安全第一、质量第一"方针的指导下，"对已经确定的关键问题，按专题进行深入研究，弄清其规律和内在联系；对那些还不清楚的问题，则继续探索，找出解决的途径，以期达到逐步逐个掌握，为原子弹的技术设计奠定良好的基础"。[1]从此，中国第一颗原子弹研制工程进入到掌握基本理论和关键技术阶段。

一是摸清了"内爆法"原子弹爆炸条件。

二是做好了大型以及全尺寸爆轰物理试验的准备工作。

三是突破了中子物理和放射化学技术。

1962年夏，九所完成了"内爆法"原子弹装置的理论设计、爆轰物理试验、飞行弹道试验、自动控制系统台架试验，为下一步原子弹大型以及全尺寸爆轰模拟试验、原子弹装置技术设计提供了必要的理论基础和技术准备。

中国研制第一颗原子弹，一贯遵循各个方面、各个环节齐头并进的原则。在进行原子弹基本理论探索和关键技术攻关的

---

[1] 李觉等. 当代中国的核工业 [M]. 北京：中国社会科学出版社，1987：266.

同时，核装料生产也同步进行。中国起初设计了两条核装料生产线，一条是以高浓铀作为装料的铀-235 生产线，一条是通过生产堆获得钚-239 作为装料的钚生产线。苏联专家撤走时，铀-235 生产线的主要环节——兰州铀浓缩厂，已经基本建成，设备也比较齐全配套，而钚-239 生产线的主要环节——生产反应堆工程，只完成了堆本体的地基开挖和混凝土底板的浇筑，后处理厂的工艺路线尚未确定。为尽早获得制造原子弹的核装料，根据中共中央集中力量、缩短战线的指示，1960 年 4 月，经中共中央批准，二机部决定把铀-235 生产线列为一线工程，重点建设二氧化铀工厂、金属铀工厂、六氟化铀工厂、铀浓缩厂以及浓缩铀-235 精炼加工工厂等关键项目，钚-239 生产线为第二线工程，暂停建设，但科研工作仍然继续，待时机合适，条件成熟再上线。

为集中人力、物力抢建第一线工程，贯彻落实聂荣臻在 1961 年 8 月 20 日《导弹、原子弹应该坚持攻关的报告》中提到的明后年建成三个主要的铀矿山，争取 1962 年至 1964 年实现选矿、冶炼、金属加工和武器装配工厂投产，待这套建设项目完成后即制造原子弹这一带有保证性的计划，党中央、中央军委决定派时任副总参谋长张爱萍负责组织调查组，调查能否研制原子弹的问题，着重调查第一线任务的基本建设情况和生产准备工作。[1] 此次调查研究意义重大，一方面，对第一线工程建设进行的摸底，能够为此后具体工作的安排提供必要的参考和借鉴；另一方面，通过调查研究，进一步证明继续研制原子弹的

---

[1] 张爱萍军事文选 [M]. 北京: 长征出版社, 1994: 238.

必要性与可能性，能够从根本上统一人们的思想，集中力量进行原子弹攻关。1961 年 10 月 9 日到 11 月 2 日，针对"我国能否自力更生地制造出原子弹？什么时候可以爆炸我国的第一颗原子弹？"[1]两个核心问题，张爱萍、刘西尧、刘杰到二机部所属的几个厂、矿、研究所，实地调查了铀 –235 第一线任务的基本建设、生产准备工作。

依据调查结果判断，以铀 –235 生产线为建设重点完全正确，照此模式和速度发展，早日获得原子弹核装料的计划可以完成。然而，实现铀 –235 生产线中各主要工厂的投料生产并非易事，还存在一些亟须解决的问题和一些难以克服的困难。

一是设备、仪表、材料、原料的试制、生产、配套问题。调查结果显示，尽管二机部 1962 年迫切需要的专用非标准设备、仪表和特殊材料已在 1961 年做了安排，但制造这些设备、仪表所需的材料和若干必要的措施尚未完全落实，一部分配套产品还需要补充安排。

二是技术骨干和领导骨干缺乏的问题。尽管中央已经在 1961 年 7 月 24 日下发命令，从全国有关部门抽调技术骨干 86 名、高级医务干部 35 名及行政干部 69 名参与到原子弹研制工作中，并限令 10 月前完成抽调工作，但到当年 11 月，上述领域干部的抽调分别仅确定了 12 名、3 名、12 名，平均任务完成率不到 15%。即使是确定抽调的，也有技术和能力不符合要求的。

三是劳动力缺乏和机械化程度较低的问题。有些厂、矿还有大量工程尚未完成，如公路、铁路、热力管网、输水管线、输电

---

[1] 刘西尧. 我国"两弹"研制决策过程追记 [J]. 炎黄春秋, 1996（05）.

线路等，不仅劳动力严重不足，还缺少必要的铲运机、推土机、吊车等大型机具。

四是用电问题。问题较为严重的是湖南衡阳。二机部在这里有二氧化铀工厂、机修厂和矿山各一座。这里的发电能力有3万多瓦，但因严重缺煤，只能发电7000瓦，分给二机部的不到1000瓦。

五是生产人员、研究人员供应标准和保健问题。

对于二机部来讲，1962年是关键的一年。在这一年内，二机部必须抓紧时间解决以上五个方面的问题，才能为接下来的工作提供最起码的时间保证。"要做到这一点，除二机部本身需要进一步深入对所属各单位的具体领导和帮助，进一步集中力量打歼灭战，克服某些单位分散力量，放松第一线任务的现象外，还必须从中央各有关部门到各有关中央局、省、市都能及时地从各方面给以大力的支持。"[1]以解决以上问题为目标，相关部门、单位协助二机部进行第一线工程建设和科学研究的工作全面展开。以有关设备、仪表、材料的试制、生产、配套问题的解决为例。1961年10月底，国家计划委员会召集相关部门对这一问题进行了研究，综合考虑调查研究的结果和二机部的实际需求，向包括一机部、三机部、冶金部、化工部、石油部、建工部和轻工部在内的兄弟部门下达了具体的支援任务（见图4-1）。同时，原属第一机械工业部的天津钻镗床厂、北京综合仪器厂、上海光华仪表厂、苏州阀门厂也划归二机部。

---

[1] 张爱萍军事文选 [M]. 北京：长征出版社，1994：245.

图 4-1　1962 年各相关部门向二机部支援设备、仪表、材料的任务

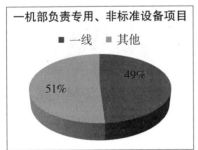

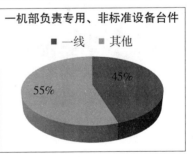

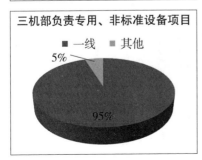

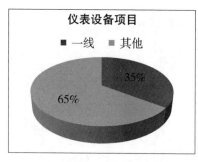
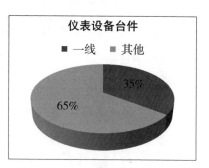

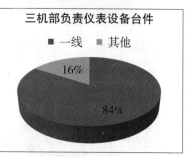

注：数据来源于《张爱萍军事文选》，长征出版社 1994 年版，第 245 页。

抢建铀-235 生产线，从一开始就采取了"调查研究—发现问题—解决问题"的正确方法，有针对性地调集各方面力量，第一线工程下属的几个重要工厂很快就进入了生产准备阶段。以铀浓缩厂的生产准备为例。较之其他几个工厂，铀浓缩厂的生产准备异常繁杂。整个工厂有生产主机大小数千台，六氟化铀又极具腐蚀性和放射性，长达数公里的工艺管道要进行氟化处理，并保持高度的真空和清洁，在生产中，水、电、蒸汽都要不间断供给。为确保顺利投产，铀浓缩厂的建设者们知难而上，编写操作大纲，制定生产运行方案，进行生产操作演练和事故演习。经中共中央批准，1961 年 12 月，铀浓缩厂开始进行实验性氟化处理，在实验中总结经验，不断改进各种生产技术，为最终的投产运行做好准备。在铀-235 生产线尚未建成投产之前，二机部还利用各研究所实验室设计了 8 个简法生产装置，因陋就简，摸索前进，很快就生产出了合格的二氧化铀、四氟化铀、六氟化铀，并且通过实践验证了工艺原理、条件、参数、设备性能和操作规程，积累了生产经验，争取了时间。

（三）成立中央专委会与"两年规划"的胜利实现

经过 1961 年和 1962 年自力更生的艰苦实践和努力，到 1962 年下半年，原子弹研制已经发展到了向质变转变的关键时刻。一方面，第一线工程中大多数技术难关已突破，80% 的建筑安装工程已完成，各项工程所需要的配套的设备、仪器、仪表大都试制成功，铀-235 生产线基本进入生产准备阶段。另一方面，原子弹的理论、结构和工艺设计都已陆续展开，实现原子弹爆炸的关键技术也进入攻关阶段。

基于对各方面工作形势的分析，1962 年 9 月 11 日，二机部向中央提出争取在 1964 年，最迟在 1965 年上半年爆炸中国第一颗原子弹的"两年规划"（1962 年 11 月二机部党组正式报送《1963年、1964 年原子武器、工业建设、生产计划大纲》）。"两年规划"不仅规定了最终目标，还指明了分阶段、分系统的具体目标；不仅提出了领导机关要抓的工作和要为基层解决的问题，而且也指出了各系统各单位必须要完成的任务。这项复杂且重要的规划，仅靠二机部的力量是难以在规定时间之内成功实现的，需要各方面的力量予以协助和支援。因此，"两年规划"振奋人心之余，也对下一阶段原子弹研制的领导和组织协调工作提出了较高的要求。一是作为"两年规划"的制定者，二机部是原子弹研制的执行机构，既缺乏绝对的领导权力以驾驭整个局面，也难以从一线攻关中抽出人力和精力专司整个工程的领导工作。二是即将出现的党政军民、各行各业、有关部委、有关地区全面攻关会战的局面超越了现有机构组织协调的能力范围。在这种情况下，成立高层级的专门的领导机构来加强尖端武器研制的统一领导与组织协调工作，已成为当务之急。

1962 年 10 月 10 日，刘杰向聂荣臻、罗瑞卿及国防科委其他领导人汇报了二机部爆炸第一颗原子弹的"两年规划"设想。同时，九所副所长朱光亚则以 9 月 19 日拟订的《一种试验性产品[1]的科研、设计、制造与试验工作的计划纲要及必须解决的关键问题（草案）》为依据，向与会者说明了第一颗原子弹研制、试验的计划纲要及必须解决的关键问题，同时说明了核爆炸试验可考虑分两步来进行，第一步做地面甚至地下爆炸试验，第二步做空中爆炸试

---

[1] 为了保密，在当时行文中，把第一颗原子弹以"第一种试验性产品"来代替。

验。针对二机部提出的技术力量、设备材料等问题，聂荣臻指出，关于技术力量的补充问题，要根据二机部的具体要求研究一下，向中央提出建议；关于设备、材料问题，凡军队可以解决的，尽量予以解决，能在全国范围内调剂解决的，向中央提出来。

聂荣臻还特别强调了有关原子弹研制的协作问题："对于协作问题，一方面抓紧同三机部、一机部的协作，另一方面请钱三强亲自抓紧同中国科学院 19 个所的协作。协作问题，各有关部门应有个专门机构抓，这点很重要，应提出建议。"[1]

10 月 19 日，国防工业办公室向中央政治局常委做汇报，刘少奇主持会议，朱德、聂荣臻等参加了会议。在听取了国防工业办公室常务副主任赵尔陆关于国防工业口的基本情况、当年计划执行情况、1963 年和第三个五年计划的安排等问题的汇报后，刘少奇指出："导弹和原子弹都需要中央有一个专门的机构来抓，做组织工作、协调工作，下命令的工作。这两弹要搞个小的机构，不这样抓，这里一拖，那里一拖，时间过去了。这种尖端，各国都是这样抓起来的。我们社会主义要抓得更好。无非是创造条件，使它能够顺利地前进。"[2]必须发挥社会主义制度可以集中力量办大事的优越性，才能顺利实现首次核试验的"两年规划"。

根据会议指示，10 月 30 日，罗瑞卿向中共中央上报《关于建议成立中央专门委员会的报告》。报告指出，要实现原子弹爆炸，"除了二机部本身要做艰苦努力外，还必须取得各工业部门、科学研究单位的密切配合，以及全国在人力、物力上的大力支援。

---

[1] 周均伦. 聂荣臻年谱：下卷［M］. 北京：人民出版社，1999：851.

[2] 中共中央文献研究室编. 刘少奇年谱（1898—1969）：下卷［M］. 北京：中央文献出版社，1996：562—563.

现在，离预定的日期只有两年的时间，为了抓紧时机，更有力地保证实现这个目标，建议在中央直接领导下，成立一个专门委员会，加强对原子能工业的领导，随时检查、督促计划执行情况，并在必需的人力、物力上进行具体调度，及时解决在研究、设计和生产建设中所遇到的问题。这样做，不但可以避免在时间、进度上的拖延，而且可以有效地集中可能的人力、物力在物质技术上给以适当保证"。[1]11月2日，邓小平在罗瑞卿的报告上批示："拟同意。"并批请毛泽东、刘少奇、周恩来、朱德、彭真核阅。3日，毛泽东在报告上批示："很好，照办。要大力协同做好这件工作。"[2]毛泽东的这一批示，打开了全国在一个顶尖领导小组的指挥和全面统筹下大力协同进行原子弹研制的局面。

11月17日，周恩来在西花厅主持召开中央专门委员会第一次会议，宣布中共中央直接领导下的中央专门委员会正式成立，主任为周恩来，成员有贺龙、李富春、李先念、薄一波、陆定一、聂荣臻、罗瑞卿七位副总理和赵尔陆、张爱萍、王鹤寿、刘杰、孙志远、段君毅、高扬七位部长级干部。中央专门委员会下设办公室，作为日常办事机构，由罗瑞卿任主任，赵尔陆、张爱萍、刘杰、郑汉涛任副主任。办公室附设于国务院国防工业办公室。12月14日，中共中央向中央军委并中央有关的部委和国务院有关部的党组，各中央局并有关的省、市、自治区党委发出《关于成立十五人专门委员会的决定》。决定指出："为了进一步加强

---

［1］罗瑞卿军事文选［M］. 北京：当代中国出版社，2006：619.

［2］中共中央文献研究室编. 邓小平年谱（1904—1974）：第三卷［M］. 北京：中央文献出版社，2020：396—397.

对原子能工业的领导，更有力地促进原子能工业的发展，力争在较短时期内取得更大成果，遵照主席'要大力协同做好这件工作'的指示，中央决定：在中央直接领导下，成立一个十五人专门委员会。""委员会是一个行政权力机构，主要任务是：组织有关方面大力协调，密切配合；督促检查原子能工业发展规划的制定和执行情况；根据需要在人力、物力、财力等方面及时进行调动。委员会的决定，由有关方面坚决保证，贯彻执行。"[1]

中央专门委员会成为中华人民共和国成立以来级别最高的专项工程领导机构。中央专门委员会的成立，加强了中国原子能工业、核武器研制、核科学技术工作的统一领导，确保了对国防科研、国防工业、各相关工业部门和各相关省区市的全面协调与调度，中国原子弹研制工作迅速进入全方位攻关会战的新阶段。从中央专门委员会成立到1964年10月16日中国第一颗原子弹爆炸成功，在周恩来的亲自主持下，中央专门委员会以组织和协调各方面力量为核心任务，召开了9次中央专门委员会会议和若干次专委小会，讨论和制定了中央专门委员会办公室工作条例，及时解决了原子弹科研、生产和建设中100多个重大问题，[2]先后组织26个部（院），20个省、市、自治区（包括900多家工厂、科研机构和大专院校）参加了攻关会战，[3]为中国第一颗原子弹的成功试爆作出了重大的贡献。

1962年12月4日，中央专门委员会第三次会议讨论和批准

---

[1] 中共中央文件，中发（1962）687号.

[2] 中共中央文献研究室编. 周恩来年谱（1949—1976）：中卷 [M]. 北京：中央文献出版社，2007：513.

[3] 李觉等. 当代中国的核工业 [M]. 北京：中国社会科学出版社，1987：51.

了二机部此前提出的"两年规划"。为胜利实现这一规划，周恩来对二机部的工作方法提出了更高的要求。1963 年 3 月 21 日，周恩来在中央专门委员会第五次会议上强调指出："二机部的工作，要做到有高度的政治思想性，要求有平凡而伟大的风格，要有终身为这门事业的思想；高度的科学计划性，要求一环扣一环，采取科学的态度和科学的方法；高度的组织纪律性，克服松、散、乱、慢的现象。"[1]周恩来的指示很快在二机部及相关部门得以贯彻。在中央专门委员会的直接组织与坚强领导下，在全国各地区、各部委、各部队的大力协同下，二机部努力争取各方面、各系统的力量，艰苦奋斗，积极落实，最终成功实现了首次核试验的"两年规划"。

　　"两年规划"的编制采取了倒排措施、顺排计划的方法。"倒排即按最终完成日期往工作起步阶段排，借以暴露工作衔接中的矛盾；顺排即按工作向前推进的顺序往最终目标排，借以安排速度，定人、定时、定任务、定措施，使计划步步落实。"[2]在此基础上，再进行全部范围的综合平衡，使之前后衔接，左右配套，环环紧扣。从原子能事业发展全局看，这一计划囊括地质勘探、铀矿开采、工业生产、武器研制、科学研究、设备制造、工程建设、运输通信、安防卫生等诸多环节；从每个环节的发展来看，所有环节都围绕着 1964 年实现第一颗原子弹试爆成功这一目标，把各项任务进行分解，分系统、分层次落实到各部门、各单位。

---

[1] 中共中央文献研究室编. 周恩来年谱（1949—1976）：中卷 [M]. 北京：中央文献出版社，2007：542.

[2] 李觉等. 当代中国的核工业 [M]. 北京：中国社会科学出版社，1987：50—51.

事实上，在"两年规划"获批伊始，有人对能否成功实现心存疑虑，认为总目标及实现总目标的措施计划的制定缺乏客观根据，带有很大的主观成分。对此，中央专门委员会非常重视，即刻责成国防工业办公室和国防科委组织联合检查组，以国防科委副主任刘西尧为组长、中央专门委员会办公室专职副秘书长刘柏罗为副组长，对二机部各机关、基层工厂、矿山、设计院、研究所作出全面检查。"在检查过程中，工作组内部又有个别同志机械地按苏联专家所说的绝对工期计算，向周总理报告，说两年规划难以实现。"[1]1963 年 3 月 21 日，刘西尧在中央专门委员会第五次会议上对检查结果做了汇报。检查组认为，"两年规划"的提出是根据几个主要生产厂的基本建设、生产技术和原子弹研究、设计和试制进度制定的。虽然现阶段的研制工作还存在大量问题和一些突出的薄弱环节，但若能从现在起就切实抓紧，问题是可以解决的，困难也是可以克服的。周恩来听取汇报后指出："这一规划是全体职工同志努力的结果，有了规划就有了轨道，我们相信中国人民的智慧，一定能够搞出来。"[2]通过这次系统的检查，不仅对当时的研制工作有了全面的了解，更对此后的研制进程有了科学的预见，打消了一些人对"两年规划"能否完成的疑虑，坚定了各方胜利实现"两年规划"的信心。

在"两年规划"的落实过程中，中央专门委员会还从科技力量、物资供应、生活保障等方面对二机部的工作给予协调和支援。

---

[1] 不尽的思念 [M]. 北京：中央文献出版社，1987：334.

[2] 中共中央文献研究室编. 周恩来年谱（1949—1976）：中卷 [M]. 北京：中央文献出版社，2007：541.

在中央专门委员会第二次会议上，针对中国核工业的薄弱环节，中央专门委员会决定加强二机部科技力量以及党和行政的领导力量，"限令各有关部门、部队和高等院校、科研单位于十二月底前，为二机部选调各方面优秀人才五百名，调配仪器设备一千一百多台，有些技术设备可由资本主义国家引进"。[1] 在选调的人员中有许多领导干部和科学技术专家是经周恩来亲自审定或提名的。1963年1月，二机部就第一批铀矿山的规模已经不能够满足铀-235、钚-239两条生产线对铀矿石需求的问题向中央专门委员会写了报告。3月，中央专门委员会第四、五次会议对此问题进行了研究，作出8项决定，如从煤炭部抽调了矿山干部和一个100人的全套矿务局有经验的班子，[2] 解决了铀矿山的建设问题。12月，中央专门委员会第七次会议决定将冶金部在新疆的两个有色金属矿务局移交二机部，以加强铀矿山的建设力量。

正如周恩来所说，"有了规划就有了轨道"，围绕"两年规划"的落实，中国第一颗原子弹研制进展迅速，大量关键科研以及生产建设任务如期完成：1963年8月23日，衡阳铀水冶厂一期工程完工并开始试生产；1963年11月29日，六氟化铀工厂生产出第一批合格产品；1964年1月14日，兰州铀浓缩厂取得了高浓铀合格产品；1964年5月1日，酒泉原子能联合企业生产出第一套合格的铀-235部件。这充分说明，不论是"两年规划"的制定还是落实，都是基于原子弹研制特点和规律的正确判断，是当代中国大规模系统工程科学管理方面一次成功的探索和实践。

---

[1] 中共中央文献研究室编. 周恩来年谱（1949—1976）：中卷 [M]. 北京：中央文献出版社，2007：516.

[2] 不尽的思念 [M]. 北京：中央文献出版社，1987：343.

第五章　引爆原子弹

1964年10月16日15时，中国第一颗原子弹按时起爆。经专家测定，首次核试验取得圆满成功。中国第一颗原子弹研制成功，是新中国伟大建设成就的重要标志之一，在国内外产生了巨大而深远的影响。中国第一颗原子弹研制成功，树立和奉行了正确的核政策，保卫和维护了国家安全，巩固和提升了中国的大国地位，推进了国防现代化建设进程，带动了国民经济的发展。

中国首次核试验成功当天，中国便主动向世界公开了这一消息。通过《中华人民共和国政府声明》和《新闻公报》，中国向世界阐明了进行核试验的目的，并对掌握核武器后所要履行的国际义务作出郑重承诺。中国第一颗原子弹成功爆炸后的对外宣示，主动规避了可能出现的负面舆论，凸显了中国掌握原子弹技术的战略意义，树立了核国家通过核战略保卫世界和平的光辉典范。

一、中国第一颗原子弹成功试爆

1964年4月11日下午，中央专门委员会召开第八次会议。会议由周恩来亲自主持，会议发出指示：对于首次核试验，务必做到"保响、保测、保安全，一次成功"。为此，"原子弹爆炸试验工作按九月十日前做好一切准备"。[1]"至于是否进行试验和何时进行试验,待请示毛泽东和中央常委决定后再定。"[2]中国第一颗原子弹试爆前的准备工作全面展开。

1964 年 9 月 16 日、17 日,中央专门委员会第九次会议召开。会上,张爱萍、刘西尧就核试验综合预演及最终核试验的准备情况做了详细的汇报。周恩来就中国第一颗原子弹正式试爆的时间提出两个方案。要么"早试",时间是 1964 年 10 月 1 日到 11 月上旬,要么"晚试",那就要推迟到 1965 年春季。周恩来听过报告后表示,他倾向于"早试",但不论"早试"还是"晚试",各项工作仍按原计划积极准备。[3]周恩来指出,如果中国突然试爆原子弹,必然会在国际社会引起不必要的误会。恰好中国即将举行建国十五周年庆典,到时候会邀请一些国家的元首来参加,可以利用这个机会向他们就中国第一颗原子弹即将试爆打个招呼。周恩来还强调说:"此前不久,美国《商业周刊》发表消息说某大国要对中国核武器研制实行'绝育手术',你们要研究相应的措施。同时也讲到专委会对此的防范部署。"[4]

9 月 21 日,周恩来致信毛泽东,希望中共中央能在 9 月 24 日之前决定首次核试验时间,"因为如定今年爆炸,以十月中旬到十一月上旬为最好,而事前准备时间至少需二十天;如决定明

[1] 中共中央文献研究室编. 周恩来年谱(1949—1976):中卷 [M]. 北京:中央文献出版社,2007:633.

[2] 周恩来在中央委员会第八次会议上的讲话记录,1964 年 4 月 11 日,参见李觉等. 当代中国的核工业 [M]. 北京:中国社会科学出版社,1987:54.

[3] 金冲及. 周恩来传(1898—1976):下 [M]. 北京:中央文献出版社,2008:1584—1585.

[4] 东方鹤. 上将张爱萍:下卷 [M]. 北京:人民出版社,2007:533.

年四五月与空投航弹连续试炸，也需要在十月做过冬准备；如需从战略上进行考虑，推迟爆炸，使之与第二套新的基地的建设和导弹及核弹头生产相衔接，也需要有方针上的决定"。当晚，毛泽东便在信上批示："已阅，拟即办。"9月22日，中共中央召开政治局常委扩大会议，周恩来就第一颗原子弹爆炸的准备工作和试验方案做了汇报。从战略方面考虑，毛泽东认为，原子弹"既然是吓人的，就早响"。这次会议作出中国首次原子弹试爆要"早试"的明确决定。

1964年9月23日，周恩来召集贺龙、陈毅、张爱萍、刘杰、刘西尧等开会，传达了中共中央政治局常委扩大会议关于首次核试验时间的决定。"试验的时间看来需在二十天以后了。十月有四次好天气，中旬可能赶上也可能赶不上，还有下旬一次；十一月上旬还有一次，到十一月下旬就不好了。"[1]周恩来还对试验前各项准备工作作出了周密部署：由总参谋部和空军对地面和空中作出严密布防，以防敌人破坏试验基地或干扰首次核试验，同时还要防止核试验后敌人的报复行动；由刘杰负责组织原子弹研制关键技术资料、仪器设备的安全转移；由陈毅组织外交部做好对外宣传的准备工作；由张爱萍带领核试验委员会负责试验现场的组织指挥；刘杰在北京主持由二机部、国防科工委组成的联合办公室，负责与试验现场的具体联络。周恩来特别强调了保密问题，联络时要使用暗语和密码，任何人都不能以任何形式向外透露任何信息。会议当晚，张爱萍召开了紧急会议，对保

---

[1] 金冲及. 周恩来传（1898—1976）：下 [M]. 北京：中央文献出版社，2008：1585—1586.

密工作做了具体的安排，由李旭阁与二机部办公厅主任张汉周、刘杰的秘书李鹰翔、国防科委的高健民一起编了明密语。24 日，李旭阁以首次核试验委员会的名义，向周恩来、贺龙、罗瑞卿上报了首次核试验密码对照表，获批准。

9 月 27 日，张爱萍、刘西尧、李旭阁等乘专机返回试验基地，向参加首次核试验的全体人员传达了中央专委会第九次会议精神，及周恩来关于加强保密纪律的指示，同时还重点讲解了周恩来对核战线工作的具体要求。10 月 4 日，正式试验用的原子弹安全运达罗布泊试验基地试验场区。10 月 8 日，王淦昌、彭桓武、邓稼先等乘专机抵达试验场区，对原子弹的装配、控制测试系统做了严格的把关验收。为保证"不带着任何问题进行试验"，各系统、各单位又对各项准备工作进行了一次全面、彻底、细致的大检查。10 月 9 日晚，核试验委员会讨论了首次核试验的天气问题。根据气象部门预测，10 月 15 日至 20 日的天气情况符合原子弹爆炸的标准。

为确保万无一失，张爱萍在首次核试验委员会常委会议上，再次逐一审核了原子弹试爆的各项准备工作，确定都精准到位后，张爱萍命令李旭阁写了一份关于首次核试验准备工作和起爆时间建议的绝密报告，由李旭阁亲自送往北京。11 日，周恩来审阅并同意了这份报告，派其军事秘书和机要秘书将报告送毛泽东、刘少奇、林彪、邓小平、彭真、贺龙、聂荣臻、罗瑞卿等审阅。同时，告知 117 办公室刘杰："同意来信所说的一切布置，从十月十五日到二十日之间，由他们根据现场气象情况决定起爆日期时间，并告我们。"[1]12 日，首次核试验委员会再次召开常委会议，李旭阁传达了中央有关首次核试验现场安排的批示，以及关于首次核试验具体时间和保密问题的指示。

自 13 日起，参与首次核试验的各个单位都准备就绪，参试人员也已全部就位。与此同时，周恩来召集总参谋部、二机部、外交部负责人等就原子弹爆炸后的宣传及有关国际问题进行了讨论和准备，拟制形成了政府声明、新闻公报、中央通知、致各友好国家政府首脑信、外交部通知、对外宾外国记者谈话要点 6 个重要文稿。14 日 16 时，张爱萍"召集国家气象局和总参气象局等有关专家及阳平里气象站同志，会商气象。经综合分析认为 15 日、16 日是好天气，惟有基地气象站预报员朱品德认为 14 日晚间将有大风，阵风可达每秒 14—16 米。14 日 18 时，试验党委常委会议定 10 月 16 日为试爆时间，具体几点几分，至时视天气情况再定"。[2]10 月 15 日上午，气象预报当日 14 时之后风速下降，据此确定 16 日 15 时为原子弹起爆时间，获中央批准。

1964 年 10 月 16 日 15 时，中国第一颗原子弹按时起爆。经专家认定，首次核试验圆满成功。张爱萍、刘西尧将试验结果电报周恩来、林彪、贺龙、聂荣臻、罗瑞卿，并报毛泽东、中共中央和中央军委。当天晚上，中共中央、国务院发来贺电，指出："这次成功的试验，标志着我国国防现代化进入了一个新的阶段。"[3]

---

[1] 宋炳寰. 我国第一颗原子弹爆炸试验决策的经过 [N]. 百年潮，2014（7）.

[2] 东方鹤. 上将张爱萍：下卷 [M]. 北京：人民出版社，2007：537—538.

[3] 中共中央和国务院致电参与我国核试验的全体同志　热烈祝贺首次核试验的巨大胜利 [N]. 人民日报，1964-10-18（1）.

二、中国第一颗原子弹爆炸后的国际反响

（一）国际社会对中国爆炸原子弹的反应

中国第一颗原子弹爆炸成功，在国际社会引起了广泛且强烈的反应。不论是政府官方，还是舆论媒体，抑或是普通民众，都对这件事予以了热切的关注。有衷心祝贺的，也有趁机污蔑的；有欢欣鼓舞的，也有感到惊慌的，也有发出抗议的。下文主要总结美国、苏联、英国、法国四个有核国家对中国第一颗原子弹成功爆炸的反应。

在美国，人们首先为中国第一颗原子弹研制成功表现出的中国核科学技术的发展水平，以及中国独立自主、自力更生发展核武器的速度感到震惊。当美国获悉中国第一颗原子弹以铀 –235 为装料后，他们惊叹中国的核科学技术水平和发展速度已经超过了法国。据此，美国作出估计，中国将在数月内爆炸第二颗原子弹，正在努力试制的中程导弹和运载工具将在短期内解决，并且很快就会建成完整的核武器体系。其次，美国认为，中国第一颗原子弹研制成功，意味着美国以往阻止中国掌握原子弹技术策略的破产，这是对美国的"严重威胁"。为此，美国将会立即开始酝酿一个包括地下核试验在内的全面禁止核试验的条约。《纽约时报》透露，即将进行的美英首脑会谈会着重讨论全面禁止核试验和防止核扩散问题。《泰晤士报》报道，约翰逊和威尔逊一致认为"核武器的扩散是对和平最严重的威胁"，双方除研究"中国核力量对西方整个战略的影响"外，同时准备"在裁军方面采取新的步骤"。很显然，中国第一颗原子弹爆炸后，美国又企图通过新的条约来阻止中国进一步发展核力量，冻结中国现有的核

武器水平。如果可以换取中国不再进行任何核试验，拉拢苏联，并利用和平旗帜博取亚、非、拉主张全面禁止核试验国家的支持，美国愿意以停止已经取得足够资料的地下核试验为代价，因为这样，美国仍然可以继续保持其核优势。

在苏联，人们的反应不尽一致。从总体上看，在苏联学习和工作的学生、工作人员所接触的苏联人中，支持中国原子弹爆炸的人普遍认为，中国在很短的时间内就取得了这样巨大的成就是非常了不起的；中国应该有原子弹，这样就可以同其他拥有核武器的国家以平等的地位讲话了；中国掌握原子弹技术，有利于增强社会主义阵营的力量，加强保卫世界和平的力量；中国首次核试验成功，是中国人民在科学技术上取得的重大胜利。然而，也有一部分苏联人对中国首次核试验成功表示担忧。一种观点认为中国的核试验会污染大气层，影响苏联和中国人民的身体健康；一种观点则认为，中国掌握原子弹技术会引发核战争。有人说，从科学技术观点看，中国进行核试验并取得成功是中国人民的胜利，但从世界角度来看，中国的做法违背了世界各国禁止核试验的普遍要求。还有人说，中国根本没有能力制造原子弹，他们不相信中国会自己制造原子弹，有说是法国帮助制造的，也有说是苏联帮助制造的。此外，有部分苏联人对中国首次核试验持否定观点，他们认为，中国经济困难，科学技术和工业基础都很薄弱，应该在提高人民生活水平上多投资，而不应该着急试验原子弹，更何况苏联已经有了原子弹，苏联可以保护中国。

在英国，中国成功爆炸第一颗原子弹的消息立刻引起了英国各方的热切关注。英国官方率先对此事发表评论，但却较为消极，主要目的是贬低中国首次核试验的重大意义。17 日，英国各报均以显著位置和很大篇幅刊载了中国成功爆炸第一颗原子弹的消息。尽管《泰晤士报》和《卫报》全文登载了《中华人民共和国政府声明》，但英国官方的评论，直接影响了英国广播和报纸的论调，因此，大部分媒体对中国首次核试验的报道并不积极。它们突出强调中国爆炸的只是原子弹原始装置，没有运载工具，还算不上是真正的核武器，有报纸甚至说要到 20 世纪 70 年代中或者更晚一些才能研制出先进的运载工具，才能拥有真正的核武器。《工人日报》指出，苏联已经有了原子弹，中国根本不需要研制原子弹，中国进行核试验反而会增加核扩散的危险。但也有报纸对中国首次核试验作出了客观的评价，认为中国真正独立地发展核力量始于 1960 年，至今不过 4 年就"在没有苏联的援助下"爆炸了原子弹，低估中国是"不智的"。同时，有报纸还担心中国首次核爆炸及随之发表的声明产生的政治影响，不仅势必会对中国的邻国产生可观的影响，而且将大大加强中国在不结盟世界的威信。

在法国，虽有部分人说中国首次核试验"是一个坏消息，不仅是中国有了原子弹，而且给其他国家开了核扩散的先例"，但总体来讲，法国各方的态度比较积极，认为"这是国际舞台上的新因素"。中国首次核试验成功当晚，《法兰西晚报》就中国首次核试验成功增发了号外，与此同时，法国电视台也录制了相关节目，约请相关专家就此发表评论。17 日，"中国首次核试验"成为法国各大报纸的头版消息，很多报道都详细摘发了中国政府公报和声明，尤其对声明中提到的"自卫的目的"和"召开各国首脑会议，讨论全面禁止和彻底销毁核武器的建议"做了重点阐述。

法国媒体还比较公允地评价了中国第一颗原子弹研制成功的意义，普遍认为这件事的"政治、外交价值大于军事价值"。《解放报》说，中国首次核试验成功，要求接纳中国进入联合国的呼声将会更加高涨，中国进入联合国的理由也会愈加充分。《十字架报》说，中国在进入联合国的道路上向前迈进了一大步。《世界报》认为，虽然中国第一颗原子弹威力不大，但它立即就成为中国在国内外，特别是对不发达国家有力的政治和宣传武器。有专家称，不仅第三世界国家将会更加尊敬中国，连法国都认为中国在国际事务中将会发挥十分重要的作用。总之，法国对中国首次核试验的态度，较其他几个核国家要积极很多。10 月 21 日，中国驻老挝使馆秘书苏扬拜会法国新任文化参赞。参赞说："戴高乐总统所以主张法国应有核突击力量，那是为了自卫，因为美、苏都有核武器，法国也应有最少限度的核力量……我们才能遵循独立的政策。""只有大家都有核武器，才有可能禁止核武器，如果仅只美、苏有，那就禁止不了。当然核武器终究不是好事，打仗已经不好，但最终讲还有一定的道理，双方凭力量较量，而使用核武器杀人，一下几十万，就不是打仗了。因此，我们也是主张禁止核武器的。"

总之，从各国对中国第一颗原子弹成功爆炸后作出的反应来看，不论是站在本国立场发表的主观看法，还是立足于现实情况作出的客观评价，都说明中国第一颗原子弹的成功试爆是一件震惊世界的大事，其所产生的政治、军事影响力，对于国际战略格局而言，意义重大且深远。

（二）《中华人民共和国政府声明》及国际反应

中国第一颗原子弹成功试爆当日，中国政府便发表了《中华人民共和国政府声明》(以下简称《声明》),向国际社会阐明中国进行核试验的目的、中国掌握核武器后将要履行的国际义务两大重要问题。《声明》是 1964 年 10 月 13 日在周恩来的主持下,由乔冠华、吴冷西等人起草,后经中共中央书记处、毛泽东同意后确定的。《声明》的发表,是中国有关第一颗原子弹爆炸宣传和政治斗争工作的重要组成部分,这种公开宣传的方式,主动击破了一切污蔑和挑拨性的阴谋。

关于中国进行核试验的目的,《声明》强调指出,中国进行核试验和发展核武器是被迫的自卫行为,是为了对付帝国主义的核威胁和核讹诈。中国既要维护主权国家保卫自己的权利,也要行使保卫世界和平的国际职责。"面临着日益增长的美国的核威胁,中国不能坐视不动。中国进行核试验,发展核武器,是被迫而为的。"[1] 20 世纪 60 年代初期,美国在世界范围内的核威胁主要表现在以下几个方面。其一,美、英、苏三国曾在 1963 年 7 月 25 日企图通过签订部分禁止核试验条约,即《禁止在大气层、外层空间和水下进行核武器试验条约》,来保持其核武器优势。表面上,这一条约似乎是在削减对中国和全世界的核威胁,实际上美国只是暂时不进行大气层的核试验,"美国需要地下核试验,它尽量进行地下核试验,特别是改进战术核武器。它的目的很清楚。三国条约就是要束缚社会主义国家的手足,束缚民族独立国家的手足,而允许美国试验和扩散"。[2] 有关这一点,美国政府也曾毫不隐讳地作出声明,签订这个条约,绝不意味着美国不进

[1] 中华人民共和国政府声明 [Z]. 外交部档案馆:113-00467-02.
[2] 周恩来军事文选:第 4 卷 [M]. 北京:人民出版社,1997:496.

行地下核试验，不使用、生产、储存、输出和扩散核武器。其二，1963 年至 1964 年，美国进行了几十次地下核试验，还将核潜艇进驻日本，直接威胁着包括日本、中国在内的亚洲各国人民的安全。美国的潜艇携带着装有核弹头的北极星导弹，在台湾海峡、北部湾、地中海、太平洋、印度洋、大西洋反复出没，不断向爱好和平的国家和一切反抗帝国主义的新老殖民主义的各国人民进行核武器示威。其三，美国还企图通过所谓的多边核力量把核武器向联邦德国复仇主义者扩散，威胁德意志民主共和国和东欧社会主义国家。所有这些事实都与中国一贯主张的全面禁止和彻底销毁核武器的理想背道而驰。因此，如果没有美国的核威胁，没有美、英、苏三国签订的部分禁止核试验条约的"骗局"，没有美国所要坚持的地下核试验，没有核武器无原则的扩散，全面禁止和彻底销毁核武器将有可能实现。"中国发展核武器，不是由于中国相信核武器的万能，要使用核武器。恰恰相反，中国发展核武器，正是为了打破核大国的核垄断，要消灭核武器。"

关于中国掌握核武器后的国际义务，是《声明》的重点，得到了国际社会的普遍关注。首先，《声明》明确提出，尽管中国已经掌握了核武器技术，但中国作为马克思列宁主义和无产阶级国际主义的忠实拥护者，相信人民的力量，坚持认为决定战争胜负的是人，而不是武器，决定中国命运的是中国人民，决定世界命运的是世界各国人民，而不是核武器。"中国政府郑重宣布，中国在任何时候、任何情况下，都不会首先使用核武器。"中国支持世界上一切被压迫民族和被压迫人民的解放斗争，中国第一颗原子弹研制成功，将给予斗争中的各国革命人民以巨大的鼓舞。对于爱好和平的国家和人民提出的禁止一切核试验的要求，中国政府完全理解。但是，不得不承认，如果核武器一直被美国及其合伙者所垄断，那么核战争的危险就会不断升级，全面禁止和彻底销毁核武器的可能性也会越来越小。只有反对他们进行核垄断的国家也有了原子弹，他们的核讹诈和核威胁才会失灵。因此，中国研制原子弹是同全世界一切爱好和平的国家和人民为防止核战争而并肩作战的另一种努力。其次，《声明》强调，中国对核武器的政策以实现全面禁止、彻底销毁核武器为目标。"中国政府向世界各国政府郑重建议：召开世界各国首脑会议，讨论全面禁止和彻底销毁核武器问题。作为第一步，各国首脑会议应达成协议，即拥有核武器的国家和很快可能拥有核武器的国家承担义务，保证不使用核武器，不对无核国家使用核武器，不对无核武器区使用核武器，彼此也不使用核武器。""中国政府将一如既往，尽一切努力，争取通过国际协商，促进全面禁止和彻底销毁核武器的崇高目标的实现。在这一天没有到来之前，中国政府和中国人民将坚定不移地走自己的路，加强国防，保卫祖国，保卫世界和平。我们深信，核武器是人制造的，人一定能消灭核武器。"

10月17日，周恩来又专门就"召开世界各国首脑会议，讨论全面禁止和彻底销毁核武器问题"向各国首脑致电。周恩来在电函中说："一九六四年十月十六日，中国爆炸了一颗原子弹，成功地进行了第一次核试验。同日，中国政府就这一事件发表声明，详细地阐明了中国对于核武器问题的立场。中国政府一贯主张全面禁止和彻底销毁核武器，中国进行核试验、发展核武器，是被迫而为的。中国掌握核武器，完全是为了防御，为了保卫中国人民免受美国的核威胁。中国政府郑重宣布，在任何时候、任何情况下，中国都不会首先使用核武器。中国政府继续争取通过国际协商，实现全面禁止和彻底销毁核武器，并且为此，在自己的声明中，提出了以下建议，即：‘作为第一步，各国首脑会议应达成协议，即拥有核武器的国家和很快可能拥有核武器的国家承担义务，保证不使用核武器，不对无核武器国家使用核武器，不对无核武区使用核武器，彼此也不使用核武器。’防止核战争，消灭核武器，是全世界一切爱好和平的国家和人民的共同愿望。中国政府真诚地希望，中国政府的上述建议将得到贵国政府的有利考虑和积极响应。"[1]同日下午，外交部姬鹏飞、王炳南副部长将周恩来致世界各国政府首脑的电函面交美国、苏联、法国、匈牙利、德国等41个驻华使节，同时将致电中外文本明码发给各驻外使馆、代办处，委托交于各国外长。可见，中国邀请各国首脑召开讨论全面禁止和彻底销毁核武器问题会议的态度非常真诚。一直以来，在这一问题上，尽管中国立场坚定，但始终没有作为发起国主动提出倡议，此前多是对苏联关于裁军和禁止使用、制造、试验原子武器倡议的积极响应。这充分表明，中国第一颗原子弹的试爆成功，给予了中国在全面禁止和彻底销毁核武器问题上绝对的话语权，中国以核国家的身份对此进行呼吁，既有力地阐明了中国对于核武器的立场——不首先使用核武器，也充分显示了中国进行原子弹研制的最终目的——消灭核武器、遏制核战争。

　　从履行核国家义务的角度来看，中国发起全面禁止和彻底销

---

[1] 转达我国政府关于召开首脑会议讨论全面禁止和彻底销毁核武器的建议　周恩来总理致电世界各国政府首脑 [N]. 人民日报，1964-10-21（1）.

毁核武器的倡议，首先是对 1961 年召开的第 16 届联合国大会相关要求的严格遵守。第 16 届联合国大会曾要求所有国家，特别是拥有核武器的国家作出最大努力来确保缔结一项国际协定：核国家保证不把核武器的控制权和制造核武器所需的情报交给不拥有这种武器的国家。其次，中国关于全面禁止和彻底销毁核武器的倡议，是对世界无核国家关于销毁核武器提议的有效回应。1964 年 7 月 17 日，非洲统一国家首脑会议通过了关于核武器的宣言。该宣言认为，应该努力创造有利于国际和平与安全的条件，使人类免于核战争的灾难，这是非洲国家和政府首脑，对人民负责、对联合国宪章以及非洲统一组织宪章关于尽一切努力维护国际和平与安全承担义务的集中体现。1964 年 8 月 20 日，阿拉伯联合共和国驻华使馆临时代办哈利勒将这份宣言面交于亚非司谢丰副司长，请他递交给中国外交部，希望中国政府研究并提出看法。通过全面禁止和彻底销毁核武器的倡议，中国用另一种形式支持了这一宣言，同时也作出了在预期协定签署后坚决履行条款的承诺与保证。

此前，美国、苏联、英国、法国在掌握核武器技术后，均没有作出在任何情况下都不会首先使用核武器的郑重承诺，也没有提出全面禁止和销毁核武器的建议，因此，1964 年 10 月 16 日《中华人民共和国政府声明》以及 10 月 17 日周恩来致各国政府首脑的信在国际上引起了强烈的反响。

国际社会普遍认为，《中华人民共和国政府声明》在阐明中国核武器问题立场的同时，着重突出的是其重大的政治意义及其在保卫世界和平方面的价值。越南总理范文同说，中国政府的声明是发动一场"和平攻势"的有力工具。尽管敌对国家竭力对此进行诋毁，全世界爱好和平的国家和人民仍将逐渐看到，中国在核武器问题上的立场切实服务于世界和平，希望中国成功研制原子弹的事实和对待核武器的态度，能够提醒美国，促使美国接受全面禁止核武器的条约。

关于中国政府提出的召开全面禁止和彻底销毁核武器会议的建议，截至 1964 年 11 月 14 日，共有 57 个国家作出反应，其中有 13 个国家复信。在这 57 个国家中，有 29 个国家作出表态，其余包括苏联在内的 28 个未作出表态的国家，反应各有不同。

此外，有 6 个国家虽不反对中国的建议，但有明显的保留态度或另外提出了对案。提案主要集中于以下几个问题。一是核大国会谈问题。联合国秘书长吴丹提出了美、苏、英、法、中五国进行交谈，讨论禁止核扩散和裁军问题的建议。对此，美国既没有表示反对，但也没有明确支持。戴高乐在致周恩来的信中主张"有资格和负有责任的大国"举行会谈。二是主张中国参加联合国或其所属的裁军会议。有 17 个亚非国家和西欧、北欧国家主张先解决中国在联合国的代表权问题，以便使中国参加联合国的裁军会议。三是针对中国在建议中提出的进行全面禁止和销毁核武器的讨论提出对案。这些对案明显表现出美国等企图抵制中国的建议，同时也说明还有不少国家对中国的建议不太了解。

依据各国的反应，中国政府加大了对《声明》中提出的召开全面禁止和彻底销毁核武器的世界各国首脑会议的建议的宣传，有理有力地驳斥对中国不利的各种对案。随后，又有一部分国家复信周恩来，对中国政府的建议作出表态。11 月 17 日，阿尔及利亚民主人民共和国总统本·贝拉复信周恩来，表示完全同意中国全面禁止核武器的建议，希望这一建议能够得到世界舆论最广泛的赞同。此前，国际社会一切为彻底裁军而做的努力都"遭到那些想保持核垄断和维持一种他国人民无法摧毁的优势的核大国的抵抗。这就证明没有武装的国家不可能迫使全面裁军的实现。中国的原子弹为此提供了一个新的和十分重要的因素"。[1] 12月21日，英国首相威尔逊复信周恩来，明显表现出对中国进行核试验的不满，并试图抵制中国的建议。在英国看来，在禁试条约上签字的国家的数目已经表明，不在大气层或条约规定的其他范围内进行试验是世界各国人民压倒一切的愿望，因此，中国的建议并不是在目前情况下取得进展的最好方法。英国还认为，现阶段核武器已成为几个主要大国武器装备不可分割的一部分，要把彻底销毁核武器的措施和裁减常规武器、军队的做法联系起来，只有达成全面彻底的裁军协议，并且采取慎重平衡的步骤，不让任何国家在裁军过程中获得军事利益，这才能最终实现核武器的裁减和消除。尽管仍有国家反对或提出异议，但越来越多的国家对中国关于召开全面禁止和彻底销毁核武器的世界各国首脑会议的建议表示支持，包括苏联。

中国首次核试验成功后，中国政府即刻发表声明向国际社会阐明了中国进行核试验的目的，并郑重提出召开全面禁止和彻底销毁核武器的世界各国首脑会议的建议，是中国作为核国家在保卫世界和平事业上发挥作用的一项重要举措。中国这一建议得到了国际社会的广泛重视，并得到越来越多国家的积极响应。这些

---

[1] 本·贝拉总统复信周恩来总理　完全同意全面禁止核武器的建议 [N]. 人民日报，1964-12-3（1）.

事实都足以表明，中国第一颗原子弹研制成功赋予中国的力量，已经超越了掌握原子弹技术本身，更多的是中国在国际社会就核武器问题发表看法时所具有的举足轻重的分量。

三、中国第一颗原子弹研制成功的意义

（一）确立和宣示中国的核政策

核政策是国家或政党关于核问题根本意志的集中表现，具有鲜明的政治属性。同时，由于原子能在国防方面的用途，又使得核政策具有天然的军事属性。在具体考察中国的核政策之前，应该明确指出，我们之所以在这里没有说是"中国的核战略"，是因为中国政府在 2006 年才第一次明确公开使用"中国的核战略"这一提法，在此之前，中国一直没有对自己的核理论和战略作出系统的、具体的、权威性的阐述。那么，核政策和核战略究竟有何不同？广义而言，战略是政策的一种体现，因此，核战略是一国核政策的体现。致力于保卫世界和平，维护国家安全，中国始终如一地奉行特有的核政策，其核心内容就是：不首先使用核武器。

中国的核政策实际上是一种积极防御的军事政策，它最大的特殊性就在于，并不像"大规模报复"战略、"有限核战争"战略、"相互确保摧毁"战略等那样，以露骨的战争文字给予人们战略威慑与和平危机。这就使得中国"不首先使用核武器"的政策，即使是在核时代，也自然而然地赢得了大多数国家和人民的肯定和赞誉。

中国在 20 世纪 60 年代掌握核武器技术时，外部的环境并

不乐观。一方面，以美国为首的西方阵营对社会主义中国依然实行封锁、包围政策；另一方面，社会主义阵营内部，中苏关系已告破裂，且日益紧张。在已经掌握原子弹技术，而其他核大国奉行核威慑和所谓的"核保护"政策的情况下，中国能够独树一帜地、单方面地、无条件地作出"不首先使用核武器"的郑重承诺，体现的不仅仅是超群的胆魄，更是超出历史条件的战略远见。中国的核政策，既非一些人所说的"一厢情愿的道德诉求"，也不是另一些人所说的特殊历史条件下的"权宜之计"。探究中国核政策的影响因素，有利于我们深刻理解中国的核政策。

首先，从1945年美国在日本投爆原子弹开始，以毛泽东为核心的中国共产党第一代领导集体就对原子弹、核武器、核战争有着理性的思考，揭露了原子弹、核武器、核战争的本质，为中国制定正确的核政策提供了基本依据。其次，中国一以贯之的和平原则，决定了中国核政策的自卫性和防御性。面对超级大国的核威胁，为了保卫中国人民和世界其他爱好和平的国家和人民免受核战争的威胁，中国必须发展核力量。再次，中国的核政策与积极防御在本质上是一致的。"积极防御的方针，应该是不断地加强我国的军事力量，继续扩大我国的国际统一战线活动，从军事上和政治上来制止或推迟战争的爆发。"[1]通过研制原子弹以增强中国的军事实力，随时准备对付核国家的突然袭击，是中国奉行积极防御方针的重要步骤之一。

---

[1] 建国以来毛泽东军事文稿：中卷［M］. 北京：军事科学出版社，中央文献出版社，2010：304.

中国核政策具有以下特点。第一，原则上的不变性。中国核政策始终以不首先使用核武器为核心原则，并保持数十年稳定不变，即使在国际格局不断发生重大调整的情况下，既不惧怕可能的"现实遭遇"，也不轻信所谓的"作茧自缚"，始终坚持毫不动摇，这在核时代绝对是独一无二的。第二，军事上的自卫性。与其他核国家的核政策做一对比，可以看到，只有中国的核政策体现了防御和自卫最本质且最完整的内涵。中国首次核试验成功后，当即作出声明："中国发展核武器，是为了防御，为了保卫中国人民免受美国发动核战争的威胁。"这一声明，符合中华民族长久以来固本安边、立足防御的传统战略，是中华人民共和国成立后进行社会主义建设的内在要求。第三，政治上的独立性。中国核政策将国际正义原则、国家政治需求、国家现实国情三者融为一体，在适量有限、不搞核军备竞赛原则的基础上发展核武器，保证了中国在核问题上的政治主动。拥有核武器固然重要，但中国是一个发展中国家，要在经济建设得以保证的基础上发展核武器，因此，中国不会走核武器无限发展之路。

正如中国第一颗原子弹成功试爆后，中国政府《新闻公报》所指出的，中国核试验成功"是中国人民对于保卫世界和平事业的重大贡献"。[1]中国核政策在军事上的自卫防御性及政治上的独立性，是中国制定核政策的基本出发点。一方面，中国核政策的自卫防御性决定了中国研制核武器的目的是为了制约核威胁、抵御核战争。苏丹武装部队最高委员会主席阿布得·易卜拉欣在中国第一颗原子弹成功爆炸后分析说，世界上只有几个大国拥有

---

[1] 新闻公报 [N]. 人民日报，1964-10-17（1）.

核武器，是解除不了核武器威胁的，世界上应该有足够数目的国家要掌握这种武器，这样做，互相就可以制约，世界上的力量得到平衡，并进而由此导致彻底销毁全部核武器。道理很简单，如有两个人，一人有枪，一人无枪，持枪人就会射击无枪人，如果两人都有枪，双方就都得考虑对方的力量。另外，即便在一人持枪、一人持箭的情况下，持枪人还会打击持箭人，这是因为力量不平衡。从这一意义上讲，中国第一颗原子弹研制成功产生的核力量制衡效应，对核时代的世界和平事业意义重大。另一方面，中国核政策坚持适量有限、不搞核军备竞赛的原则，促进了全球核不扩散的进程。自从解决了有无问题，中国核力量始终坚持适量有限的原则。中国不随意发展核武器的战略，在国际社会彰显了中国支持全球核不扩散机制的姿态；中国不首先使用核武器的承诺，将核武器作用抑制在战术范围之外，从政治道义上防止了核扩散，大大降低了世界范围内核军备竞赛的可能。

总之，20世纪五六十年代，中国反对和遏制核战争、不首先使用核武器的核政策，是中国出于军事上自卫的考虑，并以中国一贯所奉行的积极防御战略为基本出发点，以国家战略发展为宏观依据而制定出的核武器发展模式。这一模式体现了核政策首要的防御和自卫内涵，制约了核威胁，遏制了核战争，降低了世界范围内核军备竞赛的风险，为保卫世界和平作出了重大贡献。

（二）捍卫和维护国家安全

国家安全，通常指一个国家既没有外部的侵略威胁，又没有内部的混乱无序的客观状态。对国家安全造成影响的，既有国际安全形势、国家周边安全环境等外部因素，也有国家政治制度、经济发展政策、传统文化等内部因素。如今，国家安全在传统政治安全和军事安全的基础上，又有了诸如经济安全、文化安全、信息安全等新要素。中国从未把国家安全孤注一掷地建立在拥有核武器上，也没有把自己的核力量作为国家防务的唯一基石。中国始终认为，决定战争胜负的是人而不是武器，正义的自卫战争必定战胜非正义的侵略战争。那么，中国发展核武器的安全意义何在？就是从根本上改变中国的防务结构，大大提高中国军事力量的整体实力和威慑作用，最终达到保卫国家安全、维护世界和平的目的。

从中国第一颗原子弹的研制外部因素来看，中国首次核试验主要针对美国的核威胁给中国传统国家安全带来的消极影响。20世纪50年代，中国共遭遇美国三次大的核威胁。

第一次是在朝鲜战争期间，有关这一点，本文第一章已有详细论述。

第二次是在1955年年初金门马祖危机期间。1955年3月6日，艾森豪威尔与杜勒斯秘密协商，一旦台湾海峡的危机持续升级，美国将会对中国使用核武器。3月8日，杜勒斯发表广播电视讲话指出，对美国政府而言，核武器和常规武器可以相互替换使用，对付中国一个"必不可少的因素是美国的威慑力量和我们愿意使用这种力量去回答军事挑衅的决心"。[1]12日，杜勒斯再次讲话指出，美国政府已下定决心，一旦在台湾地区发生战争，美国将使用战术原子弹。据美国中央情报局估计，第一次台湾海峡危机期间，如果美国对中国的飞机场和军队集结地使用战术核

---

[1] 赵学功. 核武器与美国对第一次台湾海峡危机的政策 [J]. 美国研究,2004（2）.

武器，其周围地带将会有 1200 万至 1400 万平民伤亡。[1]

美国对中国第三次核威胁是在 1958 年中国人民解放军炮击金门期间。炮击金门的策略让台湾当局和协防美军措手不及。在此情况下，美军又产生了动用战术核武器的念头。1958 年 8 月中旬，美国战略空军指挥部命令关岛军事基地的 5 架 B-47 轰炸机处于警戒状态，一旦冲突升级，这 5 架轰炸机将装载 1 万—1.5 万吨 TNT 当量炸药威力的战术原子弹，空袭厦门机场。美国还到处散布消息，称其将在台湾地区调运配有核武器的空军部队，运送各种火箭和导弹。20 世纪 60 年代初期，美国情报部门搜集到中国正在研制原子弹的信息后，肯尼迪还曾试图利用中苏分歧，鼓动苏联采取联合行动，对中国核设施实施军事打击。在经过一年半的努力未见成效后，美国才将注意力又转回了禁止核试验条约。这期间美国进行了如下核部署：在关岛建立了战略核轰炸基地和北极星核潜艇基地；在冲绳设立了核导弹基地；将 F-105D 核武轰炸机进驻日本；在韩国和中国台湾地区派驻了拥有核武器的部队；为驻太平洋地区的空军配备了能够携带核武器的飞机，海军则经常保有能携带核武器的航空母舰和潜水艇；在中国毗邻地区举行核武器演习，派核潜艇参加东南亚条约组织的军事演习，在台湾北部海面举行投掷原子弹的演习。

对于美国的核威胁，赫鲁晓夫曾指出："在目前美国早已不是原子武器的垄断者的情况下，它想用原子武器来吓唬其他国家

---

[1] John L. Gaddis et al eds, *Cold War Statesmen Confront the Bomb: Nuclear Diplomacy since* 1945, New York: Oxford University Press, 1999, p.76.

的企图完全是徒劳的了。"[1]必须让超级大国意识到，"并不只是美国，而且另一方也拥有原子武器和氢武器以及相应的发射这些武器的工具，如果竟然对中华人民共和国发动这种进攻，那末，侵略者就将立即遭到应有的、同类武器的反击"。[2]从这一意义上讲，中国研制原子弹，是为了制止敌人首先使用原子弹，遏制核战争的爆发。特别需要说明的是，中国通过"以慑止战"来维护国家安全和世界和平，与一般所谓的核威慑理论有着根本的区别。中国的"以慑止战"是积极防御型的战略，是把核武器的威慑作用使用在慑止超级大国对中国发动核战争或进行核讹诈上，而一般的核威慑理论，是依仗核力量挟控他国，从而达成政治、经济或军事目的。

中国的核政策对国家安全和世界和平的贡献，还在于中国始终将核力量维持在国家安全所需要的最低水平线上。这是一种有限发展的战略，是由中国自卫防御的核政策决定的。一方面，中国是一个发展中国家，国家的主要任务是集中力量进行经济建设，发展国民经济，不会在扩大核力量的规模上无限制地投资。有人说，也正是因为中国是发展中国家，尤其在20世纪五六十年代，国家经济条件根本不允许中国大规模地发展核武器，所以，从根本上讲，中国的有限的核发展战略受制于国家经济条件。但试想，既然受制于国家经济条件，当年中国人为什么还要勒紧裤腰带，毅然决然地把原子弹研制出来？还是因为国家安全

[1]赫鲁晓夫就台湾海峡地区局势问题给艾森豪威尔的信（全文）[N].人民日报，1958-9-10（3）.
[2]赫鲁晓夫9月19日给艾森豪威尔的信[N].人民日报，1958-9-20（2）.

受到了威胁。如果没有巩固的国防，没有一个相对安全的外部环境，任何经济发展、国家建设都风雨飘摇。此外，中国奉行的是积极防御的战略方针，不以称霸为目的，也就不会无限制地发展核武器。中国始终坚信，核武器的巨大破坏力已经制约了对它的再次使用，因此，中国不追求增强"第一次核打击"的能力，更不追求利用核武器称霸世界。

由此可见，中国在保卫自己国家安全的同时，也在积极消除世界不安全因素，这实质上是将家国情怀上升到了国际大爱的层面。通过实现核目标而维护世界和平的大国风范，历史性地辉映于当下所倡导的人类命运共同体。中国人懂得"什么样的世界是美好世界"，中国也明白"怎样建设美好世界"，这是中国人对世界的贡献。

（三）推进国防现代化建设进程

纵观当代中国核武器发展历程，第一颗原子弹研制成功有着坚实且重要的基础性地位。原子弹研制过程中对尖端科学技术的探索，以及为此造就的核研究队伍，为其他尖端武器的研制提供了准备。中国首次核试验成功，标志着中国国防现代化建设迈开了重要一步。在此基础上，此后几年时间内，中国国防尖端技术取得了一系列令人瞩目的新突破。1965 年 5 月 14 日，中国成功进行了核航弹的空投试验，从此，中国有了可供实战需用的核武器。此次空投试验之所以能一举成功，其中一个重要原因就是将核装置的理论模型和结构在首次核试验结果的基础上进行了合理优化，再加上首次核试验用的原子弹装置技术水平比较高，有效缩短了原子弹武器化的周期。1966 年 10 月 27 日，中国首次发射导弹核武器试验取得成功，实现了"两弹"的结合。1967 年

6 月 17 日，以原子弹为引爆装置的氢弹试爆成功，提前实现了毛泽东 1958 年 6 月 21 日在中央军委扩大会议上提出的"搞一点原子弹、氢弹、洲际导弹，我看有十年功夫是完全可能的"[1]预想，中国核武器发展实现了又一质的飞跃。1970 年 12 月 26 日，中国自行设计和建造的第一艘核动力潜艇安全下水，经试航证明，各项性能均达到设计要求，中国成为世界上第五个拥有核潜艇的国家，当代中国武器装备又一次令世界刮目相看。

历史表明，实现军队的现代化，必须首先实现武器装备的现代化。衡量一国国防是否迈向现代化的重要标准，也是武器装备的现代化。20 世纪 50 年代以来，随着现代化武器装备在局部战争中的使用，人们愈益认识到军事高技术对于提高武器装备质量的重要意义。发展并促进现代化科学技术在军事领域的广泛应用，是实现科学技术价值的重要路径。从近代科学技术发展的历史来看，在军事领域，武器装备是科学技术最集中的物质表现，而科学技术作为关系武器装备发展的决定性因素之一，又会极大地影响武器装备的发展。基于此，以毛泽东为核心的中国共产党第一代中央领导集体，将中国国防现代化建设的突破口放在发展尖端武器装备上，既符合发展逻辑，又顺应客观需求。

中国第一颗原子弹研制，是对 20 世纪 50 年代中期中共中央发出的"向科学进军"伟大号召的积极响应，是中国武器装备水平追赶"科学技术新发展中最高峰"的具体实践，是当代中国尖端武器发展的重要探索，推进了中国国防现代化建设的进程。中

---

[1] 建国以来毛泽东军事文稿：中卷［M］. 北京：军事科学出版社，中央文献出版社，2010：387.

国第一颗原子弹的成功研制，不仅促进了武器装备的现代化，还带动了国防现代化建设的其他方面。在国防现代化建设中，原子弹研制对具有先导意义的军事思想现代化的影响主要表现在：要依据时情与需要提出适当的战略指导思想。以毛泽东关于国防建设与经济建设的认识为例。1956 年 4 月，毛泽东在听取了关于发展国民经济的第二个五年计划汇报后指出，国防建设要既考虑需要又考虑可能，"减少国防费用多搞些经济建设"，[1]"你对原子弹是真正想要、十分想要，还是只有几分想，没有十分想呢？你是真正想要、十分想要，你就降低军政费用的比重，多搞经济建设。你不是真正想要、十分想要，你就还是按老章程办事。这是战略方针的问题"。[2]毛泽东的这一认识，把经济建设和国防建设的关系做了适当的安排与调整，是毛泽东军事思想的重要内容之一。

总之，中国第一颗原子弹的成功研制，是当代中国国防科技事业自力更生、艰苦奋斗，努力追赶世界科学技术发展最高峰的突出成就，为尖端武器装备的发展奠定了坚实的基础，有力推进了中国国防现代化建设的进程。

（四）带动国民经济和科学技术的发展

纵观国防高技术的发展历史，可以看到，国防高技术具有以下特质：第一，国防高技术具有前沿性，在展现科学技术进步最新成果的同时，还引领了科学技术发展的方向。第二，国防高技

[1] 建国以来毛泽东军事文稿：中卷 [M]. 北京：军事科学出版社，中央文献出版社，2010：306.

[2] 建国以来毛泽东军事文稿：中卷 [M]. 北京：军事科学出版社，中央文献出版社，2010：308—309.

术具有全局性，其重大突破经常会为科技及相关产业开拓出广阔的发展空间。第三，国防高技术具有系统性，当代国防科技项目多为大型系统工程，融诸多科技领域于一体，对相关科技及其集成整合乃至管理科学发展都具有极大的带动作用。因此，国防高技术发展的最佳模式，是将国防科技与国家经济建设相融合。一方面，在经济条件允许的范围之内发展国防科技；另一方面，在物化国防科技的同时，将其关键技术与核心成果渐次向经济建设转移。

"自然的和人为的放射现象的发现与对重原子核分裂的连锁反应的研究，对于生产力的发展具有重大的意义。"[1]中国开展核科学技术研究，开发原子能，虽以其在国防方面的用途为直接目的，但最初以原子能的和平利用为突破口，并终将回归到这条道路上。从国民经济发展需求看，原子能和平利用的现实价值大于其军事用途。原子能和平利用与国民经济、人民生活关系密切，包括核电建设、同位素和其他核技术的开发应用等。原子能的军事利用，即核武器的研制，可以为国家发展建设提供安全稳定的环境。从这个意义上讲，原子能的军事用途为其和平用途服务。如果原子能的利用仅停留在军事层面，那么，就等于忽略了原子能创造经济价值和提升人民生活水平的功能。因此，在原子能的利用问题上，一旦军事需求得以满足，其重心就必然会向和平方面转移，体现出原子能为国民经济服务的根本属性。

事实上，原子能事业创建伊始，中国就对原子能的和平利用给

---

[1] 甫·米哈依洛夫，姆·姆克德契夫. 为国民经济服务的原子能 [N]. 人民日报，1954-7-3（3）.

予了特殊的关注，曾经考虑在北京建造中国第一个原子能电站。中国原子能事业初期，对和平利用原子能的受益考量，主要着眼于以下三个方面：其一，利用原子能解决动力来源问题。动力来源是一切工业建设的首先要考虑的问题。由于不受燃料供应地理条件的限制，原子能发电站的建立可使经济建设在规划方面摆脱动力来源的限制，减轻工业密集区的负荷，拉动其他地区经济和工业的发展。此外，相比水力发电基本建设耗时较久、耗资较大且受地理条件限制，以及火力发电又得考虑其原料煤的来源、储藏和运输等缺陷，原子能发电站的基本建设费用比水力发电站低，经营费用又比火力发电站低，还可降低煤的使用，减少工业城市的煤烟污染。因此，原子能发电站所提供的电力将会是物美且价廉的。其二，利用原子能改善交通运输业。在当时，铁路交通力量很大一部分都被用在了工业用煤的运输上。一旦原子能代替了工业用煤，就可以将更多的铁路运输力量放在建筑材料、工业成品以及人的交通问题的解决上。同时，如果交通动力能够借助于原子能，还会提升陆路、航运的运输管理效率。其三，原子堆的副产物——放射性同位素在其他科学门类上的有效应用。在医学上，某些放射性同位素可以代替镭来治疗癌症，放射性碘可以治疗甲状腺疾病，放射性磷可以治疗血管肿瘤和其他皮肤病等；在工业上，放射性钴可以用来检测金属制品的内部损伤；在农业上，放射性磷肥可以有效提高土豆、棉花等农作物的产量。可以说，当原子能用于和平目的后，国家建设的诸多领域以及人们生活的很多方面都会受到积极的影响。

尽管原子能和平利用影响深刻且广泛，但中国发展原子能事业必须首先满足国家安全需求，集中力量实现原子能武器化，再在此基础上进行"军民结合""保军转民"。在中国研制原子弹的实践中，核科学研究、铀矿地质勘探、核燃料工业建设等重要环节，对原子能和平利用意义重大，是实现原子能和平利用为国民经济服务的重要基础。核科学研究方面，中国第一颗原子弹攻关坚持"以任务为纲，任务带学科"和"边学边干，出成果，出人才"的理念，带动了相关基础学科的发展，造就了一大批高精尖科技人才，为相关科学技术领域的持续发展、跟踪世界发展前沿提供了必要的人才和技术储备。核电建设方面，早在1957年，按照中苏两国政府协议，由苏联援助建设的酒泉原子能联合企业，在军用钚反应堆的设计方面，就考虑了生产和发电两个方向；铀矿资源勘查、铀矿山开采则为核电建设提供了必要的基础性原料；浓缩铀生产力、反应堆工程基础建设以及原子弹研制带动的制造工业的进步，为核电建设堆型的选择和发展提供了现实准备。同位素的研究和应用方面，中国在原子能工业建设、原子弹研制的过程中，有计划地开展了同位素的研究与应用工作，建立了基本的研究机构，培养了一批人工放射性同位素科研骨干，在研制军用放射性同位素的同时还获得了民用堆照同位素药物、标记化合物、石油测井用中子源等，为此后同位素技术的发展及应用规模的不断扩大创造了基本条件。

中国第一颗原子弹研制成功，是当代中国科学技术发展史上最具影响力的事件之一，开启了当代中国国防科学技术发展的光辉历程。不仅为原子能工业建设在物质技术方面奠定了良好的基础，建立了一套比较完整的原子能工业体系，还拉动了冶金、机械、电子、化工、材料等一批传统工业部门较大程度的技术进步，开辟了核仪器设备制造、核安全防护及环保卫生事业、核教育事业等新兴科学技术领域，促使原子能更好地为国民经济服务。

（五）巩固和提升中国的大国地位

大国地位，要求国家拥有符合大国身份的综合国力，同时能够广泛参与本区域或世界范围内的国际事务并有重大影响。据此可判断，抗日战争结束后，中国在联合国安理会常任理事国席位的确立，只是从法理上确定了中国的大国地位。原子弹诞生后，就综合国力而言，核力量已成为衡量一国军事实力的重要标准，为大国地位增添了新的要素，也为综合国力的其他方面，如政治、经济、科技等的发展注入了新的能量；就国家参与本区域或世界范围内的国际事务而言，拥有核武器为一国解决世界核问题、引导核形势提供了国际话语权和制衡力量。参照以上概念和逻辑可以得出，中国第一颗原子弹研制成功，增强了中国包括军事、经济、科技等在内的国家实力，树立了中国的大国形象，提升了中国的国家威信，振奋了中华民族的民族精神，进而从事实上确立并巩固了中国的大国地位。

第一，中国第一颗原子弹研制成功，为中国维护大国形象提供了战略平台。建设和发展能够保卫世界和平的武装力量，并在首次核试验成功后作出政治和道义表态，对于维护中国的大国形象具有重要的战略意义。掌握原子弹技术，是中国作为有核国家，维护世界和平的必要前提。通过这种方式树立国家形象，必然有挑战，难免有非议。客观而言，核武器的极大破坏性和毁伤性，会致使国家的核形象自然地偏于破坏、恐怖、威慑等非和平方向。但中国在掌握原子弹技术后，第一时间便发出了《中华人民共和国政府声明》。这是中国有关核问题的第一份国际倡议，得到了世界爱好和平的国家和人民的支持，"我们相信，中华人民共和国进入核大国行列，对促进我们一贯共同主张的全面彻底裁军正在作出卓有成效的贡献"。[1]中国作出"不首先使用核武器"的承诺，是综合国家利益和世界和平事业的慎重决定，"是现实的，是合情合理的，是简单易行而不牵涉到监督问题的。如果有关国家都愿意承担这个义务，就可以立即减少发生核战争的危险。这就向全面禁止和彻底销毁核武器的最终目标迈开了重大的第一步"。[2]中国的承诺，在核国家中是独一无二的，扭转了一直以来核国家"以核为本"的军事负面形象。可以说，中国通过核战略为世界和平作出的贡献，是当今世界上任何一个核国家都无法企及的，由此树立起核国家"以核止核"的光辉形象。

　　第二，中国第一颗原子弹研制成功，为中国提升国家威信提供了历史契机。任何一个有威信的领导者，都不是只会动动嘴皮子的演说家。一个领导者有没有威信，有没有群众基础，关键看他为群众做了多少有意义的事情。同样的道理，国家威信的提升也不能靠单纯的外交斡旋，还需要以特定的历史事件为依托。就中国第一颗原子弹研制历程而言，从核决策的作出，到争取苏联的核援助，再到苏联毁约停援，最终独立自主地实现首次核试验成功，中国表现出的跻身大国行列的战略眼光和战略勇气，为实现目标而艰苦奋斗、顽强拼搏的民族精神，赢得了世界爱好和平国家和人民的称赞。就中国第一颗原子弹成功

---

［1］西哈努克亲王致电刘主席热烈祝贺我国核试验成功［N］. 人民日报，1964-10-22（1）.

［2］打破核垄断　消灭核武器［N］. 人民日报，1964-10-22（1）.

研制后，中国在核武器问题上作出的表态而言，中国保证承担核国家在核问题上应有的责任和义务，并率先作出不首先使用核武器的承诺，表明了中国在核问题上强烈的责任意识。对承诺的一以贯之，是履行承诺的最好方式。时至今日，中国始终坚守这一承诺不动摇，这种责任感和行动力铿锵有力，必然会得到世界爱好和平国家和人民的信任。就中国为保卫世界和平事业作出的贡献而言，中国拥有并掌握核武器，制衡了核威慑，遏制了核战争。回想当年，中国举全国之力研制原子弹不是为了核威慑，而是为了世界和平。中国第一时间公布首次核试验成功的消息。尽管中国的原子弹研制是相对保密的，但首次核试验成功的消息是第一时间公开的，这就使得中国首次核试验成功并没有给国际社会带来安全恐慌，反而赢得了更多的赞誉和支持，此维度下的世界和平理念，也必然会受到全世界爱好和平国家和人民的尊重。

第三，中国第一颗原子弹研制成功，为振奋民族精神、提升民族士气提供了力量源泉。1964 年 10 月 16 日，原子弹试验发出的巨响，庄严地向世界宣告：中国的科学技术已经开始突飞猛进地发展，未来一定会在世界高科技领域占有一席之地，中国有资格就核问题发表自己的意见和建议。中国在 20 世纪五六十年代国家经济和工业基础薄弱、科技水平较差的情况下，独立自主、自力更生地研制出了原子弹，这一人类文明史上勇攀科技高峰的空前壮举，集中体现了中华民族的创造能力，极大地鼓舞了中国人民的志气。"原子弹爆炸为中国人争了口气，因为那时中国很穷、很困难，连一辆汽车都造不出来"，中国是在超级大国的核威胁下，"在苏联人的讥讽中造出了原子弹"。[1]在为"两弹一星"事业的奋斗中，广大研制工作者培育和形成了"热爱祖国、无私奉献，自力更生、艰苦奋斗，大力协同、勇于登攀"的"两弹一星"精神。"两弹一星"精神，集中体现在中国第一颗原子弹的研制过程中，是中华民族宝贵的精神财富。

[1] 草原会战的见证者［N］. 祁连山报，2009-11-2（4）.

第六章 "我愿以身许国"

伟大的事业，成就伟大的精神。中国第一颗原子弹研制，集中成就了"两弹一星"精神。在中国第一颗原子弹的研制历程中，无处不扎根着"两弹一星"精神的历史生长点。这些历史生长点是对"两弹一星"精神最精确、最生动的诠释。历史要人来创造，伟大的精神由从业者们来书写。"两弹一星"精神的缔造者，有著名的科学家，也有不知姓名的技术工人，还有默默奉献的军人。再现历史，将那些伟大的人物、感动的事件凸显出来，可以使"两弹一星"精神更加丰满有力。以人物和事件去映照一种精神，不仅需要具备宏大的叙事视野，还需注重扎根史料的历史细节。由于客观条件限制，中国第一颗原子弹研制几易主要研制场地。本章将以中国研制第一颗原子弹并成功实现首次核试验成功的地理方位为历史分界参照，简要介绍核武器研制基地、爆轰物理试验场以及试验基地的基本情况，同时讲述那些感动中国的人物与事情，用史实诠释"两弹一星"精神。

一、"在那遥远的地方"

（一）建设西北核武器研制基地

中国核事业的发展，以核科学技术研究为发端，主要在中国科学院近代物理研究所（后更名为原子能研究所）进行。此后，随着原子能事业的主线由和平利用原子能转向原子弹研制，中国的核事业逐渐有了配套的、完整的发展体系。除原子能研究机构，以及发展核工业所需的矿山、工厂外，还陆续建设了核武器研制基地、爆轰物理试验基地、试验基地等原子能军事利用基地。这其中，最先着手动工的是西北核武器研制基地。

根据1957年10月15日签订的中苏《国防新技术协定》规定，苏联政府须帮助中国设计和创建一所核武器研究院，为保密起见，工程代号为221。1957年10月下旬，第三机械工业部与苏联设计总局签署了《二二一厂工程项目设计任务书》和《二二一工程项目设计工作明细表》，由第三机械工业部设计院与苏联列宁格勒设计院对221厂进行初步设计。1958年1月8日，第三机械工业部成立第九局（以下简称九局）专门负责核武器的研制、生产和建设工作，李觉任局长，吴际霖、郭英会任副局长。九局成立后，着手进行了核武器研制基地的选址、勘测、设计、机构筹备等工作。

另据《国防新技术协定》，苏方还将选派包括组长安德列耶夫以及负责工程地质、建筑、给排水、电力等方面的选厂专家组，帮助中国为221工程选址。1958年3月，二机部派出九局吴际霖、郭英会两位副局长，国家建工部设计院何广乾总工程师，以及其他技术人员与苏联专家组成核武器研制基地选址小组，在四川、甘肃、青海三省开始选址。选址主要遵循以下原则：第一，要有利于战备，厂址必须保证高度的机密性、安全性和隐蔽性；第二，考虑到投产后会有放射性，还需要进行爆轰试验，或许以后还需要建设专用机场，该厂对水、电、交通及占地面积要求较高；第三，尽量少移民。在历经了初选、勘察、定点三个阶段的工作后，最终确定在青海省西宁市往西北 102 公里的海晏县的金银滩草原建设核武器研制基地。这里地处湟水源头海晏盆地，距离青海湖 30 公里，四周环山，便于隐蔽，且有很多山包，非常适合爆轰试验。4 月，选址结果经二机部审查通过后上报中央，后获批准。

1958 年 7 月，为帮助中国初步设计核武器研制基地，苏联核武器研究院向二机部派来 3 位专家。7 月 15 日，3 位专家根据 7 月初在青海核武器研制基地视察的结果，在北京向宋任穷、刘杰、袁成隆、钱三强、吴际霖、郭英会等做了汇报，并介绍了有关原子弹的原理、结构和设计。随后，朱光亚根据汇报的内容回忆整理出一套资料。尽管报告只是教学概念的传输，没有涉及工程设计，而且有些数据还存在误差，但这次报告从总体上对于原子弹研制初期起了 "引路的作用"。[1] 8 月，第一批建设队伍在李觉的带领下奔赴金银滩草原，开始进行基地建设。创业的艰难从一开始就难以想象，仅就创业人员的数量来讲，只有 20 多人，其中多数是负责勘察设计的工程技术人员。此外，还有 3 顶帐篷、4 辆解放牌卡车和 4 辆苏制嘎斯 69 越野吉普车。

221 基地的建设，离不开国内有关各方积极的支持和支援。例如，青海省人民政府成立了由时任青海省副省长薛克明牵头的专门小组，协助解决征地、移民、筑路、地方性建筑材料和生活物资供应等问题。在青海省委的帮助下，1715 户牧民迁往他乡。为支援基地施工的筹备工作，青海省还分别从河南省清丰、内黄两县调来 6400 多名支边青年，从兰州建筑工程局和第九生产设备

---

[1] 宋任穷回忆录 [M]. 北京：解放军出版社，1994：348—349.

安装公司等单位选调了 1200 多名职工，组建了一〇四建筑工程公司和一〇三安装工程公司第四工程处，共同承担基地的施工任务。党中央、国务院高度关注并大力支持 211 基地建设，先后从全国各地调拨黄豆、肉类、蔬菜等紧缺物资作为基地建设的生活补助。1958 年 10 月、11 月，国防部和总参谋部先后从部队抽调 121 名驾驶员、80 台苏制嘎斯汽车，在国家建工部所属兰州工程局第三建筑工程公司宿舍，成立了车队。为充实基建力量，中央军委还分配给基地退伍战士 1900 人，于 1959 年 2 月陆续进入厂区施工。

221 基地是新中国较早动工的尖端武器研制基地。工程本身规模宏大、技术复杂，包括几十个工程项目，需要安装的设备种类繁多，数量巨大，技术要求高、难度大，而且由于地理环境限制，这里的工程建设也尤为困难。特别是在建设初期，一砖一瓦、一铁一木，乃至建筑用的砂石都得从千里之外运来。时值国内经济困难时期，再加上国际社会对中国核武器研制的提防与干涉，与其他一般国防工业建设工程相比，建设这样的基地，其特殊性和艰难性可想而知。

除需要克服工程本身规模宏大、技术复杂的困难外，还要与恶劣的自然环境作斗争。金银滩地区高寒缺氧，空气干燥且稀薄，气压不足，水烧到 80 摄氏度就沸腾。四季不明显，无霜期很短，适合室外施工的时间不长，一年有 3/4 的时间要穿棉袄，春、秋两季还有较多沙尘暴天气。此外，当地经济基础较弱，交通、生活条件也非常艰苦。西北核武器研制基地第一批开拓者就是在这样的环境下，怀着强烈的民族责任感，住帐篷、抗饥饿、战严寒，开始了艰难的创业。1958 年 10 月 26 日《人民日报》刊登了一篇题为《到青海去》的文章，是一位叫聂眉初的记者在青海考察后写的观后感。文章对青海的交通、自然环境、资源情况以及人们的生活状况做了详解介绍，呼吁人们能够克服困难，积极投身到西北边疆富源的开发中来。[1]文章虽然没有直接与核武器研制基地相关联，但在一定程度上能够让那些前往金银滩从事建设工作的人们对当地的环境有一个大体的了解，从而更好地投身到建设当中。

基地工程建设及其使用都高度保密。221基地的安全保密工作非常严格。一切都按照代号来通信，如果违反规定，按照纪律来处罚。1958年3月27日，聂荣臻批准了宋任穷提出的二机部在第二个五年计划期间建设的工厂、矿山所需的警卫兵力申请，并责成黄克诚亲自抓核武器研制基地的公安保卫工作。[2]

一方面，公安部责成青海省公安厅专门成立一个处，调配政治合格、技术过关的专门人员，配备最好的保卫和侦察设备，用先进的科学技术进行221基地的安全保卫和反间侦察工作。

另一方面，加强211基地工作人员的保密教育。与外界联络的信件内容，不能涉及任何工作方面的情况，必须通过专门的保密信箱，多数情况下，信件内容都会被严格检查。一旦发现有泄密行为，即便是无意所为，情况较轻者，进行批评教育调离工作岗位，较为严重的就会开除，甚至是劳教或刑事处罚。

西北核武器研制基地起初是在苏联的帮助下建设的，主要在工程的设计方面。1958年12月，苏联驻华大使以及苏方代表将

---

[1] 聂眉初. 到青海去 [N]. 人民日报, 1958-10-26（5）.

[2] 周均伦. 聂荣臻年谱：下卷 [M]. 北京：人民出版社, 1999：636.

列宁格勒设计院完成的 221 基地项目设计书等资料交给吴际霖，由双方签字办理交接。一经收到苏联提供的基地初步设计资料后，受九局委托，二机部设计院就开始了这项工程的设计工作。他们在苏联专家的指导下，用一年半的时间高质量地绘制了大约 2000 张设计图，有力保证了 221 基地的施工建设进度。此后，根据北京核武器研究所两年多研究工作的进展，以及 1964 年第四季度实现首次核试验成功的计划要求，在北京地区进行的大部分研制工作，需要尽快转移到青海核武器研制基地才能继续进行。而此期间，中国又经历了苏联的毁约停援，因此，核武器研制基地的建设速度多少还是受了一些影响。到 1962 年底中央专委会成立之前，基地建成的工程项目尚未配套，特别是科研所需的诸如中子物理、放射化学等重要工程项目，因无设计图尚未开工，连同其他项目，1963 年尚需增加建筑面积 10 万平方米，建设任务十分艰巨。

面对严峻的建设形势，为加快工程建设进度，中央专委会决定，加强施工力量，调集建工部、铁道部、水电部、工程兵、铁道兵等 13 个部门，与先期在那里的二机部一〇三和一〇四两个公司会合，共同承担有关的基建任务。为统一领导工程建设，二机部、建工部、青海省等还专门联合组织了施工现场指挥部，由李觉任总指挥，全力进行突击抢建工程。最终，经过突击式的艰苦创业，1963 年 3 月，221 基地基本建成。此后，九所的工作人员开始陆续迁往大西北。1962 年 11 月底，九局派出二室副主任吴永文等组成 221 厂生产条件考察组，到金银滩实地考察战略转移的条件。考察历经近半个月的时间，从爆轰物理试验场到炸药成型厂房，再到各个实验室，考察组以专业技术的标准对 221 基地建设进行了全面的考察。在进行了充分的调查研究后，考察组认为实现搬迁的一部分条件已经具备，尽管还有一些工程不具备实验条件，但再有几个月的努力也可以具备条件。于是，九局便提出工作重心从北京转移到青海的安排方案。第一批转移的是九局机关和九所（除理论部外）。与此同时，经中央专委批准增调的一批技术骨干也按期报到。随后，相关领导、技术骨干和理论、实验、设计、生产等各方面工作人员都会集到西北核武器研制基地。到1964年中，221基地基本建成，为原子弹研制提供了必备条件。中国第一颗原子弹的研制，在221基地形成总攻态势。

（二）原子城里的精气神

"221"本是一个普通的数字，但是，221基地却不平凡，因为这片土地养育了勤劳勇敢的原子城人，更因为这片土地成就了伟大的"两弹一星"精神。

1."我愿以身许国"

茫茫无际的西北大草原，让人心生敬畏，但西北大戈壁的漫天黄沙、飞沙走石也会让人惶恐，甚至会让一些创业者望而退却。然而，对于科学家而言，爱国不需要理由，更没有地域限制，走到哪里都是奉献。

王淦昌，1907年出生，"两弹一星"功勋科学家。1961年4月3日，刘杰在办公室会见了王淦昌，向他传达了中共中央关于研制核武器的决定，并郑重地提出了相关保密要求。关于这次见面会，王淦昌记得很清楚："到了刘部长的办公室，副部长兼原子能研究所所长钱三强也在那里。刚一坐下来，刘部长就开门见山地说：'王先生，今天请您来，想让您做一件重要的事情，请您参加领导原子弹的研制工作。'刘杰部长向我传达了党中央关于研制核武器的决定。随后，他坚定地说：'有人要卡我们，中国人要争这口气。'我静静地听着，心里很不平静。党的信任，人民的重托，自己几十年来的追求、期望，都落实到我将要接过的这一副沉沉的担子上。我有很多话要说，但当时我只说了一句话：'我愿以身许国！'"[1]这次见面，开启了王淦昌隐姓埋名、秘密研制核武器的征程。之后的17年，王淦昌的名字再也没有出现在各种学术交流中。带着新的工作任务，一个叫王京的核物理学者诞生了。隐姓埋名，不计较个人荣誉和得失，这是爱国主义者特有的情怀和以身许国者忘我的志向。王淦昌曾说："爱国主义是对我最大的鞭策。每逢要做一件比较重要的事，我最先想到的是，我为国家工作，必须投入全部力量，并且常常以'皮之不存，毛将焉附'的典故来督促自己。"这不由得让人想起王淦昌在德国留学期间，曾经有人劝说他："科学是没有国界的，中国很落后，没有你需要的科学研究条件，何必回去呢？"王淦昌回答说："科学虽然没有国界，但是科学家是有祖国的。现在，我的祖国正遭受苦难，我要回到祖国去为她服务。"

所谓奉献，何止科学家们本人"以身许国"，还有他们的家人。科学家倾力奉献的背后，必然有家人默默无闻的支持。多年后，王淦昌的妻子在谈到丈夫隐姓埋名的这段经历时说："那时，真不知道他在干什么又神秘又伟大的事业，一去就是好几个月，他来信的地址都是什么什么'信箱'。我就知道他在'信箱'里，天知道他上哪去了。"这句话，看似对丈夫的抱怨，实际上，是对丈夫工作的默许与支持。

---

[1] 葛能全. 钱三强年谱长编［M］. 北京：科学出版社，2013：328.

　　中国的核盾牌就是在这样极其保密的情况下铸就而成。1962 年，55 岁的王淦昌和大批技术人员一起来到了西北核武器研制基地。在 221 基地工作的科学家当中，王淦昌岁数最大，但是，他从不因此而搞特殊，一直坚持与大家同吃同住同工作。由于气压太低，馒头总是蒸不熟，只能将就着吃，吃的时间久了，王淦昌的身体就吃不消了，有好几次都被送到西宁救治，但往往是身体稍微恢复一些，他就急着回草原继续进行爆轰模拟试验。

　　在 221 基地，负责爆轰试验的几个基地距离非常远，但作为冷试验委员会主任的王淦昌从没有"怠慢"过任何一次冷试验，总是亲自到场指挥试验。1963 年下半年，为保证缩小尺寸的整体模型爆轰试验能够一次成功，王淦昌连续召集会议，对试验方案进行了严格规划和反复审查，预估了可能出现的问题，并进行了反复排查。每次会议结束，他顾不上休息，就继续奔走在研究室、车间和试验场之间。由于长期操劳过度，王淦昌咳嗽不止，血压也越来越高。尽管如此，为按期爆炸中国第一颗原子弹，王淦昌顾不得疾病，仍然忘我地工作，经常忙碌到深夜，有时连药都顾不上吃。在正式试验之前，为确保万无一失，他和工作人员早早就来到现场，再次严格检查验收每一项工作。最终，此次爆轰试验取得圆满成功，标志着原子弹研制的关键技术问题已经彻底解决，为此后全尺寸爆轰模拟试验和中国第一颗原子弹的成功爆炸打下了坚实可靠的基础。

　　王淦昌曾两次与诺贝尔奖失之交臂，但是，他为祖国创造的科学价值早已远远超过了他获得的名誉。王淦昌曾说："人之一生，还有什么比把自己的微薄之力贡献给祖国更有价值，还有什么比看到祖国的日益强大更值得自豪呢？"很多常年奋战在金银滩戈壁的科学家们，都是怀着这样一种爱国之情和奉献精神忘我地工作着。他们为祖国的强盛而作出的贡献，远不是他们所说的"微薄之力"，他们是中国研制第一颗原子弹的拓荒者和顶梁柱。他们本可以在西欧或北美等科技较为发达的国家继续自己的科研人生，也本可以因此实现闪耀世界的科研价值。但是，他们却毅然决然地放弃国外优越的科研条件和优厚的生活待遇，回到祖国，为祖国而奉献，为国家而拼搏。为了以身许国，他们一些人隐姓埋名，更有一些人献出了自己的生命。这就是为新中国原子能事业作出贡献的科学家们。他们对科学的追求，绝对不仅仅是为了实现自身的价值，而是将自己的信仰，甚至生命与祖国的安全、祖国的地位紧紧地联系在了一起。如果没有这批科学家，如果没有他们的爱国精神，没有他们的奉献精神，没有他们的担当精神，中国的原子能事业难以创建，中国第一颗原子弹也很难研制成功。

2. "春风早度玉门关"

在 221 基地的创业过程中，由于苏联的毁约停援，再加上恶劣的自然环境，自力更生、艰苦奋斗精神的培育和弘扬是必然的，也是必需的。

王菁珩，1937 年出生，1960 年 10 月北京航空学院大学毕业后，被分配到九所。1961 年 1 月，经组织安排派往 221 基地工作。据他回忆，当年航空发动机工艺专业与他一起毕业的共有 108 人，其中有 4 人被分配到了九所。事实上，学校领导在宣布毕业生分配去向时，并没有直接告诉他们要到九所去报到，而是告诉他们："×××等四人分配到遥远的西北，到核工业系统工作，具体单位、地点，我也说不清楚。"[1]那个年代的大西北，交通很不发达，而且那个年代的独生子女也很少，但恰巧这4位毕业生却都是独生子女。但是，当得知自己将要投身原子能工业，为祖国的国防事业发挥自己的力量，他们感到无比骄傲和自豪。"西北艰苦，正是打造自己、大有作为的地方。我们也明白，在作出选择和决定时，是要放弃一些东西的。我回到宿舍独自坐在床头望着窗外，脸上平静而深沉，内心的激动已经湮没，真正感悟到一种神奇的力量在召唤，自己将任重而道远。"[2]

就在王菁珩到了金银滩的那个冬天，大雪一场接着一场，而此时，正值三年困难时期，粮食供应有限。金银滩草原要克服的最大困难当属饥饿和严寒。在221基地，干部每月定量二钱油，口粮24斤，实际上只有23斤，有1斤要支援灾区，除此之外，几乎没有副食品供应。金银滩的主食是青稞面、谷子面。早饭只有一大盆很稀的青稞面粥，一点咸菜或半块红油豆腐乳，午饭和晚饭基本都是两个小的青稞面、谷子面馒头和一碗白菜汤。领导干部基本无一例外，同样住帐篷，同样吃青稞。据王菁珩回忆，基地党委书记赵敬璞胃出血，每天仍然是一碗白菜汤，两个青稞馒头。要说"福利"，也可以算有一点，就是遇到节日时，能有机会吃到一点面粉，于是，大家就用石头架起脸盆或大罐头筒，拾点柴草做糊糊或面疙瘩吃。由于经常吃不饱饭，一些没有经验的年轻人一拿到面粉只想着饱餐一顿，就做成擀面条或搅面疙瘩，一顿饱餐之后，却又经常引发肠胃

[1] 王菁珩. 金银滩往事 [M]. 北京：原子能出版社，2009：13.

[2] 王菁珩. 金银滩往事 [M]. 北京：原子能出版社，2009：13—14.

不适，最后不得不送到附近窑场的临时医院治疗。在 221 基地，工作人员几乎都有不同程度的营养不良，90% 以上的职工都得过浮肿病。

身处困境，中国人一贯有的豪情傲骨和铮铮铁骨便显现出来。为克服生活关，基地筹建处党委坚决贯彻执行党中央"尖端武器的研制工作仍应抓紧进行，不能下马"的指示精神，想方设法统筹兼顾科研和生活。经李觉和赵敬璞商量，由吴际霖、郭英会、王淦昌、彭桓武、郭永怀、朱光亚几位副所长继续抓科研，赵敬璞抓全盘和思想政治工作，李觉负责后勤供应。基地党委还及时提出"大抓职工生活，保证职工健康""过好生活关，坚持下来就是胜利"的口号。随后，基地自力更生，发扬"南泥湾精神"，自办农、林、牧、渔专业队，垦荒种地，还购置了机帆船到青海湖捕鱼，去周边打猎。这样一来，基地不仅依靠自办的农、林、牧、渔专业队对基地本身做了很好的掩护，而且还通过自给自足渡过了困难时期。当年，农业生产队开垦荒地几千亩，种土豆、蚕豆、油菜和青稞，第一年就获得了好收成，基本解决了基地吃的问题。

自力更生的"力"不仅来自创业者，也来自关心原子能事业的领导和相关省份。1961 年 10 月，张爱萍到 221 基地视察，在全厂干部大会上，他和大家讲了当前的形势，但也提出了应对困难的对策，鼓励职工困难是暂时的，也是可以克服的。当听说基地生活困难后，周恩来亲自到军委会议上部署军队各大单位筹措粮食，抽调数百万斤大豆、罐头、酱菜等物资，支援基地缓解暂时困难。同时，青海省政府也给予了基地建设极大的支持，拨来两万多头牛羊给基地牧场，此后，每当节日时职工还有机会吃上牛羊肉。

事实上，即便是条件有所改善，但是，谁都知道高原缺氧，条件艰苦，因此，还是有很多人不愿意到大西北工作。1962年年底，当得知九所将由北京搬迁至青海时，一开始，有些同志产生了负面情绪。为此，刘杰请张爱萍代他开了一个动员会。张爱萍在动员报告中说："大西北当然不比首都北京，是'黄河远上白云间'的地方，那里确实很艰苦，但是也绝不像唐人王维的诗中所讲'西出阳关无故人'，那里已经有许多同志在开辟基地、建设基地，他们在等着欢迎你们。王之涣的诗中'春风不度玉门关'显然也成为历史了，现在，'春风早度玉门关'了；你们的前往，会把和煦的春风带到玉门关。俗话说，'知识分子手无缚鸡之力'，可是你们这些知识分子，你们这些大知识分子将亲手放飞原子弹。到那时，我们祖国各地将处处是春风……"[1]这段话振奋人心，鼓舞士气。中国人完全有能力自力更生地研制出原子弹，只要保持革命乐观主义精神，艰苦奋斗，埋头苦干，就一定能够升起"蘑菇云"，到那时，再"叫日月换新天"。

由于221基地的生活条件差，青海高原空气稀薄，小孩子适应不了，所以在北京工作的双职工中的女方都留了下来，另外，北京九所也需要留一些人搞情报资料收集和其他后勤工作。但是，大多数人还是更愿意投身到建设大西北的队伍当中。九所二室二组技术员李德晃回忆说，当时由于他有手伤，组织问他是留在北京还是到青海去，他斩钉截铁地回答说："上青海去。"他还说："青海的条件比北京差多了，可大家干劲十足，一心想报效

---

[1] 东方鹤. 上将张爱萍：下卷 [M]. 北京：人民出版社，2007：517.

祖国，这个是真心的。"当 221 基地迎来一批又一批特别能吃苦、特别能战斗的从业者，当一座座厂房拔地而起，当爆轰物理试验一次次成功炸响，这些都是对"自力更生、艰苦奋斗"精神篇章的生动诠释，221 基地的事业也正是在这一精神篇章中书写了辉煌。

二、中国原子弹研制"摇篮"

1959 年春夏之际，为加快原子弹研制进度，在陈赓的建议下，经工程兵司令员陈士榘批准，二机部决定借用工程兵某试验场的一部分，来开展爆轰试验。这个试验区被称为十七号工地，于 1960 年 4 月投入使用，拉开了中国第一颗原子弹研制爆轰试验的序幕。

1984 年 10 月 16 日，在中国第一颗原子弹成功爆炸 20 周年纪念日这天，核工业部在十七号工地原址竖立了一块爆轰试验场纪念碑，并举行了隆重的揭牌仪式。由于长期的风吹日晒，纪念碑逐渐风化，2008 年，原十七号工地驻地的解放军工程兵部队在爆轰碉堡工号旁边又立了一块石刻纪念碑。纪念碑上有着这样的记载："一九六〇年二月，中国第一颗原子弹的第一个爆轰试验场在此地建设，同年四月二十一日打响第一炮。该场地一直使用到一九六四年初，为我国第一颗原子弹的研制提供了宝贵的数据，为我国掌握核武器立下了丰功伟绩。"

2010 年 10 月，为纪念十七号工地成立 50 周年，一大批老领导、老专家、老同志又一次前往十七号工地，回顾了原子弹爆轰试验的艰难岁月。原二机部部长刘杰，以 95 岁的高龄为十七号工地题词：中国原子弹研制摇篮。

在任何一项事业中，总是会有那么一些不为历史和时代熟悉的人，他们默默无闻地奉献着自己，日复一日地重复着看似简单但却不可或缺的工作。也许，相比于伟大的事业，这些人和事是渺小的，但是，对于民族精神的成就而言，这些人和事却同样映射着振奋历史、感动时代的精神光芒，以"小"人物成就"大"精神。

（一）甘当无名英雄

在九所，有这样一批人，他们没有显赫的科学声名，也没有显耀的科学成果，但是，他们却为中国第一颗原子弹研制作出了重要的贡献。他们对祖国的热爱，对核武器事业的贡献，不单单表现为对事业的全身心投入，还表现为对个人得失的放空。

任益民，1931 年出生，1953 年毕业于西北大学。1960 年 4 月从地质部物探局青海物探大队调入九所工作。据他回忆说，调来九所做内爆动力学爆轰试验的同志，基本都面临三个问题。第一个问题是外行转内行的问题。这批新调来的同志，在原单位都有一定的工作基础，对原来工作岗位上的技术都比较熟悉，而且对自己将来的发展也都有所考虑。调到九所以后，面对新的学科、新的技术领域、新的工作，等于从零开始。克服转行问题，对于做技术工作的同志来说，需要付出很大代价，从某种角度讲，也是一种冒险，有可能之前打下的科研和工作基础都将清零。第二个要解决的问题就是思想上的顾虑。这批调来从事爆轰试验的工作人员，很多同志此前连炸药、雷管都没见过，到九所从事爆轰试验，本身就是一个新的挑战，再加上爆轰试验要和炸药打交道，必然会有很高的危险性，甚至危及生命的等级都要高很多。所以，对于初来从事爆轰试验工作的人员，必须先打消思想上的顾虑。第三个问题就是生活待遇。当时九所的工作条件、生活条件，相对国内其他单位来说，算是差的。调来九所工作的技术专家，只能住单职工宿舍，几个人挤一个小房间，生活上非常不方便。此外，还有其他限制，比如说，家属不能随之调来，只能单身调来。曾任九所科研组副组长的经福谦，1960年7月从长春地质学院调来九所。当时，组织规定，他的爱人杨秀会不能随他一起到九所工作。再比如，第二研究室九组组长吴世法，本在中国科学院长春光机所工作，1960年3月19日结婚。但结婚没几天就被组织找去谈话，调他去二机部参加一项非常重要的尖端科研任务，五一节前必须报到，而且几年之内只能单调，也就是说，他的爱人不能同时调去。新婚燕尔，这么快就要与妻子分别，他感到很突然，"但想到我们俩都是党员，又是让我去参加一项非常重要的国防尖端科研任务，是国家和人民的需要，我就高高兴兴按要求在五一节前到北京报到了"。[1]

在以上三个需要解决的问题当中，最难克服就是转行的困难。不仅需要个人付出代价，组织也要承担风险，万一转行失败，就既浪费了人才，又耽误了时间。因此在零基础的条件下搞协作，把全国各地的人聚集在一起，开展一个新学科的研究工作，需要克服的困难要比一般的协作多很多。对于选调的技术人员来讲，不仅要尽快适应各自的新岗位，而且还要尽快为国家作出成绩来。原九所第二研究室五组技术员叶钧道，原本学的是

---

[1] 侯艺兵等访问整理. 亲历者说"原子弹摇篮"[M]. 长沙：湖南教育出版社，2014：24.

有色金属压力加工，毕业后被分配到中科院力学研究所从事塑性力学和弹性力学研究。1960年5月调入九所后，组织上安排他搞爆轰物理试验，他当时就想：我之前"没搞过这个专业，既然组织上需要我搞这个专业，我也无所谓了，从头学起，叫我搞什么我就搞什么。这样，就定下来，让我搞爆轰物理。那个年代，当时就是这样一个思想状况，国家需要什么我们就做什么"。[1]

　　尽管"两弹一星"功勋奖章颁发给了那些对"两弹一星"事业作出杰出贡献的科学家，但"两弹一星"精神的书写者却是所有从事尖端科学事业的从业者。在十七号工地，还有一大批没有留下名字的技术工人。在这个鲜为人知的"原子弹摇篮"中，为了实现爆轰物理试验的成功，默默无闻的他们付出了常人难以想象的代价，甚至生命。例如，有一位姓林的工人，从事X光照射工作，放射性很强，加之当时防护意识不强，后来得了血液病牺牲了。这样的人有很多，这样的故事也有很多，却很少有人知道他们的名字。

　　还有一批复员军人。他们吃苦耐劳，常年奋战在爆轰试验第一线。在炸药浇铸工房中，称量备料、准备模具、熔化炸药、浇铸、开模，包括清理工房、打扫卫生，这些脏活、累活、重活都离不开他们。炸药加工设备较为落后，没有远距离遥控隔离操作的数控机床，工人们就手工将炸药部件上的曲面用自制的铜刀具一刀一刀地雕刻出来；在粉碎机设备还未到位的情况下，工人们就用

[1] 侯艺兵等访问整理. 亲历者说"原子弹摇篮"[M]. 长沙：湖南教育出版社，2014：27.

玻璃瓶子将原材料研碎磨细；为使炸药很好地熔化，工人们就手工用木棍子搅拌炸药。然而，就是这样简陋的设备和工艺，却为炸药加工赢得了时间，但也正是因为这样简陋的设备和工艺，尤其是那些被戏称为"棒子工"的搅拌工人，为了避免炸药在搅拌的过程中掉落地面后向下浸渗，还为了防止静电产生连环爆炸，他们就不停地在地面上洒水，包括穿的靴子上面也要喷水，因此，后来这些"棒子工"大部分都患上了很严重的腿疾；还因为要面对熔化桶，"棒子工"难免要吸入炸药蒸汽，这里面除了有梯恩梯外，还有萘、卤蜡等其他有害气体，而这些工人干完活之后，也没有条件洗澡，只能洗洗手，一天下来，衣服、被褥都被染成了红色。从技安防护卫生角度来讲，从事这样的工作，很容易慢性中毒，因此，后来，很多工人都是因在条件恶劣的环境中长期接触炸药而患上了不同程度的职业病，有些视力衰退，有些得了肝病，有些甚至很早就离开了人世。

原九所二室副主任孙维昌说，他由衷地敬佩这些"棒子工"。这些复员军人在"十七号工地劳动条件太差，没有通风设备，炸药气体毒性很大，没有正规的防护条件，本来我们是不能生产的。可是为了国家的利益，为了抢时间，就只能一不怕苦、二不怕死了。大家本着这个信念，没有通风设备，没有防护条件也要干。你想按照规定的话，那个工房有毒气体浓度不知超标多少倍啊！搅拌炸药时，人嘴里是苦的。我们搅拌的容器容量不太大；搅拌时气体直接向外挥发，戴着口罩不太管用，如果不戴更严重。当时工房没有环保安全防护条件，工房有害有毒气体严重超标。他们这批转业军人对研制原子弹作出重要贡献和牺牲，有的人确实把自己的一生献给我们的国家，献给核武器事业"。[1]

（二）自力更生打响第一炮

作为亲历者，九所技术员左汝良回忆："我记得当年北红楼墙上刷着'自力更生艰苦奋斗'的标语，这句话给我印象很深。我们在那个年代怀着报效祖国的想法，忘我地工作，有一种奋斗终身的信念。那种工作热情，是发自内心的爱国爱党的朴素热情。我那阵子岁数也不小了，但是脑子里头装的就是核事业。尤其是苏联撤走专家以后，我们是白天黑夜地干，没有八小时工作概念，只要有任务就去做。"[2]

十七号工地也是如此，在苏联即将要彻底毁约停援的背景下建设而成。十七号工地开工时，北方的寒冬还没有过去，天气很冷，冻土下施工异常艰难。为了抢时间，战士们发扬了一不怕苦、二不怕累的精神，在严冬下埋头苦干，忘我工作，很快就基本建成了爆轰试验所需的厂房和试验碉堡。

从十七号工地基本建成开始，九所从事爆轰物理研究与试验的工作人员就开始了常年往返于北京和十七号工地的奔波。无论寒冬还是盛夏，科研组的科技人员到十七号工地去搞试验只能自己前往，非常辛苦。基本路线如下：一大早起来背上自己的行李从花园路坐公共汽车到西直门车站，最少得提前一个小时到车站，再买火车票到河北怀来县东花园站，下车后赶紧买两个饼填饱肚子，再搭乘大卡车到十七号工地。事实上，大卡车很难遇

---

[1] 侯艺兵等访问整理. 亲历者说"原子弹摇篮"[M]. 长沙：湖南教育出版社，2014：93.

[2] 侯艺兵等访问整理. 亲历者说"原子弹摇篮"[M]. 长沙：湖南教育出版社，2014：25.

到，大部分时间都只能背着行李徒步将近九公里才能到十七号工地。如果碰到刮风下雨的天气，带的被子就会被淋湿。有时候一阵雨过去，又是一阵狂风，这段路上的沙子比绿豆还要大，打在脸上特别疼。到十七号工地后，就立刻把自己的被褥晾出来，有时候干不了，晚上围着火炉烤一烤就凑合睡了。所以，很多人特别羡慕那些有两套被褥的人，这样就不用总是背着被褥两头跑，可是，在那样的票证年代，布票是何等紧张，很多人难以享受到两套被褥的待遇。

在十七号工地，做爆轰试验的人每天要乘坐基地嘎斯汽车去工号做试验。恰逢三年困难时期，汽油供应本身就很困难，再加上中苏关系恶化，苏联又停止向中国供应汽油，因此很难保障试验人员每天能乘坐班车去工号，大部分时间大家就走几公里路去工号打炮。事实上，即使有班车保障，但是因为官厅水库是个风口，前一天还好好的路，刮一夜大风后路就没有了，去工号的人就只好下车用铁锹把沙子铲走，然后汽车再开过去。冬天太冷时班车很难发动，技术人员就下来推车。对于这一经历，有人还编了一句顺口溜："一去二三里，停车四五回，修理六七次，八九十人推。"这句看似调侃的顺口溜，却是对十七号工地工作条件的真实写照。但广大从业者就是这样，将乐观主义精神融入艰苦奋斗当中，越是艰苦的日子，就越是出成绩的时候。

工作条件艰苦是一方面，还有生活上的困难。那时候，十七号工地主食、副食都很缺，粮食定量一减再减，而且其中粗粮比例很大，除了白面以外，还有近70%的高粱面和小米。本来九所工作人员每人每月定量有二两肉，但由于没有冷藏车给十七号工地送肉，就每隔两个月给每个人发一小盒羊肉罐头。在冬季时，当地只供应大白菜、萝卜、卷心菜和土豆，吃的时间久了，营养就跟不上了。更麻烦的是，冬天风沙非常大，十七号工地刚开始没有专门的食堂，只能端着饭碗在户外站着吃，饭菜很快就冰了，还有很多沙子吹到碗里，也就一起吃了下去。由于工作量大，耗能较多，很多人都因为吃不饱而得了浮肿病。为了克服吃的苦难，人们就自己想办法。有人创造了一个所谓的"科学吃法"，就是把三顿饭的粮票合一顿吃了，吃得饱饱的，等饿的时候就买酱油冲着喝。实际上，这样根本不行，没多长时间，人就不行了，走路都打晃。还有人曾经想过在老百姓秋收过的地里去捡漏，但到了地里才发现，老百姓把地收得异常干净，什么都捡不到。在这个过程中，有人发现老鼠窝里有粮食，大家就一窝蜂地冲过去掏老鼠窝，运气好的话，一个老鼠窝里能掏出二两粮食。十七号工地附近有一个海棠果园，周末或晚饭后，有人会去果园地里捡掉落的海棠吃，但从不摘树上的海棠，一是因为有果农严格看管，再一个重要原因就是大家的觉悟都很高。然而，以上办法只能缓解一时的饥饿，不是长久之计。为了彻底解决吃的问题，长住在十七号工地的工人们就充分利用工地上的空闲土地种黄豆，又利用休息时间浇水、施肥，到了秋天也收获了不少黄豆，可谓真正的"自己动手，丰衣足食"。

不光要解决吃的问题，还要克服住的困难。早期去十七号工地的人，都有过睡帆布帐篷的经历。白天，帐篷就是办公室，如果遇到大风，帐篷经常会被吹倒，就赶紧用木钉加固帐篷；晚上，帐篷就是宿舍，但里面没有床，都是用木板钉成的大通铺。尤其是冬天的十七号工地，飞沙走石，寒风刺骨，在帐篷里办公休息非常艰苦。直到 1961 年，工程兵部队腾出几间砖瓦房，人们才搬进了房子里，但不是每个人都有床，也还是用木板架成一个通铺，上面铺上草垫子，再把自己带的被褥一铺，几十个科研人员就这样一个个躺在上面，人挨着人，非常拥挤，如果晚上起来解手，再回去睡觉的地方就没有了。

除了自力更生、艰苦奋斗的精神外，原子弹研制一线连续作战的精神也是从十七号工地开始的，白天搞会战，晚上回来记录总结，休息的时候再搞生产种植。就这样，在当年国家艰苦困难的大环境下，十七号工地培养和锻炼出了一支既懂技术又懂管理的特别能吃苦，特别能打硬仗的队伍，真正走出了一条自力更生的发展道路。

（三）"要大力协同做好这件工作"

中国正式开始独立自主地研制原子弹之后，为加强九所的科研力量，应二机部请求，1960 年 3 月，从中国科学院和全国各地区、各部门向九所选调了包括程开甲、陈能宽、龙文光在内的 106 名高中级科学研究和工程技术骨干。这次抽调工作由郭英会和朱光亚具体负责，实际抽调了 105 人，再加上先期调来的郭永怀和后调来的王淦昌、彭桓武三位高级科学家，总共是 108 人。因为这些人个个都是各自技术领域的精英，专业覆盖广泛，当时就把他们与梁山好汉联系起来，戏称为"一百单八将"。为了响应祖国的号召，为了满足国防科技发展的需要，他们放弃了老本行，从新的起点开始，从不太了解或很不了解核科学研究开始，在二机部的安排下进行核武器研制工作。

此外，还有相关单位和部队对九所的支援。据孙维昌回忆："我们九所是新组建的单位，一无所有，都是全国各大专院校科研院所和部队支援我们。毛主席说'要大力协同做好这件工作'。……当时只要九所需要,哪个单位都得支援。例如 1960 年冬我带着非标准设备图纸去大连 523 厂向厂长进行技术交底,厂长决定把正在加工的产品暂停,先给我们加工,我很受鼓舞。"[1]

　　1962 年以后,原子弹研制进入攻关阶段,更需做到全国大力协作。以新型炸药的研制与生产为例。1962 年 4 月,国防科委在西安召集有关单位,讨论新型炸药的研究与生产问题,会议的直接目的是向相关协作单位借财、借力、借智慧,以加快九所研制高爆速、高爆炸、低感度炸药的速度。据董海山院士回忆:"我们这些同志当然都知道搞炸药有一定的危险和毒害,但大家都以祖国的需要为重,以能参加这项任务为荣,非常热爱这项工作。"接受这项任务后,大家以二机部领导当时常常说的"越快越好,再快也不嫌快"指示精神鞭策自己,分秒必争,团结战斗。这样,在五机部西安三所有关同志的领导和支持以及兄弟组的协助下,只用了一年的时间就超额完成了任务。

　　可以看到,当时大家有很齐的协同心,都认为中国既然已经拥有了大国地位,就应该坐实做强,不能再像以前那样受外国人的欺负和威慑。中国的建设和发展不能受制于外国,中国应该有自己强大的国防力量,应该有自己先进的科学技术。所以,中国必须以此为契机,研制出一枚"争气弹"。谁说离开外国的援助,中国人 20 年也搞不出原子弹?就冲着这句话,我们也要花大力气,搞大协作,集中一切可以集中的力量,研制出原子弹,就是

---

[1] 侯艺兵等访问整理. 亲历者说"原子弹摇篮"[M]. 长沙:湖南教育出版社,2014: 39.

要为中国人争口气。当时，"争气弹"这样一个生动的动员口号，就是所有原子弹研制从业者的动力，而这种动力最终成就了"大力协同、勇于登攀"的精神。事实上，原子弹研制过程中"大力协同、勇于登攀"的精神，不仅为原子弹研制克服了关键技术难关，并赢得了时间，而且也极大地带动了相关学科的发展。例如，上述二机部1962年4月因研制原子弹的需要而组织的这次会议，被称为142会议，是全国第一次炸药会议，在中国炸药发展史上具有里程碑的意义。从这时起，中国才正式开展了高能炸药的研制工作，组建了一支坚强的炸药研制队伍，培养了大批优秀人才，推动我国高性能炸药研制走在世界前列。

三、"马兰开花"

（一）试验基地的艰辛创建

1958年4月14日，聂荣臻召集宋任穷、刘杰、万毅、安东开会，商谈原子武器试验靶场和原子武器储存仓库的建设问题。聂荣臻在会上说：由第一机械工业部第四设计院组织一个单独的设计机构，从事原子武器试验靶场和储存仓库的工程设计；由军队建设委员会负责勘察、定位和施工；原子武器试验靶场和原子武器仓库建成后，由军队领导管理。随后，宋任穷把上述商讨结果上报彭德怀并周恩来。5月3日，周恩来批示："我和彭总均同意由军队建设、管理。请聂总、黄克诚同志阅后退宋。"[1]鉴于综合导弹试验基地建设的任务也同时获批，两个试验基地的建设需

---

[1] 周均伦. 聂荣臻年谱：下卷 [M]. 北京：人民出版社，1999：637.

要专门的组织机构负责，中央军委决定成立以黄克诚为主任，陈锡联、陈士榘、张令彬为副主任的靶场委员会和以陈士榘为主任的勘察委员会。5、6月间，以工程兵司令员陈士榘为首的选场委员会，根据苏联专家提供的选场条件，对敦煌以西地区进行了详细踏勘，认为敦煌以西160公里地区可建试验中心区。7月5日，黄克诚将核试验场选址结果向彭德怀并中共中央、毛泽东写了书面报告，获批准。

1958年8月，国防部任命张蕴钰为核试验部队的主任，常勇为政治委员，张志善为副主任。8月20日，由核试验部队和配属的总参地形测绘队、冶金部地质勘察队以及工程兵某团三营等组成的1800余人的勘察大队，在张志善、常勇等带领下，经过两个多月的艰苦努力，完成了建场地区的地形测量、工程地质、水文地质的勘察任务。接着由工程兵国防工程设计院、第一机械工业部第四设计院、总后勤部营房管理部及通信兵部等单位组成的工程定位勘察组完成了定位勘察。11月初，陈士榘主持研究确定了试验中心区和各配套区的位置。在研究时，注意到建场地区高空风向可能是自西北吹向东南，而地面风向则多是自东北吹向西南，在此风向下，核爆炸的放射性物质对敦煌城有无大的影响，尚待苏联专家研究确定。11月上旬，张蕴钰到任后，对建场地区进行了详细踏勘，并与常勇、张志善研究了核试验部队编制方案等问题。[1]

苏联专家回国后，研究分析了所掌握的与中国毗邻地区的气

---

[1] 谢光主编. 当代中国的国防科技事业：上［M］. 北京：当代中国出版社，1992：224—225.

象资料，并推断已选定的试验场中心区的高空风向是自西北吹向东南，敦煌地区正处在其下风方向。1958年11月21日，苏联方面函告中国，建议考虑把核试验场移到新疆罗布泊地区的可能性。陈士榘、万毅多次主持研究苏方来信，并组织进一步查阅整理了有关气象资料，证明敦煌地区的高空风向是自西北吹向东南。为了确保敦煌地区居民的安全，1958年12月初，万毅在武昌向聂荣臻汇报提出，拟组织有关人员到罗布泊地区进行勘察，看是否可作为原子武器试验靶场新的场址。聂荣臻同意派人对罗布泊地区进行勘察，查明建场条件，选择合适的建场方案，以便与已选好的敦煌场址进行比较。[1]

从1958年底到1959年初，有关人员对罗布泊以北和以西地区的地形、地貌、水源、土质等进行了实地勘察，在罗布泊西北选到了一个适于建场的地区。1959年1月上旬，万毅听取了张蕴钰的汇报，并对罗布泊地区进行了空中勘察，也认为罗布泊西北地区适宜建场。2月6日，万毅在向黄克诚报送的考察报告中提出，建议在罗布泊西北地区建设核试验场。中央军委同意将建场位置从敦煌地区改到罗布泊地区，并于3月20日电告王恩茂、赛福鼎并新疆军区，希望加强领导和给予支持。自4月1日起，由张蕴钰等率领的勘察组，在罗布泊以西地区进行了技术工作区、办公生活区、机场、通信、道路等工程的勘察定位工作。工程兵司令部、工程兵国防工程设计院、总后营房管理部、军事医学科学院、空军修建部、通信兵部、一机部第四设计院、一机部勘测公司等单位派遣的专业干部参加了这项工程的定位勘察。经

---

[1] 周均伦.聂荣臻年谱：下卷［M］.北京：人民出版社，1999：659.

过全体勘察人员夜以继日的工作，仅用了不到半个月的时间，就选定了各区及其附属工程定位的比较方案。5月4日，工程兵司令部向彭德怀、黄克诚报送了核试验场定位勘察报告。中央军委于5月15日批准了这个报告。[1]

在勘察选场的同时，开始了核试验场部队的组建工作。到1959年5月底，基本完成了核试验部队的组建。

由于部队驻地的南边是一片草滩，蓝莹莹的马兰花在这里盛开。马兰花适应性非常强，耐旱又耐寒，还耐涝，水边也能长得不错，甚至在其他植物很难生存的盐碱地里都能生长，是一种生命力极其顽强的植物。于是，经张蕴钰提议，把基地办公生活区取名马兰，象征着全体指战员像马兰草那样具有顽强的生命力，在荒漠上扎根、开花。从此，在马兰这片戈壁滩上，一支执行特殊任务的部队开始履行自己的使命。不言而喻，这里的工作和生活环境极为艰苦。但是，正如张蕴钰所说，我们的政治环境是非常优越的。党中央、国务院、中央军委十分重视国防尖端技术事业，对我们的事情总是从快、从优批办，全国处处为我们开"绿灯"。新疆党、政、军、民和生产建设兵团对基地更是倍加爱护和大力支援。

实际上，在勘察选场的同时，便开始了核试验场部队的组建工作。1958年11月下旬，张蕴钰向国防部汇报了编制方案。为了便于核试验部队组建机构、调配干部和布置今后的工作，万毅于1959年1月7日向黄克诚、杨成武、张爱萍呈送了核试验场

---

[1] 谢光主编.当代中国的国防科技事业：上［M］.北京：当代中国出版社，1992：226.

编制草案，建议先批准试行。1 月 10 日获黄克诚批准。总政治部即从部队、军事院校、各军区为核试验部队选调了一批具有良好的政治和军事素质的干部；总参谋部从沈阳、北京、济南等军区为核试验部队选调了成建制的军事力量。1959 年 4 月，诞生于抗日战争年代的工程兵建筑兵团从辽宁庄河县（现庄河市）调到基地。4—5 月，有 5 个连的兵力分别从沈阳军区和北京军区调入基地，组成警卫营。到 5 月底，基本完成了核试验部队的组建。

1959 年 6 月中旬，试验基地党委在书记常勇主持下，召开了首次扩大会议，总结了十个月以来的勘察选场工作，确定了 1959 年下半年试验基地的主要任务是在加强部队思想作风、组织和业务建设的同时，集中力量进行各项施工准备，为 1960 年开工创造良好的条件。1959 年 11 月 27 日，中共中央书记处批准了试验基地的建设方案。1960 年 4 月 1 日，试验基地建设正式动土开工。开工不久后，就遇到了严重的困难。首先是苏联毁约停援，不向中方提供施工设计，不按协议提供设备。面对这些困难，张爱萍根据聂荣臻的指示，立即组织军内外有关单位，自力更生解决工程设计和建设问题。工程兵国防工程设计院参照苏方过去提供的初步设计，结合中国的实际情况，展开场地工程的技术设计。总参通信兵部、工程兵司令部和试验基地共同进行指挥控制区与试验中心区之间的通信和控制试验。国防科委二局局长胡若嘏组织工程兵国防工程设计院、总参通信兵部、核试验基地及二机部九局的有关工程技术人员，对试验场区工程技术设计方案进行了审查。

试验基地建设遇到的第二个严重困难是，当时正值国家经济困难时期，投资少，施工材料供应不上，施工机具及配件短缺，劳动力和运输车辆不足，等等。在这种情况下，为适应国家经济困难的大局，试验基地在压缩部分基建任务的同时，针对必建项目提出了要发扬艰苦奋斗的优良传统、要千方百计自力更生克服困难，搞好施工。于是，面对车辆不足的困难，工程兵某团指导员即肩扛背驮运送筑路石料；为解决机械工具不足的问题，就发动群众，自己动手，土法修理制造工具；当要建厂房时，却根本没有大吊车，于是，战士们发挥聪明才智，自制吊车，能吊装起11吨重的水泥构件；在压路机短缺的情况下，战士们就用钢筋水泥浇灌出一个个大圆滚子，再靠人力拉着去压实路基。事实上，在浩瀚大漠和荒野戈壁建设这样对技术和规模要求都比较高的项目，各项工作都是十分艰难的。为了做好后勤保障工作，后勤人员也作出了很大的贡献。他们风餐露宿，四处奔波，在保密的前提下向地方筹措物资器材和生活用品。当时基地的生活用粮基本是从南疆拉运过来的。要知道，那时候根本没有成形的公路，驾驶员行驶在浩瀚大漠和荒野戈壁，满眼都是砂石地和所谓的"搓板路"。此外，还有数量巨大的建设物资，运输任务异常艰巨。但是，每个驾驶员都深知自己肩上所承担的任务，不仅是艰巨的，更是自豪的，他们开着载满生活物资和建设物资的汽车，穿沙漠、越戈壁、翻山岭、闯风口，不畏困难，历尽艰辛，把物资器材运送到需要的地方。基地建设还离不开地方援建工人的无私奉献，他们与部队战士大力配合，团结协作，为基地建设作出了重要贡献。经各方面的艰辛努力，到1962年底，在试验场区和部队驻地共修建公路546公里，沟通了场区之间的交通；建成营房和厂房10万多平方米；建起了简易机场；架设通信线路1800余公里，沟通了基地内部和基地与乌鲁木齐、北京之间的通信联络。至此，试验基地建设已初具规模。

在基地基本建成的情况下，核武器试验研究所开始组建。早在1957年中苏签订《国防新技术协定》之后，中国就开始计划核试验的准备工作了，并曾经在苏联专家的参与下，制定过一个核试验计划。随后，虽然苏联毁约停援，撤走专家，带走全部技术援助和图纸资料，中国的核试验准备工作受到影响，但也没有彻底中断。1960年9月，在哈尔滨军事工程学院进修的重要人员被调回北京，开始自主研制核试验控制、测试设备。1961年夏天，技术部从北京搬迁至博斯腾湖边的农场，同年分配来的大中专院校毕业生在河南信阳经入伍教育后，也全部来到农场安营扎寨。在三年困难时期的背景下，他们经历了一段极为艰苦的生活磨炼。住地窖、点油灯、饿肚子，夏天酷暑难耐，蚊叮虫咬，冬天没有暖气和热水，还要亲自去博斯腾湖边打柴，供食堂烧火煮饭。

苏联毁约停援之前，基地建设是按照最初拟制的计划铺开的。但苏联毁约停援之后，鉴于1961年中共中央批准对国民经济计划实行"调整、巩固、充实、提高"八字方针，基地的基本建设不能再继续按原计划全面铺开，个别建设项目需要推迟或"下马"。因此，基地决定缩编整编。基地领导在传达有关技术部整编原则时，把它形象地比喻为"下马骑毛驴"。考虑到培养一个专业的大学生需要很长时间，因此，在人员方面，专业对口的基本留下，中专生个别留下，其余人员全部调出技术部，到基地其他单位或由新疆军区安置。其实留下的人员已经很少了，故将此前10个组的编制压缩为5个。

1962年夏，国民经济全面调整初见成效，原子弹研制工作也因此加快了速度，基地技术部随之开始了研究力量的加强工作。先是从北京九所调程开甲到试验基地组建研究所。随后，作为创始人，程开甲带领吕敏、陆祖荫、忻贤杰等技术骨干，为首次核试验进行技术准备。根据邓小平的指示，中组部给基地研究所选调了一批技术专家，与此同时，总政治部也选调了一批技术骨干充实研究所的技术力量。当年，基地研究所成立。

为了确保中国第一次核试验成功，基地研究所的技术专家们研究制定了详细的核试验技术方案，确定试验采用有线控制和塔爆的方式。此外，研究所还加强了与军内外有关单位的密切配合，从 1962 年到首次核试验成功，共研制出 1000 多台（套）核试验控制、测试、取样、分析仪器设备。这是中国自行研制的第一代测控系统，在中国首次核试验中发挥了重要作用。1964 年 10 月 16 日，中国第一颗原子弹成功爆炸后，周恩来在三届人大一次会议上所做的《政府工作报告》中特别指出："这次试验中所用的一千多套设备，百分之九十五以上都是我们自己设计制造的。在进行爆炸试验的时候，自动控制系统在十几秒钟的时间内，启动了上千台仪器，分秒不差地完成了爆炸。这说明我们自己制造的各种材料、燃料、仪器、设备都是高质量的、高水平的，是过得硬的。"

（二）永远的精神家园

罗布泊曾在历史上被叫过盐泽蒲昌海、孔雀海、楼兰海，不知从何时起，人们又给送给它"死亡之海"这个令人生畏的名字。在这里创业，艰难程度可想而知。然而，中华民族历来就是这样，愈艰险，愈勇敢。在这片浩瀚大漠中，中国人不畏艰险，勇敢向前，最终实现了首次核试验成功。"蘑菇云"的升腾，鼓舞了中国人的士气，也为罗布泊这片"死亡之海"构筑起了一座生机勃勃的精神家园。

1. 忘我献身"死亡之海"

与核武器的研制相比，核试验不仅要依托于扎实的理论基础，更需要有灵活的实践思维。为了中国的核事业，一批行走在核辐射边缘的科学家们常年奋战在边疆大沙漠。他们的名字是程开甲、吕敏、忻贤杰、陆祖荫等等，在"死亡之海"罗布泊，他们用行动，甚至生命告诉我们什么叫作"热爱祖国，无私奉献"。

罗布泊给了科学家们为国奉献的空间，同时，也给了普通技术人员、工人、军人爱国情怀的珍贵体悟。曾经执行第一次核试验放射化学分析任务的袁光钰回忆，他们小组的工作需要终年面对放射性样品，但是，为了提高工作精度，除去在样品放射性确实太强的时候以外，很少有人使用铅玻璃屏防护自己。"由于整年操作盐酸－硝酸－氟氢酸的混合酸，我的手背经常会脱皮，我的鼻黏膜和气管也经常很不舒服，直到现在，医生说我仍然有萎缩性鼻炎，大概也是那时候腐蚀的吧。不过那个时候，似乎从来没有人考虑过这些问题。在'一不怕苦，二不怕死'的精神号召下，原子能所甚至有人提出，为节省时间，不必使用专用吊车和铅罐来运输高放射性样品，而只要一个人提着飞跑就成了！"他还说，他参加工作后，最深刻的体会就是，所谓尖端的科学研究，却也离不开大量的、重复的，尤其是艰苦的普通作业。而这其中，最可贵的就是，对于这些从业者而言，他们从不谈名利得失，每天勤奋工作的目标只有一个：努力完成国家交付的任务，让中国第一颗原子弹顺利炸响，让中国人在世界上能真正昂首挺胸。这种爱国体悟，是将自己的生命与祖国的发展紧密联系在一起才会有的切身体会，而也正是有了这样的体悟，他们才成为让中国挺起脊梁的特殊群体。尽管他们的生活中有很多艰辛，生命中也难免会多一些悲壮，但记忆中这种特殊复杂的爱国思绪，体验中这种难以言喻的爱国情怀，为他们的生命烙刻下感动人、激励人的"热爱祖国，无私奉献"的伟大精神。

在中国第一颗原子弹研制的过程中，成立于1964年2月的二机部第九研究设计院（以下简称九院）曾派出了一支由222名成员组成的特殊队伍——第九作业队。他们担负着极其重要的任务：押运原子弹元器件，在"596"铁塔下面装配原子弹，再把原子弹送上铁塔安装、测试、保温，直至插雷管，最后完成点火引爆任务。张振忠就是这支队伍中的一员。他后来在讲起九院人的精神时，这样说："九院人就是用自己的心血，用自己的生命也要把核武器试验成功，这是九院人的精神所在。顺便说一下，我理解艰苦奋斗是一种思想境界。不是说一谈艰苦奋斗就让你去吃窝窝头，就让你穿得破破烂烂的，那不是，它是一种崇高的思想境界。把痛苦的留给自己，把方便快乐让给别人，让自己在这种艰巨的、痛苦的环境当中得到磨炼。当时第九作业队的同志不计条件，不讲报酬，参加第一次国家核试验，我们是一分奖金都没拿过。试验成功了，我们撤到大河沿车站，老百姓说，这些人远看是个捡破烂的，近看是个要饭的，人家一问才知道是九院的。九院是干啥的？搞原子弹的。其实就是这么个情况，九院人的这种境界，不在外表，而在内心。"[1]这就是

---

[1] 侯艺兵访问整理.亲历者说"引爆原子弹"[M].长沙：湖南教育出版社，2014：315.

从事中国首次核试验人员的境界，他们舍小家，为大家，放弃了城市里相对优越的科研和试验环境，他们还放弃了对自身利益的追求，更多的是将自身价值体现融入到了国家的长远发展当中。这种爱国担当，正说明一个真正热爱祖国的人，一定是看得长远而不在乎眼前利益的，一定是顾全大局而不计较个人得失的。

所以，抱着这样一种敢于担当的爱国情怀，当第一颗原子弹试爆成功后，可想而知他们的心情是何等的激动。唐孝威是第九作业队的副队长。他说，"'零时'后，似乎有闪光，开始我觉得很奇怪，爆炸了，闪光应该很厉害，怎么看见闪光不强啊？后来一想，可能因为是白天，爆心在很远的地方，又戴了墨镜，似乎看到的闪光不是很强。但过一会儿烟云起来了，一看蘑菇云起来很壮观，证明我国第一颗原子弹爆炸成功了！当时心情非常激动，非常高兴，和大家一起跳起来欢呼。因为辛苦了这些年来终于亲手做出原子弹，戈壁百日奋战终于得到了回报。"[1]回忆起当时大家一起欢呼的场景，第九作业队队员贾浩说："我们当时是真的蹦跳了，心情难以形容。好像觉得我们国家有这个东西，我们腰杆子就硬了，以后在国际上的形象跟以前不一样了。自己做了一件对国家有益的事情，也觉得光荣和自豪，大概就是这么一个心情。"[2]核武器的研制与试爆，不是一般的科研和试验，是一项极其小众又极其伟大的事业，作为一个中国人，能参与其

---

[1] 侯艺兵访问整理.亲历者说"引爆原子弹"[M].长沙：湖南教育出版社，2014：291.

[2] 侯艺兵访问整理.亲历者说"引爆原子弹"[M].长沙：湖南教育出版社，2014：293.

中，由此而凸显出的爱国之情是何等的珍贵。这种爱国情感，甚至贯穿了核武器事业从业者们的荣光的一生。李火继也是第九作业队队员，他说："对于人的一生来说，要想做出几件有意义的事情并不容易。像我一开始能从事这个工作，确实心里头感到很高兴，不得了！人的一生有多少机会能遇到这种条件呢？……不管怎么说，核武器这个东西是属于开天辟地式的，我们国家从没有到有，属于建国以后的一个大事件，是国防很重要的一个项目。当时，搞原子弹多神秘啊，能轮到自己头上并亲自参加这个工作，心里头确实觉得很自豪！一直到领导选自己做先遣队员，选10个人选到自己头上，你说有多荣幸！那时候不但荣幸，而且感到责任重大！当年，好像也没有什么豪言壮语，但是心里头觉得不管怎样都要尽全力，尽一切努力把它做好，就是这个想法一直鼓舞着自己！"[1]这就是真正的爱国之情，在心里头，在行动上！

2. 枕戈升腾"蘑菇云"

为了中国首次核试验成功，第一批奋战在罗布泊的从业者们有过比任何一次"拓荒"都更为艰难的经历。他们当中的绝大多数人在接受任务时，都不知道自己究竟向何处去，只是知道自己要去执行一项重要的任务。他们从全国各地奔赴新疆，为了保密，要在闷罐车里待上几天几夜，下了火车后再乘坐大卡车，走在崎岖颠簸的"搓板路"上，满眼是寸草不生、碎石遍地的戈壁滩。本想着欣赏沿途的风景，但长时间的颠簸，使得他们头晕目眩，手

---

[1] 侯艺兵访问整理. 亲历者说"引爆原子弹"[M]. 长沙：湖南教育出版社，2014：305—306.

脚发麻，又冷又饿，只想着尽快到达目的地。最终，经过十多个小时的行程到了马兰农场，迎接他们的却又是新一轮的生活考验。

曾参加过首次核试验的郑连功回忆了他从北京进驻马兰农场时的经历："入住农场的第一夜是在一间久未住人的干打垒平房度过的。单层的窗户，透风的木门，屋里一点热气都没有，我只好盖上所有的被子、压上皮大衣、戴上大皮帽、把脸用毛巾蒙上才能入睡。我经历了人生最冷的一夜。翌日早晨，我又经历了戈壁滩上冰冷的第一次早餐。做饭和就餐在同一个地方。大家各自端上自己的碗筷来到伙房，伙房让人感到难以想象的'乱'和'冷'，手被冻得疼痛难忍！盛上粥得赶快吃，否则很快会因为太冷而无法入口。"[1]

关于农场的生活，亲历者陈崇树说："农场没有自来水，而是从地下抽水，而且还是有限制地定时供水：上午抽水专供种地浇菜和食堂储备用水，晚上抽水是供农场所有地区生活用水。……农场与红山、马兰不一样，夏天蚊子特别多。这里的蚊子像小蜻蜓那样大，黄昏时成群结队出来追着人叮咬，一叮就起个红包，又痛又痒，十分难受，所以一到天黑大家都不出去上厕所，看电影也要穿上大衣戴上皮帽。由于大家黄昏都不愿外出，就只有互相串门，调节戈壁滩平淡无味的生活。"[2]

艰苦的生活，并没有让创业者们退缩，相反，他们苦中作

［1］陈君泽，龙守湛. "零时"起爆——罗布泊的回忆［M］. 广州：中山大学出版社，2011：40.

［2］陈君泽，龙守湛. "零时"起爆——罗布泊的回忆［M］. 广州：中山大学出版社，2011：38.

乐，顽强拼搏，最终，完全独立自主地建立起试验基地并实现了首次核试验成功。"我们用来拍摄核爆炸过程的高速照相机镜头还是从北京街头旧货店里找出来的，我们所有的测试项目和设备以及控制设备都是我们自己设计和制造出来的，都具有开创性的伟大意义。"[1]因为没有可借鉴的经验，又要保证核试验一次成功，做到万无一失，就需要在试验准备上下大功夫。其中一项重要的工作即为进行各种模拟试验和全场实战演练。通过这项工作，发现问题、解决问题、总结经验，完善试验方案和各项操作，以保证最终真正的核试验能够一炮打响。

为了实现首次核试验一次成功，试验基地研究所进行了各种不同效能的模拟试验和多次全场实战演练。以化学模拟试验为例。核爆炸试验是一项威力极大且耗资巨大的工程。在正式的核试验之前，采用化学爆炸的方式来检验控制设备、测试设备的性能是非常安全且经济的方法。

化学模拟试验，对于基地研究所来讲可谓白手起家。当时，基地研究所刚刚搬迁至通县（今通州区）保安胡同1号。这里本来是一个步兵学校，因为"下马"了，所以正好腾出地方给基地研究所使用。但这里除了有新添置的办公桌椅外，什么都没有。为了做好试验，不能等待，必须自己动手。"于是大家全面动员，到北京市内各机电市场和仓库搜寻、购买设备与器材。好在郑连功、陈崇树等几个老同志很得力，短时间内建立起工作间，并有了一台立式钻床、四五台座钳，每人一把电烙铁。复杂一

---

[1] 陈君泽，龙守谌. "零时"起爆——罗布泊的回忆［M］. 广州：中山大学出版社，2011：23.

点的部件，就到外面找人加工。"在短短的二十几天内，"我们装成了以旋转步进继电器和密封继电器为主的程序控制仪。这虽然不是什么先进技术，但是能解决我们紧急任务的需要，也就满意了"。[1]

1963 年国庆节后，基地研究所连同各有关协作单位，在北京八达岭官厅水库边上的东花园地区的军用试验场内，布设了基地研究所的化学爆炸模拟试验。化学爆炸控制中心设在一个小山上，爆心距离操作场区大约 1 公里。试验场很小，虽然有一个招待所，但房间不多，设施简陋，因此，绝大部分工作人员都住在临时搭起的帐篷里。就是在这样一种环境下，基地研究所成功进行了 10 多场化学模拟试验，检测了除核物理、核化学以外的大部分控制和测试仪器的工作，掌握了核试验控制与测试的初步经验，广大参试人员也因此建立了实现首次核试验成功的信心。

3. 集中统一，大力协同

"大力协同、勇于登攀"的精神在中国首次核试验的准备过程中表现得也尤为突出。大力协同，不仅是在业务上，更是在那样艰苦的环境中，大家能够一起吃苦，团结一致共渡难关，这何尝不是一种别样的协同。在这方面，马兰的官兵做到了"吃苦在先"。前文讲到，在首次核试验的过程中，由二机部九院派出的第九作业队承担了非常重要的任务。他们一方面专注于本职的技术业务，另一方面也与其他业务团队精诚协作，最终胜利地完成

---

[1] 陈君泽，龙守谌. "零时"起爆——罗布泊的回忆［M］. 广州：中山大学出版社，2011：45.

了试爆任务。第九作业队队员余松玉曾在一次采访中说，基地对他们工作的支持，不仅在业务上，还在生活上。他说："在核试验场区，生活上大伙儿都是互相关照。我们对基地的同志很尊重，他们也挺照顾我们九院的，部队的人总是吃苦在先。"[1]的确，基地官兵在生活上的苦是难以想象的苦。就说吃水的问题，部队吃的是孔雀河的水，但是第九作业队的工作人员却能够喝到甘草泉的水。尽管条件艰苦，但基地还是想方设法地为参试人员提供好一些的生活支持。对此，第九作业队队员张叔鹏后来说："要说基地的后勤，对我们第九作业队照顾是非常好的。怎么说呢？跟第九作业队结算物资供应时，是按内地原产地物价多少钱核收的，提供给第九作业队只要成本费，路上运输、所有耗损的费用一律不计算在内，基地包了。当时，1964年的物资还是比较紧张的，没有那么多好的东西供应，只能买个什么呢？松花蛋、黄花、木耳、海带，完了就是罐头、蛋粉等。我们九院人，天天和炸药打交道，和放射线打交道，我记得作业队的伙食有补助，还有保健。……总的来讲，给我们供应非常好。"[2]所以，尽管因为多种原因，人们鲜有看到基地的官兵为祖国的核武器事业奉献青春和担当使命的荣光事迹，但实际上，他们就是这样默默地在为祖国的核武器事业衷心全力地奋斗着，他们的这份顾全大局是隐秘的，他们的这份无私忘我亦是伟大的，这是对社会主义制度可以集中力量办大事的又一种诠释。

---

[1] 侯艺兵访问整理.亲历者说"引爆原子弹"[M].长沙：湖南教育出版社，2014：192.

[2] 侯艺兵访问整理.亲历者说"引爆原子弹"[M].长沙：湖南教育出版社，2014：189—190.

大力协同是成功的关键。不论是中国首次核试验，还是攻克原子弹理论、进行爆轰物理试验，其中所体现的"大力协同、勇于登攀"的精神，正是在中共中央统一领导下，全国大力协同实践的精神升华。原子弹研制是一项技术密集、设备精良、耗资巨大的复合型工程。然而，中国却在20世纪五六十年代国家经济基础薄弱、科技水平较低的情况下，成功研制了第一颗原子弹，创造了尖端科技不对称发展的奇迹。这其中一条重要的经验就是，充分发挥社会主义大协作精神，适当集中人力、物力、财力于原子弹研制，在一个局部形成优势，从而各个击破困难。中国第一颗原子弹研制的实践表明，要想实现全国大力协同，必须首先做到集中统一领导。在中国第一颗原子弹研制历程中，集中统一领导是纵向的，全国大力协同是横向的，一纵一横，相互交叉，这样，看似庞杂的原子弹研制工程，却组织有序，合作有力。

中国自力更生攻关原子弹技术伊始，集中统一领导和组织协调工作就得到了高度重视。1960年5月24日，贺龙在《关于国防工业生产和建设中几个问题的报告》中提出，为解决国防工业生产中新材料不足的问题，"建议以国家计委为主，协同国家科委，组织有关材料工业部门，根据国防工业的发展，再逐步建设一批相适应的原料、材料生产基地。同时，根据中央多种经营、综合利用的方针，凡是有条件的企业都应积极搞新材料制造"。[1]10月14日，贺龙又在中共中央军委扩大会议上指出："为了迅速突破尖端，在国家经济许可的原则下高速度地发展国防工

---

[1] 贺龙文选：下卷 [M]. 北京：军事科学出版社，1996：451.

业，建议全军办国防工业，把国防工业部门的力量和军队的力量汇合起来，拧成一股绳。"[1]1961 年 1 月，聂荣臻在向中共中央提交的《关于一九六一、一九六二年科学技术工作安排的汇报提纲》中提出："要发奋图强，集中力量，把各方面的力量统统组织起来，通力合作来完成国家任务。……国家科委、国防科委、科学院、教育部和其他有关部门，从中央到地方都要扭在一起，共同商量，统一安排。"[2]同年 4 月，国防尖端五人小组[3]成立，主要负责国防尖端科研、试制、生产、建设所需的材料，专用设备的计划安排、调度和组织协作工作。此后，随着原子弹攻关任务的加重，国防科研与国防工业、常规与尖端、科研与生产等各方面都需要统筹规划、全面安排。为此，在 1961 年 7 月 18 日至 8 月 14 日召开的国防工业委员工作会议期间，周恩来与贺龙、聂荣臻、罗瑞卿等商定在国务院成立国防工业办公室，以加强对国防工业的统一领导和密切与各有关方面的联系。11 月 8 日，中共中央下发《关于成立国防工业办公室的决定》。国防工业办公室直接管理二机部、三机部和国防科委所属范围的工作。其具体任务是：对常规武器、国防尖端、科学研究、干部培养以及生产、建设等工作，进行统筹规划，全面安排。组织执行和督促检查。加强国防工业部门之间，以及国防工业部门同其他有关工业部门之间，同各军、兵种之间的联系，并且组织相互协作配合。国防尖

---

[1] 李烈. 贺龙年谱 [M]. 北京：人民出版社，1996：668.

[2] 聂荣臻科技文选 [M]. 北京：国防工业出版社，1999：231.

[3] 国防尖端五人小组，成员为第三机械工业部部长孙志远、国家计划委员会副主任范慕韩、国家科学技术委员会副主任刘西尧、物资部副部长谢北一、第一机械工业部副部长汪道涵。

端五人小组即行撤销。此后，在中共中央的支持下，国务院国防工业办公室科学领导、全面统筹，各有关部门、有关方面也以大局为重，从科技力量、物资及工作安排上对原子弹的攻关工作予以积极配合和全力支援。

1962 年 11 月，负责原子弹研制领导与组织协调工作的中央专门委员会成立，集中统一领导下的全国大力协同模式的优越性更加凸显。作为全国大力协同进行原子弹研制和试验工作的总指挥，中央专门委员会坚强领导，科学规划，全面协调，周密安排。在纵向上，由中央专门委员会作出决定，或通过国家计划进行综合平衡，或通过各个行政系统分配任务。在横向上，以九所为主干的科研系统、中国科学院、高等院校、工业部门和有关地方、部队与二机部联合起来，拧成一股劲，协同二机部进行原子弹理论和技术攻关，并积极承担仪器供应、设备制造、材料生产等重要工作。这样，原子弹研制工程上下贯通、左右配合、纵横交织，看似庞杂却有组织、有秩序、有分工，有力地保证了中国第一颗原子弹的成功研制及试爆。

中国第一颗原子弹研制能够在时间短、困难大的情况下取得成功，集中统一领导下的全国大力协同起了决定性作用。这启示我们：在中国，对于关系国家地位与国家安全，关系国民经济全局和科学技术发展的大规模系统工程，必须在国家顶层确定或成立权威的组织协调机构，集中领导，统一审议、决定各种重大问题，全面统筹各方面的力量，充分发挥社会主义大协作精神，做到真正意义上的集中力量办大事。集中统一领导下的全国大力协同模式，充分体现了尖端科技发展与基础学科、工业建设相互作用的辩证关系。基础学科与工业建设支持了尖端科技的发展，反过来，尖端科技的发展又带动了基础学科与工业建设的进步。集中统一领导下的全国大力协同模式，保证了原子弹研制能够吸收许多非核研究机构和基础工业部门的力量。随着原子弹的成功研制，相关研究机构和科研部门的科研条件、学术水平不断提高，一批新兴学科和专业应运而生，基础工业部门大批新型原材料、仪器仪表和大型设备成功研制并相继投产，一批新的生产部门和新型产业也随即而生。

结束语

从中国第一颗原子弹研制，到"两弹一星"精神，再到中国精神，愈是关怀中华民族精神，愈是深刻体会到浮华世界对人的精神的双刃影响。一方面，一些人因为物质的诱惑而使得精神世界逐渐荒芜，但另一方面，仍有一些人出淤泥而不染节节涤荡精神世界。在价值取向多元化的今天，到底应该怎样升华人们的精神世界？

一个人有了意识，才能有自己的梦想，才能有价值追求。同样，一个民族有了民族精神才会有民族自觉，这样的民族才能有民族整体的梦想，才能有整个民族的价值目标。习近平总书记指出："如果一个民族、一个国家没有共同的核心价值观，莫衷一是，行无依归，那这个民族、这个国家就无法前进。"民族精神构成了中华民族所有成员价值观的共同基础。有了中华民族的梦想和价值追求，我们才能在外敌入侵的情况下浴火重生，摆脱了半封建、半殖民地的境地；有了中华民族的梦想和价值追求，我们才取得了中国特色社会主义建设的伟大成就，重新走进世界的中心舞台，屹立于世界民族之林。

核心价值观是文化软实力的灵魂、文化软实力建设的重点。历史证明，一个开明而开放的社会，多元文化的存在是必然的，但主流精神和核心价值观的主体地位不可动摇。没有主流精神和核心价值观的主导，多元社会就会走向紊乱。因此，正如习近平总书记指出的："中华文明绵延数千年，有其独特的价值体系。中华优秀传统文化已经成为中华民族的基因，植根在中国人内心，潜移默化影响着中国人的思想方式和行为方式。今天，我们提倡和弘扬社会主义核心价值观，必须从中汲取丰富营养，否则就不会有生命力和影响力。"培育和弘扬社会主义核心价值观必须立足中华优秀传统文化。抛弃传统、丢掉根本，就等于割断了自己的精神命脉。

　　精神，深刻影响着一个政党、一个国家、一个民族的生存和发展。当今社会，一些人存在精神懈怠的问题，说到底，就是价值观出现了扭曲。精神懈怠的危险，是所有危险之首。如果一个政党、一个国家、一个民族出现精神懈怠的问题，就如同蝼蚁溃堤一般逐渐倒塌下来。对中国而言，如果失去了中国精神，那么，实现中华民族伟大复兴的中国梦就失去了内在动力。因此，强调培育和践行社会主义核心价值观，就是要解决人精神懈怠的问题，就是要在新的历史条件下，重建中国人的精神世界。

　　解决精神的问题，首先要着眼于精神本身。中国精神是构成民族文化认同和民族命运共同体的连接纽带。民族精神根源于一个民族生存的环境、生活方式、文化传统之中，这种精神来自民族生活的特殊样态，反过来也塑造着民族的生活样态。中国精神，即中国的民族精神，它在生活繁衍于东亚神州大地、山川、海洋的中华民族的历史性的活动之中孕育而来，它也不断地塑造着中华民族的生活方式、思维方式和情感表达。从东海之滨到喜马拉雅山，从北国漠河到南海三沙，中国人民有着丰富多样的生活和文化，但是正是作为民族精神的中国精神把 56 个民族及其所有职业的中国人连接起来。

中国精神能够提供社会发展和文明进步的强大推动力。人类活动的最大特点是有意识的自觉活动，这决定了精神力量对于人类实践的重要性和必不可少的特征。民族精神由此成为民族发展与振兴的强大动力。民族精神的强弱，往往决定了一个民族生命力和创造力的强弱。中国是一个有着五千多年灿烂文明的国家，中华民族是一个不屈不挠、历经磨难而自强不息的民族。近代以来，在强大的民族精神鼓舞下，中华民族不甘忍受耻辱，前赴后继，用血肉长城驱逐了侵略者，谱写了一曲又一曲保卫祖国的悲壮战歌。今天，在与时俱进的民族精神激励下，亿万中华儿女投身中国式现代化的火热实践中，为实现中华民族的伟大复兴而不懈奋斗。

以习近平同志为核心的党中央高度重视培育和践行社会主义核心价值观，归根结底，就是要重建中国人的精神世界。精神具有无穷的张力，价值观的引导也不可或缺。要在对传统文化进行去粗取精、去伪存真的基础上，总结提炼中华民族精神的本质内涵，实现中华传统文化的深化和创造性发展，把中国精神内化为社会主义核心价值观的培育和践行中，切实发挥出中华文化内化于心、外化于行的巨大功能和当代价值。

历史是最好的教科书。2021年2月20日，习近平总书记在党史学习教育大会上讲话指出："在一百年的非凡奋斗历程中，一代又一代中国共产党人顽强拼搏、不懈奋斗，涌现了一大批视死如归的革命烈士、一大批顽强奋斗的英雄人物、一大批忘我奉献的先进模范，形成了井冈山精神、长征精神、遵义会议精神、延安精神、西柏坡精神、红岩精神、抗美援朝精神、'两弹一星'

精神、特区精神、抗洪精神、抗震救灾精神、抗疫精神等伟大精神，构筑起了中国共产党人的精神谱系。我们党之所以历经百年而风华正茂、饱经磨难而生生不息，就是凭着那么一股革命加拼命的强大精神。这些宝贵精神财富跨越时空、历久弥新，集中体现了党的坚定信念、根本宗旨、优良作风，凝聚着中国共产党人艰苦奋斗、牺牲奉献、开拓进取的伟大品格，深深融入我们党、国家、民族、人民的血脉之中，为我们立党兴党强党提供了丰厚滋养。"[1]历史有丰富的思想和文化蕴涵。这不仅是因为从历史中可以得到许多有助于治国理政的智慧启迪，得到许多揭示人类社会发展规律的真谛，而且还可以从中汲取民族精神的正能量。实现中华民族伟大复兴的中国梦，呼唤中国精神，呼唤中国力量。这种精神及其力量的源泉，正来自中华民族绵延不绝的5000多年的文明史之中，来自100多年中华民族为抵御外侮、振兴中华、实现民族独立和人民解放的顽强奋斗之中，来自中国共产党成立100多年来带领中国人民为实现国家繁荣、民族振兴、人民幸福的伟大实践之中。中国精神凝结着无数先贤不懈奋斗的光荣传统，体现了近代以来中国人民深深的民族情结和崇高理想。回归历史，就是要感悟由历史而生成的伟大的民族精神，从而获得精神鼓舞，升华精神境界。当下的时代，仅做民族精神的呼吁者是远远不够的，更重要的是要做民族精神的践行者。要在对历史的回顾中，身临其境地感悟这段历史所孕育出的伟大精神，这样才能被精神所感动，才能真正吸收并践行这一精神。

---

[1] 习近平.在党史学习教育动员大会上的讲话[M].北京：人民出版社，2021：19—20.

一手托举着传承，一手托举着创新，这就是中国精神。请中国精神回归历史，因为中国精神源于历史实践；请时代记住中国精神，因为时代需要中国精神。

参考文献

一、文献汇编

［1］毛泽东选集：第2卷［M］. 北京：人民出版社，1991.

［2］毛泽东选集：第4卷［M］. 北京：人民出版社，1991.

［3］毛泽东文集：第6卷［M］. 北京：人民出版社，1999.

［4］毛泽东文集：第7卷［M］. 北京：人民出版社，1999.

［5］建国以来毛泽东文稿：第7册［M］. 北京：中央文献出版社，1992.

［6］建国以来毛泽东军事文稿：中，下卷［M］. 北京：军事科学出版社，中央文献出版社，2010.

［7］周恩来选集：下卷［M］. 北京：人民出版社，1984.

［8］周恩来军事文选：第3卷［M］. 北京：人民出版社，1997.

［9］周恩来军事文选：第4卷［M］. 北京：人民出版社，1997.

［10］周恩来外交文选［M］. 北京：中央文献出版社，1990.

［11］周恩来经济文选［M］. 北京：中央文献出版社，1993.

［12］建国以来刘少奇文稿：第6册［M］. 北京：中央文献出版社，2005.

［13］邓小平文选：第3卷［M］. 北京：人民出版社，1993.

［14］陈云文选：第 2 卷［M］. 北京：人民出版社，1995.

［15］彭德怀军事文选［M］. 北京：中央文献出版社，1988.

［16］陈毅军事文选［M］. 北京：解放军出版社，1996.

［17］聂荣臻军事文选［M］. 北京：解放军出版社，1992.

［18］聂荣臻科技文选［M］. 北京：国防工业出版社，1999.

［19］贺龙文选：下卷［M］，北京：人民出版社，1996.

［20］张爱萍军事文选［M］. 北京：长征出版社，1994.

［21］罗瑞卿军事文选［M］. 北京：当代中国出版社，2006.

［22］中共中央文献研究家编 . 建国以来重要文献选编：第 5 册［G］. 北京：中央文献出版社，1993.

［23］中共中央文献研究家编 . 建国以来重要文献选编：第 8 册［G］. 北京：中央文献出版社，1994.

［24］中华人民共和国科学技术部发展计划司：中华人民共和国科学技术发展规划和计划（1949—2005）［G］. 北京：科技文献出版社，2008.

［25］吴艳等编译 . 中苏两国科学院科学合作资料选辑［G］. 济南：山东教育出版社，2008.

［26］沈志华，杨奎松 . 美国对华情报解密档案（1948—1976）：叁，柒［G］. 上海：东方出版中心，2009.

［27］沈志华，李丹慧 . 俄国档案原文复印件汇编：中苏关系：第 12 卷［G］. 上海：华东师范大学国际冷战史研究中心藏.

二、年谱、传记、回忆录

［1］周恩来年谱（1949—1976）：上，中卷［M］. 北京：中央文献出版社，2007.

［2］刘少奇年谱［M］. 北京：中央文献出版社，1996.

［3］邓小平年谱（1904—1974）：第三卷［M］. 北京：中央文献出版社，2020.

［4］王焰. 彭德怀年谱［M］. 北京：人民出版社，1998.

［5］周均伦. 聂荣臻年谱：上，下卷［M］. 北京：人民出版社，1999.

［6］李烈. 贺龙年谱［M］. 北京：人民出版社，1996.

［7］葛能全. 钱三强年谱长编［M］. 北京：科学出版社，2013.

［8］《周恩来军事活动纪事》编写组. 周恩来军事活动纪事（1918—1975）：下卷［M］. 北京：中央文献出版社，2000.

［9］逢先知，金冲及. 毛泽东传（1949—1976）：上，下卷［M］. 北京：中央文献出版社，2003.

［10］金冲及. 周恩来传：下卷［M］. 北京：中央文献出版社，2008.

［11］《彭德怀传》编写组. 彭德怀传［M］. 北京：当代中国出版社，2006.

［12］东方鹤. 上将张爱萍. 下卷［M］. 北京：人民出版社，2007.

［13］《陈赓传》编写组. 陈赓传［M］. 北京：当代中国出版社，2007.

［14］《黄克诚传》编写组. 黄克诚传［M］. 北京：当代中国出版社，2012.

［15］李元平. 俞大维传［M］. 台北：台湾日报社，1992.

［16］聂荣臻. 聂荣臻元帅回忆录［M］. 北京：解放军出版社，2005.

［17］宋任穷. 宋任穷回忆录［M］. 北京：解放军出版社，1994.

［18］叶子龙. 叶子龙回忆录［M］. 北京：中央文献出版社，2000.

［19］吴大猷. 回忆［M］. 北京：中国友谊出版公司，1984.

［20］钱昌祚. 浮生百记［M］. 台北：台北传记文学出版社，1975.

［21］不尽的思念［M］. 北京：中央文献出版社，1987.

［22］我们的周总理［M］. 北京：中央文献出版社，1990.

［23］请历史记住他们——中国科学家与"两弹一星"［M］. 广州：暨南大学出版社，1999.

［24］朱光亚院士八十华诞文集［C］. 北京：原子能出版社，2004.

［25］钱伟长，朱光亚，杨福家主编. 葛能全著. 钱三强［M］. 贵阳：贵州人民出版社，2005.

［26］王亚志回忆，沈志华，李丹慧. 彭德怀军事参谋的回忆：1950年代中苏军事关系见证［M］. 上海：复旦大学出版社，2009.

［27］李旭阁. 原子弹日记［M］. 北京：解放军文艺出版社，2011.

［28］刘红林，王廷育. 在核基地的岁月里：中国第一个核武器研制基地亲历［M］. 西宁：青海人民出版社，2011.

［29］殷维翰. 怀念南延宗先生［J］. 地球，1992（1）.

［30］袁成隆：忆中国原子弹的初制［J］. 炎黄春秋，2002（1）.

［31］许希鹿：张爱萍与邓稼先［J］. 军事史林，2005（1）.

［32］刘志光，王磊：东方巨响　大漠天苍朗——访"两弹一星"功勋奖章获得者陈能宽院士［J］. 中共党史研究，2009（10）.

［33］杨远煜口述，王卫斌整理：我给核武器选铀矿［J］. 文史博览，2010（5）.

［34］刘西尧：我国"两弹"研制决策过程追记［J］. 炎黄春秋，1996（5）.

三、研究论著

［1］梁基. 全民办铀矿［M］. 北京：科学普及出版社，1958.

［2］中央教育科学研究所. 中华人民共和国教育大事记（1949—1982）［M］. 北京：教育科学出版社，1984.

［3］李觉等. 当代中国的核工业［M］. 北京：中国社会科学出版社，1987.

［4］谢光. 当代中国的国防科技事业：上［M］. 北京：当代中国出版社，1992.

［5］陈建新，赵玉林，关前. 当代中国科学技术发展史［M］. 武汉：湖北教育出版社，1994.

［6］王泰平. 中华人民共和国外交史［M］：第2卷 . 北京：世界知识出版社，1998.

［7］杨奎松. 毛泽东与莫斯科的恩恩怨怨［M］. 南昌：江西人民出版社，1999.

［8］吴熙敬. 中国近现代技术史［M］：下卷 . 北京：科学出版社，2000.

［9］许鹿希，邓志典，邓志平，邓昱友. 邓稼先传［M］. 北京：中国青年出版社，2015.

［10］陈君泽，龙守谌. "零时"起爆——罗布泊的回忆［M］.

广州：中山大学出版社，2011.

［11］侯艺兵等访问整理．亲历者说"原子弹摇篮"［M］．长沙：湖南教育出版社，2014.

［12］侯艺兵访问整理．亲历者说"引爆原子弹"［M］．长沙：湖南教育出版社，2014.

［13］王菁珩．金银滩往事［M］．北京：原子能出版社，2009.

［14］东生．天地颂［M］．北京：新华出版社，2000.

［15］孟戈非．未被揭开的谜底［M］．北京：社会科学文献出版社，2002.

［16］刘戟锋，刘艳琼，谢海燕．两弹一星工程与大科学［M］．济南：山东教育出版社，2004.

［17］彭继超．东方巨响——中国核武器试验纪实［M］．北京：中共中央党校出版社，2005.

［18］梁东元．原子弹调查［M］．解放军出版社，2005.

［19］梁东元．596秘史［M］．武汉：湖北人民出版社，2007.

［20］刘国新．旌勇里国史讲座：第2辑［M］．北京：当代中国出版社，2008.

［21］沈志华．苏联专家在中国（1948—1960）［M］．新华出版社，2009.

［22］贾俊明，董学斌．倚天——共和国导弹核武器发展纪实［M］．北京：西苑出版社，2009.

［23］吴玉崑，冯百川．中国原子能科学研究院简史（1950—1985）［M］．北京：中国原子能出版社，2010.

［24］沈志华．中苏关系史纲（1917—1991）［M］．北京：社

会科学文献出版社，2011.

　　［25］陶纯，陈怀国. 国家命运——中国“两弹一星”的秘密历程［M］. 上海：上海文艺出版社，2011.

　　［26］南延宗，吴磊伯. 广西富（川）贺（县）钟（山）区铀矿之发现［J］. 地质论评，1944（9）.

　　［27］原子动力学　未来时代的动力学——关于日内瓦国际和平利用原子能会议情况的报告［J］. 电业技术通讯，1956（3）.

　　［28］钱三强，马大猷. 中国科学院物理学和核科学四十年［J］. 中国科学院院刊，1989（4）.

　　［29］戴超武. 中国核武器的发展与中苏关系的破裂（1954—1962）［J］. 当代中国史研究，2001（3），（5）.

　　［30］詹欣. 试论美国对中国核武器研制的评估与对策（1961—1964）［J］. 当代中国史研究，2001（3）.

　　［31］周桂银. 冷战时期中国周边安全环境的特征与启示［J］. 当代中国史研究，2002（6）.

　　［32］李峻. 建国后毛泽东国防发展战略思想简论［J］. 南京政治学院学报，2004（2）.

　　［33］沈志华. 援助与限制：苏联与中国的核武器研制（1949—1960）［J］. 历史研究，2004（3）.

　　［34］赵学功. 核武器与美国对第一次台湾海峡危机的政策［J］. 美国研究，2004（3）.

　　［35］赵学功. 核武器与美国对朝鲜战争的政策［J］. 历史研究，2006（1）.

　　［36］李俊亭. 使中国挺直腰板的战略性抉择——为纪念中国核武器的诞生而作［J］. 当代中国史研究，2005（2）.

［37］刘子奎，王作成. 美国政府对中国发展核武器的反应与对策（1961—1964）［J］. 中共党史研究，2007（3）.

［38］张静. 核武器与新中国60年发展历程［J］. 当代中国史研究，2009（5）.

［39］孙丽，孙大为. 苏联对中国核技术援助探析［J］. 自然辩证法研究，2009（5）.

［40］刘建萍. 苏联对1958年中国炮击金门的政策反应及其影响［J］. 当代中国史研究，2010（4）.

［41］王仲春. 核国家的核武器与核战略研究［D］. 北京：中共中央党校，2000博士论文.

［42］黄松平. 中国原子弹工程人才结构研究［D］. 长沙：国防科学技术大学，2006博士论文.

［43］王洪鹏. 20世纪40年代原子弹爆炸在中国产生的震荡［D］. 北京：首都师范大学，2007硕士论文.